ライブラリ・シリーズ
てっとり早く
答えが見つかる

回路の素 101

パターン・マッチングで読み解く!

鈴木雅臣 [著]
Masaomi Suzuki

CQ出版社

まえがき

　ビギナのエンジニアにとって大規模なアナログ回路は，抵抗やコンデンサ，トランジスタ，OPアンプなどが複雑に絡み合っていて，どこから読み解けばよいのやら・・・，といったところではないでしょうか．ところが，ベテランのエンジニアは大規模で複雑な回路でも，回路図を一瞥しただけでざっくりと全体の動作を読み取ることができます．じつは，彼らの頭の中では，回路を単純な動作の機能ブロックに分けて，経験で蓄積した回路ライブラリと照らし合わせて動作を読むといういたって単純な操作を行っているだけなのです．

　本書は，イントロダクションで回路を規模の小さな機能ブロックに分ける方法を説明します．第1章から第9章は，分割した回路ブロックと照らし合わせるための回路ライブラリです．ライブラリといってもただの回路図集ではありません．具体的な回路定数を記載した実際に動作する回路の集まりです．回路の特性を求める計算式やより詳しい情報を得るための参考文献なども記載されています．さらに，よく使われる回路は各部の波形や測定データを示して動作を説明しています．この回路ライブラリと分割した回路ブロックを照らし合わせて回路全体の機能や動作を読み取ってください．

　ライブラリに取り上げた回路は，A-D，D-Aコンバータを内蔵する1チップマイコンの周辺回路によく使われるアナログ回路という観点で選びました．1チップマイコンは，各種センサ出力の信号処理，モータやアクチュエータのコントロールなどに多用されています．本書で取り上げた回路は，これらの用途でよく使われるアンプ，フィルタ，演算回路，スイッチ回路などの定番回路です．また，抵抗やコンデンサ，ダイオード，トランジスタ，OPアンプといった個別部品で構成した回路に限定しました．三端子レギュレータICを使った定電圧電源回路のようにICやLSIを使うことによって実現できる回路は除外しました．

　個々の回路は，そこだけを読めばわかるような独立性をもたせるため，説明や測定データに他の回路と重複する冗長な部分をあえて残しました．ビギナのエンジニアの方は，回路ライブラリを図鑑のように眺めているだけでも回路知識が身につくものと思います．回路知識が豊富なベテランのエンジニアの方は，回路ライブラリを辞書代わりにお使いください．

　本書が何らかの形で読者の方々のお役に立てば身にあまる光栄です．

謝辞
　ここで紹介させていただいた回路は，先達の方々が長い時間を掛けて作り上げ磨き上げてきたものです．電子回路技術の発展に貢献された先達の方々に敬意を表するとともに感謝をいたします．
　本書はCQ出版株式会社の月刊誌トランジスタ技術2011年4月号の特集を大幅に加筆したものです．この特集に関して誤りの御指摘や有用なアドバイスをいただいたトランジスタ技術の読者の方々にお礼を申し上げます．
　本書の企画，編集，私への原稿の催促等で多大なるご苦労をされたCQ出版株式会社 川村祥子氏に感謝いたします．
　最後に女房の祐子に感謝します．

2012年初夏　筆者

回路の素101

ライブラリ・シリーズ
てっとり早く答えが見つかる

パターン・マッチングで読み解く！

目次

イントロダクション

回路図を読み解く第一歩　023
最初は抵抗値やICの型名はみなくていい
- 回路をブロック分けする三つのルール

ルール①…インピーダンスが大きく変わる箇所を見つけ出せ！　026
出口と入口の波形が同じところで切ってよい．
- 低出力インピーダンス/高入力インピーダンス
- 低出力インピーダンスの場所
- 高入力インピーダンスの場所
- 実際の回路で境界を見つけてみる

ルール②…帰還ループは分割しない　028
帰還ループの途中を切ってはダメ．
- 帰還ループを含めて一つの回路ブロックと考える
- ループのできている回路の例

ルール③…複数ブロックで同じ回路を共有することがある　029
きれいに切り分けられないこともある．

第1章　アンプ
信号の振幅を大きくしたり，次の回路を力強く駆動する

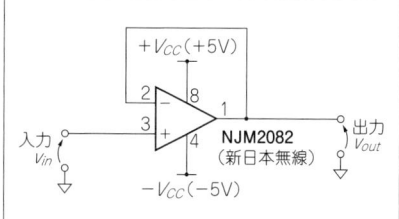

回路の素
001
ボルテージ・フォロワ　031

要点▶ 出力インピーダンスの高い信号源出力の受信部に使われる．入力と出力の電圧波形がまったく同じ．

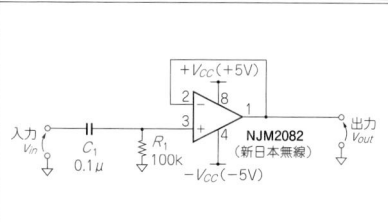

回路の素
002
ボルテージ・フォロワ 交流結合型　032

要点▶ 出力インピーダンスの高い信号源出力の受信部に使われる．入力信号の交流成分だけを出力する．

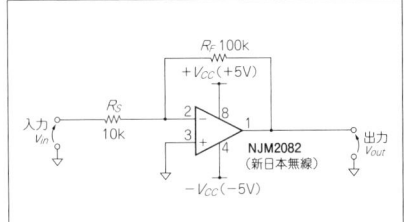

回路の素
003
反転アンプ
034

要点▶ 2個の抵抗でゲインが決まるOPアンプを使った増幅回路。位相は反転する。減衰させることもできる。

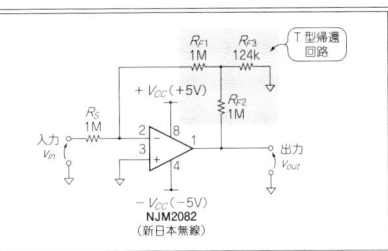

回路の素
004
反転アンプ T型帰還回路使用
035

要点▶ 高入力インピーダンスの非反転アンプとしてセンサ出力の受信アンプなどに使われる。

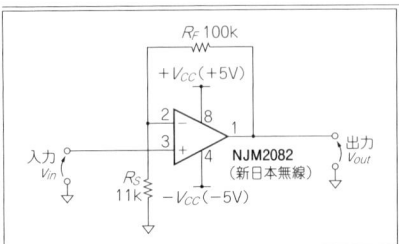

回路の素
005
非反転アンプ
036

要点▶ 2個の抵抗でゲインが決まるOPアンプを使った増幅回路。位相が反転しない。ゲインは1倍以上。

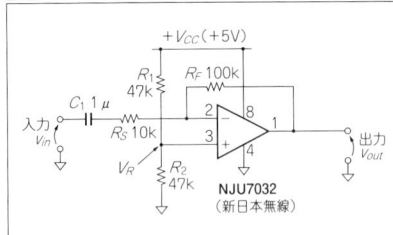

回路の素
006
反転アンプ単電源用 交流結合型
038

要点▶ 負電源のない回路のアナログ部によく使われる回路。交流信号と単電源系の橋渡しにも使われる。

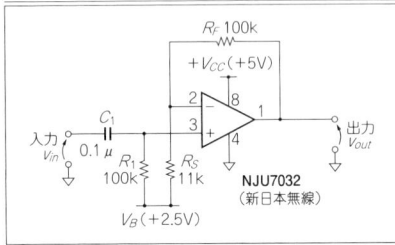

回路の素
007
非反転アンプ単電源用 交流結合型
039

要点▶ 負電源のない回路のアナログ部によく使われる回路。交流信号と単電源系の橋渡しにも使われる。

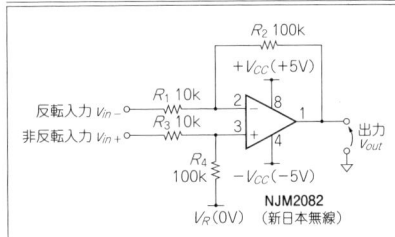

回路の素
008
差動アンプ
040

要点▶ 任意の2点間の電圧差を取り出せる。

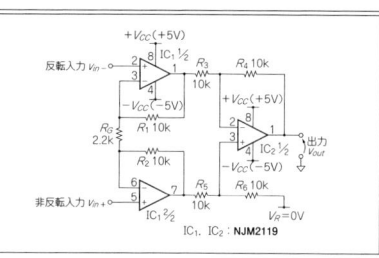

回路の素
009
インスツルメンテーション・アンプ 2アンプ型　041

要点▶差動アンプよりも，同相で同レベルの入力信号を除去する能力が高い．

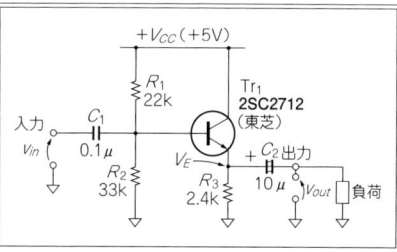

回路の素
010
インスツルメンテーション・アンプ 3アンプ型　042

要点▶2アンプ型インスツルメンテーション・アンプよりも，同相で同レベルの入力信号を除去する能力が高い．

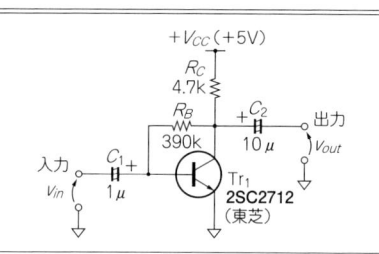

回路の素
011
エミッタ・フォロワ　044

要点▶OPアンプでは扱えない高い周波数かつ出力インピーダンスが高い信号の受信に使われる．入出力電圧の交流波形がまったく同じ．

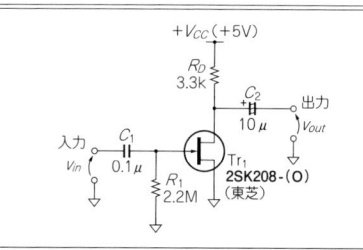

回路の素
012
反転アンプ単電源用　バイポーラ・トランジスタ使用　046

要点▶OPアンプでは扱えない高い周波数の信号増幅に使われる．

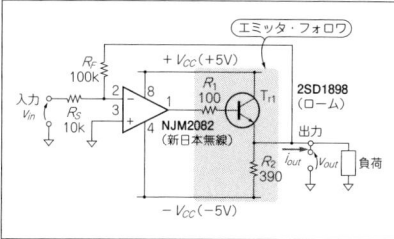

回路の素
013
反転アンプ単電源用　JFET使用　048

要点▶マイクロホンなどの出力インピーダンスが非常に高い信号源や，OPアンプでは扱えない高い周波数の信号増幅に使われる．

回路の素
014
反転パワー・アンプ
OPアンプとエミッタ・フォロワ使用　049

要点▶モータやスピーカなど低インピーダンス負荷の駆動によく使われる．OPアンプだけで作った反転アンプより大きい出力電流を得られる．

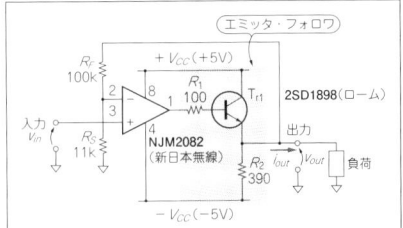

回路の素
015
非反転パワー・アンプ
OPアンプとエミッタ・フォロワ使用
050

要点▶モータやスピーカなど低インピーダンス負荷の駆動によく使われる．OPアンプだけで作った非反転アンプよりも大きい出力電流を得られる．

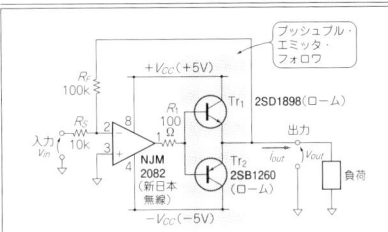

回路の素
016
反転パワー・アンプ
OPアンプとプッシュプル・エミッタ・フォロワ使用
052

要点▶モータやスピーカなど低インピーダンス負荷の駆動によく使われる．OPアンプだけで作った反転アンプよりも大きい出力電流を得られる．

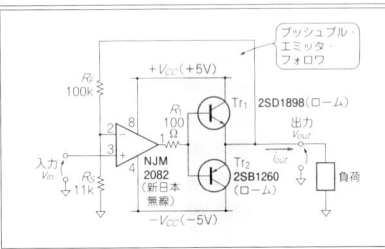

回路の素
017
非反転パワー・アンプ
OPアンプとプッシュプル・エミッタ・フォロワ使用
054

要点▶モータやスピーカなど低インピーダンス負荷の駆動によく使われる．OPアンプだけで作った非反転アンプよりも大きい出力電流を得られる．

第2章　フィルタ
信号の振幅や位相に周波数特性を持たせる

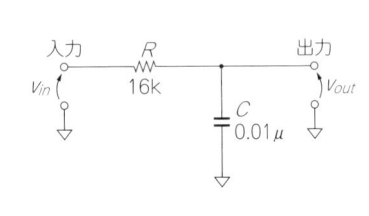

回路の素
018
1次ロー・パス・フィルタ CR型
060

要点▶減衰率20 dB/decの低域通過型．シンプルな回路構成．低周波から高周波まで使われる．

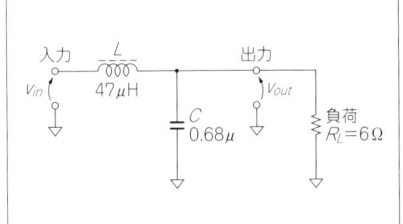

回路の素
019
2次ロー・パス・フィルタ LC型
062

要点▶減衰率40 dB/decの低域通過型．シンプルな回路構成．電源の雑音除去やD級アンプの出力フィルタ，高周波回路に使われる．

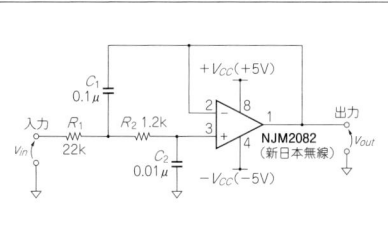

回路の素
020
1次ロー・パス・フィルタ 反転アンプ型　　064

要点▶ 減衰率20 dB/decの低域通過型．電圧ゲインを自由に設定できる．通過域で入出力の位相が反転する．

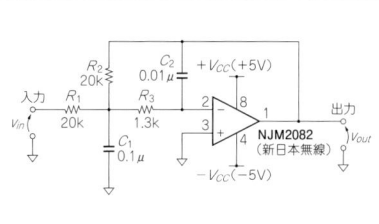

回路の素
021
2次ロー・パス・フィルタ VCVS（サレン・キー）型　　066

要点▶ 減衰率40 dB/decの低域通過型．OPアンプを使っているので増幅とフィルタリングを一度に実現できる．数百kHz以下の帯域で使われる．

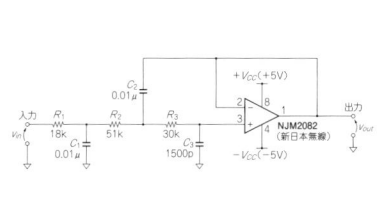

回路の素
022
2次ロー・パス・フィルタ 多重帰還型　　068

要点▶ 減衰率40 dB/decの低域通過型．通過域の位相が180°遅れる．OPアンプを使っているので増幅とフィルタリングを一度に実現できる．数百kHz以下の帯域で使われる．

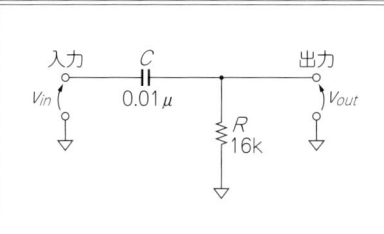

回路の素
023
3次ロー・パス・フィルタ VCVS（サレン・キー）型　　070

要点▶ 減衰率60 dB/decの低域通過型．OPアンプを使っているので増幅とフィルタリングを一度に実現できる．数百kHz以下の帯域で使われる．

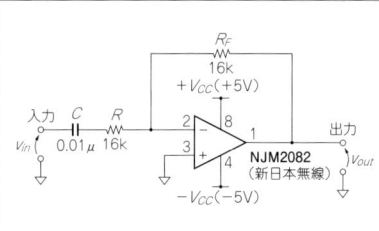

回路の素
024
1次ハイ・パス・フィルタ CR型　　072

要点▶ 減衰率20 dB/decの高域通過型．シンプルな回路構成．低周波から高周波まで使われる．

回路の素
025
1次ハイ・パス・フィルタ 反転アンプ型　　074

要点▶ 減衰率20 dB/decの高域通過型．通過域の位相が180°遅れる．OPアンプを使っているので増幅とフィルタリングを一度に実現できる．

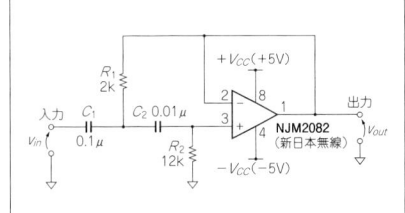

回路の素
026
2次ハイ・パス・フィルタ VCVS（サレン・キー）型　　075

要点▶ 減衰率40 dB/decの高域通過型．数百kHz以下の帯域で使われる．OPアンプを使っているので増幅とフィルタリングを一度に実現できる．

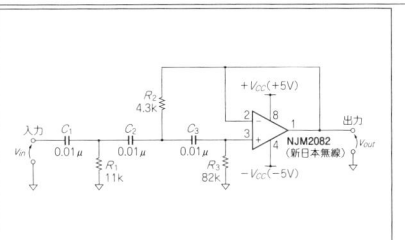

回路の素
027
3次ハイ・パス・フィルタ VCVS（サレン・キー）型　　077

要点▶ 減衰率60 dB/decの高域通過型．OPアンプを使っているので増幅とフィルタリングを一度に実現できる．数百kHz以下の帯域で使われる．

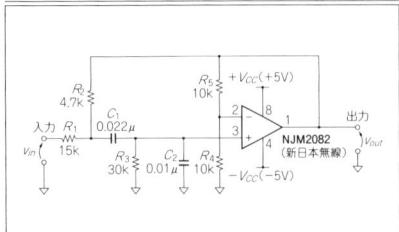

回路の素
028
2次バンド・パス・フィルタ VCVS（サレン・キー）型　　078

要点▶ 減衰率20 dB/decの帯域通過型．OPアンプを使っているので増幅とフィルタリングを一度に実現できる．数百kHz以下の帯域で使われる．

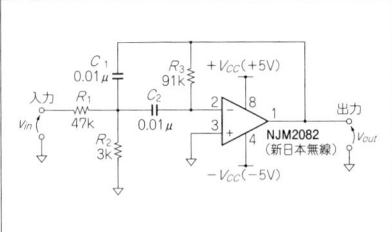

回路の素
029
2次バンド・パス・フィルタ 多重帰還型　　080

要点▶ 減衰率20 dB/decの帯域通過型．通過域の位相が180°遅れる．OPアンプを使っているので増幅とフィルタリングを一度に実現できる．数百kHz以下の帯域で使われる．

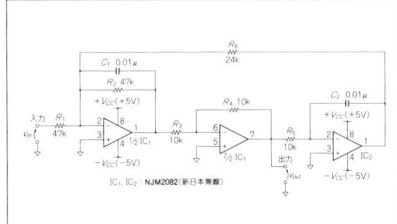

回路の素
030
2次バンド・パス・フィルタ 状態変数型　　082

要点▶ 減衰率20 dB/decの帯域通過型．遮断特性の鋭い周波数特性を精密に設定できる．数十kHz以下の帯域で使われる．

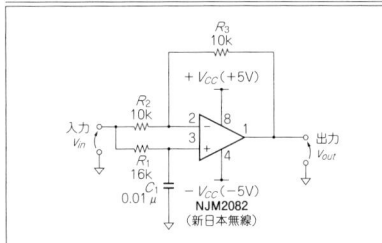

回路の素
031
1次オール・パス・フィルタ 遅れ位相型　　084

要点▶ 周波数によって位相が0〜-180°の間で変化する．フィルタや制御回路の位相補償などに使われる．

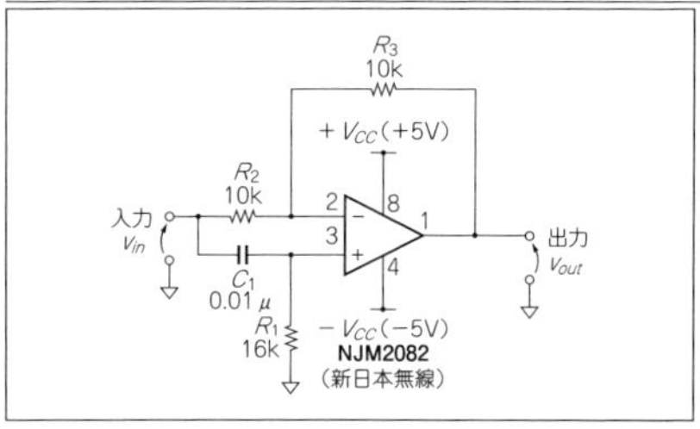

回路の素
032
1次オール・パス・フィルタ 進み位相型　　085

要点▶ 周波数によって位相が0〜＋180°の間で変化する．フィルタや制御回路の位相補償などに使われる．

第3章　演算回路
入出力が1対1に対応する波形変換を行う

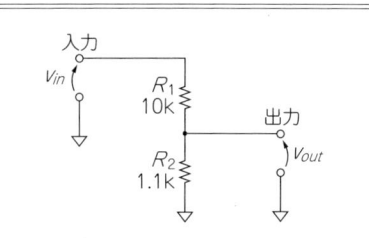

回路の素
033
減衰回路 抵抗分圧型　　087

要点▶ 信号の電圧振幅を小さくすることができる．低周波から高周波まで広く使われている．

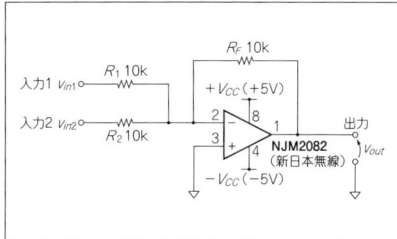

回路の素
034
加算回路 反転アンプ型　　088

要点▶ 複数の入力信号を足し合わせ，反転して出力する．入力チャネルごとに電圧ゲインを設定できる．直流から数十MHzまでの回路に使われる．

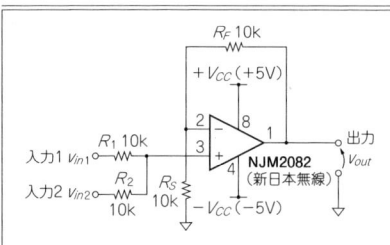

回路の素
035
加算回路 非反転アンプ型　　090

要点▶ 複数の入力信号を足し合わせることができる．入力信号は反転されずに出力される．入力チャネルごとに電圧ゲインを設定できる．直流から数十MHzまでの回路に使われる．

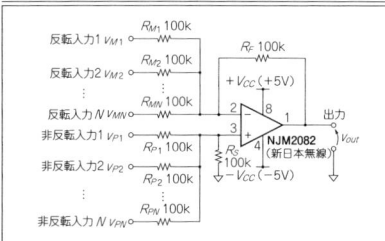

回路の素
036
加減算回路 差動アンプ型　　091

要点▶ 複数の入力信号を足し合わせたり，差し引いたりすることができる．直流から数十MHzまでの回路に使われる．

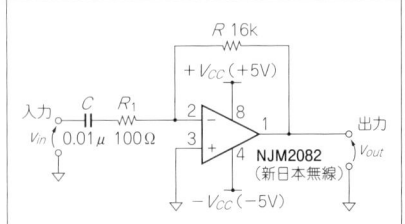

回路の素
037
微分回路 反転アンプ型
092

要点▶ 入力信号を時間で微分して出力する．制御回路などで使われる．

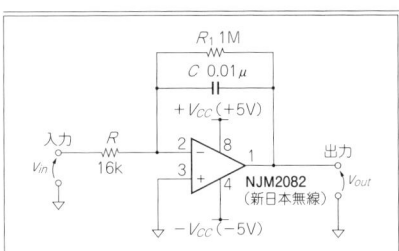

回路の素
038
積分回路 反転アンプ型
093

要点▶ 入力信号を時間で積分して出力する．制御回路などで使われる．

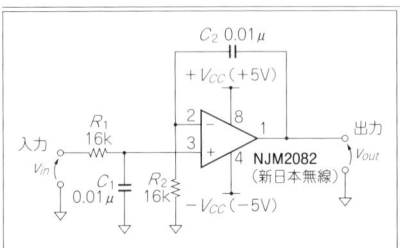

回路の素
039
積分回路 非反転アンプ型
095

要点▶ 入力信号を時間で積分して出力する．制御回路などで使われる．

第4章 電圧-電流／電流-電圧変換
電圧から電流，電流から電圧へ信号の形を変える

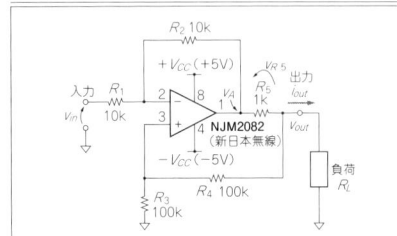

回路の素
040
電圧-電流変換 反転アンプ型
097

要点▶ アクチュエータやセンサなど接地した負荷を電流駆動できる．入力電圧が正のとき出力電流を負荷から吸い込む．

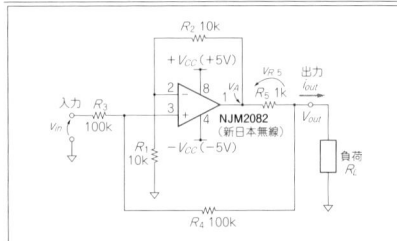

回路の素
041
電圧-電流変換 非反転アンプ型
098

要点▶ アクチュエータやセンサなど接地した負荷を電流駆動できる．入力電圧が正のとき出力電流を負荷へはき出す．

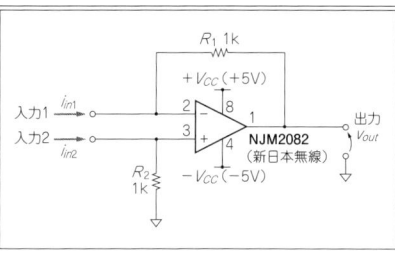

回路の素
042
電流-電圧変換 反転アンプ型　　　　　　　　　　　100

要点▶ フォト・ダイオードや電流出力型センサ，電流出力型D-Aコンバータなどの出力電流を電圧に変換する．

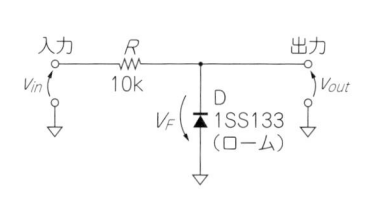

回路の素
043
電流-電圧変換 差動アンプ型　　　　　　　　　　　101

要点▶ 二つの入力電流の差分を電圧に変換する．差動電流出力型のセンサやD-Aコンバータの出力電流を電圧に変換する．

第5章　信号処理
信号の振幅があるレベルに達すると動作する回路

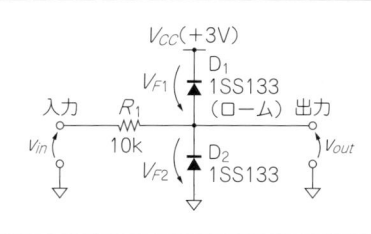

回路の素
044
負電圧リミッタ　　　　　　　　　　　　　　　　　103

要点▶ 前段の回路やセンサなどが出力する，負側の電圧を制限する．ICの入力端子に負電圧が加わらないようにする保護回路に使われる．

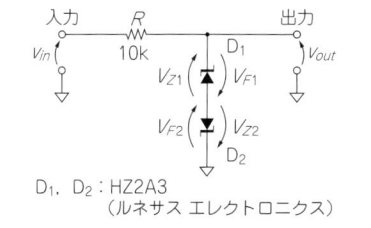

回路の素
045
電圧リミッタ ダイオード2個使用　　　　　　　　　104

要点▶ 前段の回路が出力する0V～V_{CC}範囲外の電圧を制限する．ICの入力端子に過電圧が加わらないようにする保護回路に使われる．

回路の素
046
電圧リミッタ ツェナー・ダイオード2個使用　　　　106

要点▶ 前段の回路が出力する，正側と負側の過大な電圧を制限する．ICの入力端子に過電圧が加わらないようにする保護回路に使われる．

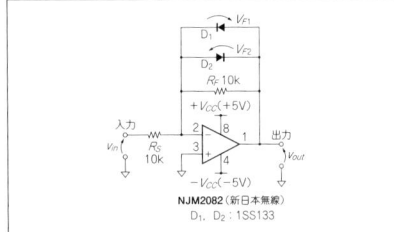

回路の素
047
電圧リミッタ OPアンプとダイオード使用　　　107

要点▶ OPアンプの出力電圧範囲を制限する回路．

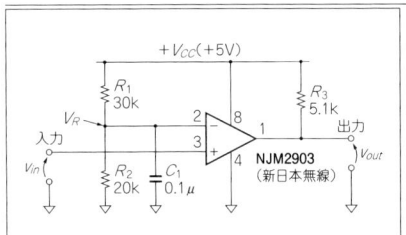

回路の素
048
コンパレータ 非反転型　　　109

要点▶ 入力信号の電圧が，ある電圧（基準電圧）より大きいか小さいかを判別する．

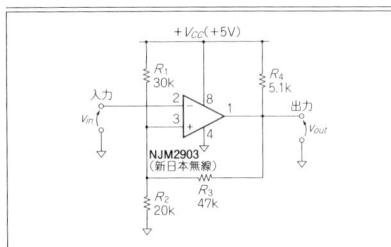

回路の素
049
ヒステリシス付きコンパレータ 反転型　　　110

要点▶ 入力信号が，ある電圧（基準電圧）より大きいと"L"を出力する．信号に多少の雑音が含まれていても確実に判別できる．

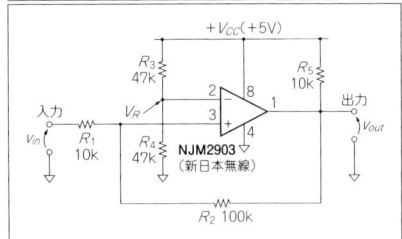

回路の素
050
ヒステリシス付きコンパレータ 非反転型　　　111

要点▶ 入力信号が，ある電圧（基準電圧）より大きいと"H"を出力する．信号に多少の雑音が含まれていても確実に判別できる．

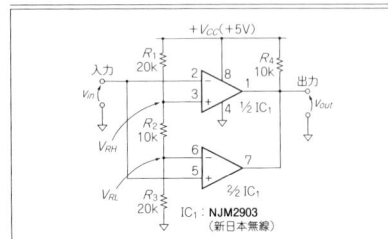

回路の素
051
ウインドウ・コンパレータ　　　112

要点▶ 入力信号が二つの基準電圧の間にあることを判別する．

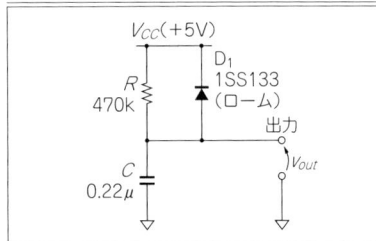

回路の素
052
リセット信号発生回路 CR型　　　114

要点▶ マイコンの簡易的なリセット回路．コンデンサの充電に時間がかかることを利用している．

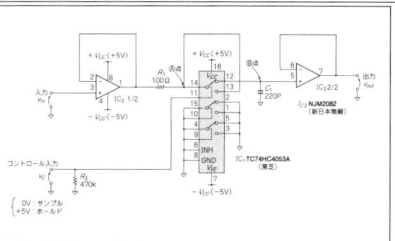

回路の素
053
サンプル&ホールド 反転アンプ型　　　　115

要点▶ 入力信号を保持して出力する．ゲインを1倍以上に設定できる．サンプリング時は1次ロー・パス・フィルタの周波数特性を示す．A-Dコンバータの前段処理やD-Aコンバータの後段処理に使われる．

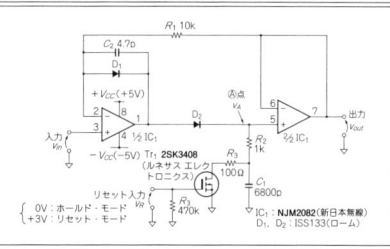

回路の素
054
サンプル&ホールド ボルテージ・フォロワ型　　　　116

要点▶ 入力信号を高精度に保持して出力する．サンプリング時は1次ロー・パス・フィルタの周波数特性を示す．高速広帯域動作が可能．A-Dコンバータの前段処理に使われる．

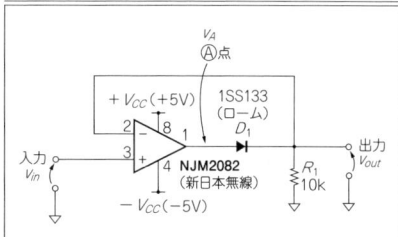

回路の素
055
ピーク・ホールド　　　　117

要点▶ 入力信号の正の最大値を順次更新して出力する．リセット信号で最大値がリセットされる．

第6章　　整流
入力信号をプラスまたはマイナスの単一極性に変える

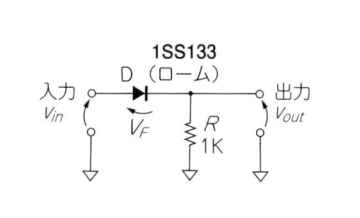

回路の素
056
半波整流 ボルテージ・フォロワ型　　　　119

要点▶ 入力信号の正の半波だけが出力される．10kHz程度までの低周波回路に用いる．

回路の素
057
半波整流 ダイオード使用　　　　120

要点▶ 入力信号の正の半波だけが出力される．出力はダイオードの電圧降下分だけ振幅が小さくなる．低周波回路から高周波回路まで広く用いられる．

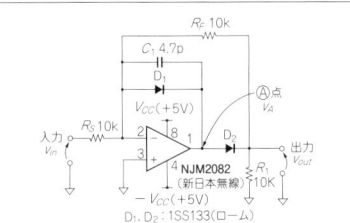

回路の素
058
半波整流 反転アンプ型　　　122

要点▶ 入力信号の負側の半波だけが極性反転して出力される．100 kHz程度までの低周波回路に用いる．

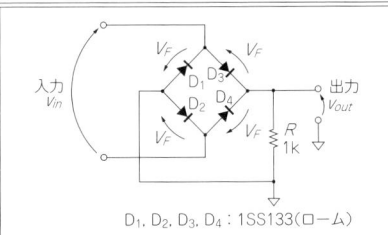

回路の素
059
全波整流 ダイオード・ブリッジ型　　　124

要点▶ 入力信号の絶対値が出力される．出力はダイオード2個の電圧降下分だけ振幅が小さくなる．

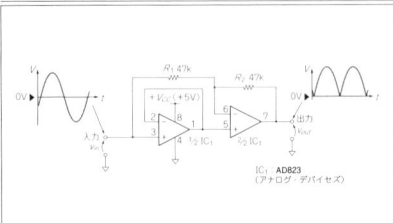

回路の素
060
全波整流 単電源用　　　125

要点▶ 入力信号の絶対値がOPアンプから出力される．OPアンプの入力端子の絶対最大定格は負電源の電位以下でなければならない．

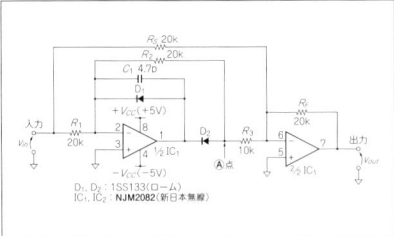

回路の素
061
全波整流 加算型　　　126

要点▶ 入力信号に比例した高精度な絶対値が出力される．100 kHz程度までの低周波回路に使われる．

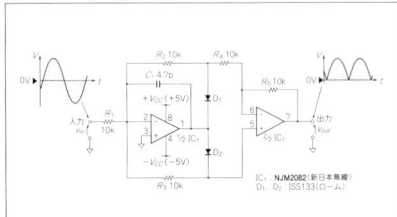

回路の素
062
全波整流 減算型　　　128

要点▶ 入力信号に比例した高精度な絶対値が出力される．100 kHz程度までの低周波回路に使われる．

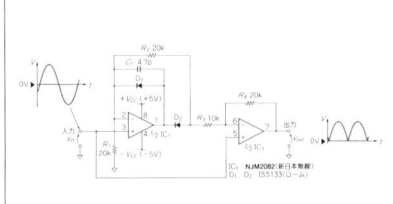

回路の素
063
全波整流 高入力インピーダンス型　　　128

要点▶ 入力信号に比例した高精度な絶対値が出力される．100 kHz程度までの低周波回路に使われる．入力インピーダンスが高い．

第7章

スイッチ
トランジスタやFETをON/OFF動作させる高効率駆動回路

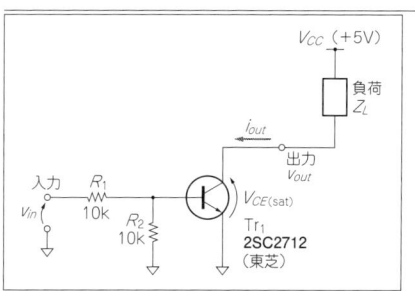

回路の素
064
ロー・サイド バイポーラ・トランジスタ使用　　129

要点▶ 正電源に接続されたLEDやDCモータなどの駆動，ディジタル信号の論理反転，電源電圧の異なる回路間のインターフェース(レベル変換)に使われる．

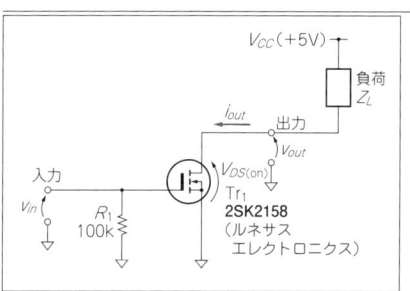

回路の素
065
ロー・サイド MOSFET使用　　131

要点▶ 正電源に接続されたLEDやDCモータなどの駆動，ディジタル信号の論理反転，電源電圧の異なる回路間のインターフェース(レベル変換)に使われる．バイポーラ・トランジスタを使った回路よりスイッチング動作が速い．

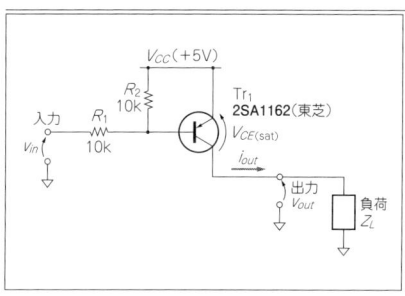

回路の素
066
ハイ・サイド バイポーラ・トランジスタ使用　　131

要点▶ グラウンドに接続されたLEDやDCモータなどの駆動，ディジタル信号の論理反転に使われる．

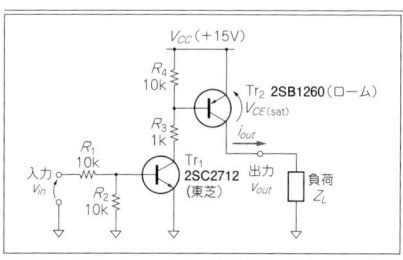

回路の素
067
ハイ・サイド バイポーラ・トランジスタ使用
高電圧用　　133

要点▶ グラウンドに接続されたLEDやDCモータなどを入力電圧よりも高い電圧で駆動する場合に使われる．

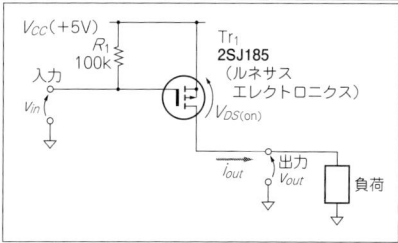

回路の素
068
ハイ・サイド MOSFET使用　　134

要点▶ グラウンドに接続されたLEDやDCモータなどの駆動，ディジタル信号の論理反転に使われる．バイポーラ・トランジスタを使った回路よりスイッチング動作が速い．

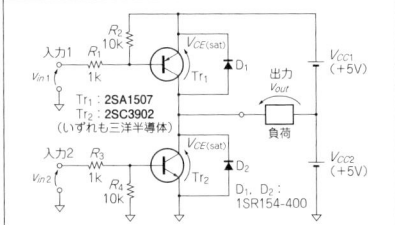

回路の素
069
ハーフ・ブリッジ バイポーラ・トランジスタ使用　134

要点▶ モータやスピーカなどの負荷を正負両方向の電圧で駆動することができる．二つの電源が必要．

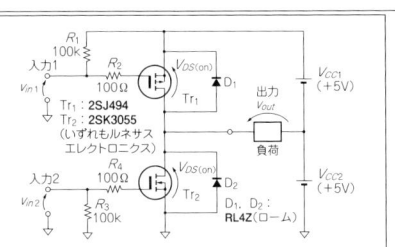

回路の素
070
ハーフ・ブリッジ MOSFET使用　134

要点▶ モータやスピーカなどの負荷を正負両方向の電圧で駆動することができる．二つの電源が必要．バイポーラ・トランジスタを使った回路よりスイッチング動作が速い．

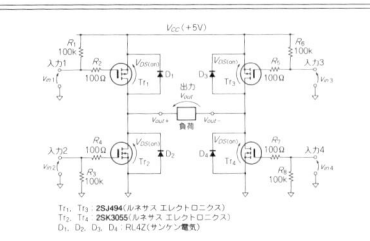

回路の素
071
フル・ブリッジ MOSFET使用　135

要点▶ モータやスピーカなどの負荷を正負両方向の電圧で駆動することができる．単電源で動作する．バイポーラ・トランジスタを使った回路よりスイッチング動作が速い．

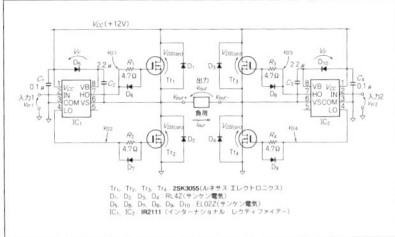

回路の素
072
フル・ブリッジ NチャネルMOSFETだけ使用　136

要点▶ モータやスピーカなどの負荷を正負両方向の電圧で駆動することができる．単電源で動作する．オン抵抗が低いNチャネルMOSFETだけを使うので高効率．

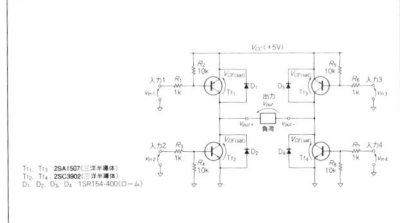

回路の素
073
フル・ブリッジ バイポーラ・トランジスタ使用　139

要点▶ モータやスピーカなどの負荷を正負両方向の電圧で駆動することができる．単電源で動作する．

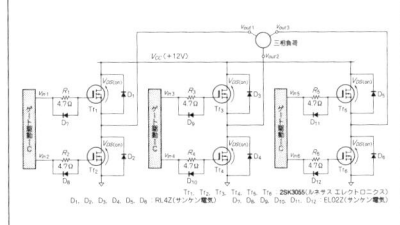

回路の素
074
3相フル・ブリッジ回路　140

要点▶ モータなどの3相負荷を正負両方向の電圧で駆動することができる．単電源で動作する．オン抵抗が低いNチャネルMOSFETだけを使うので高効率．

第8章

発振
一定周波数，一定振幅の信号を作る

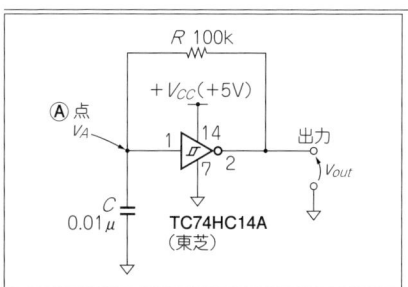

回路の素
075
方形波発振 無安定マルチバイブレータ型
ゲートIC使用　　　　　　　　　　　　　141

要点▶ 発振周波数の精度は低いが動作が安定している．出力信号のデューティ比がほぼ50％になる．部品点数が少ない．

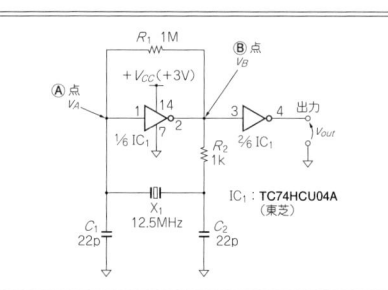

回路の素
076
方形波発振 水晶振動子使用　　　　　　　142

要点▶ 温度安定度や経年安定性に優れ，周波数精度も高い．回路構成がシンプルで，ディジタル回路のクロック源によく利用される．

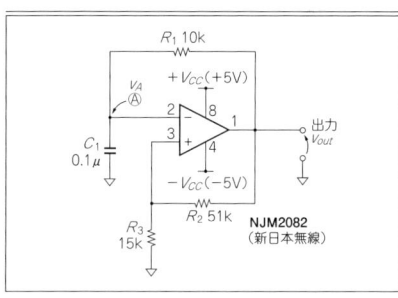

回路の素
077
方形波発振 無安定マルチバイブレータ型
OPアンプ使用　　　　　　　　　　　　143

要点▶ 発振周波数の精度は低いが動作が安定している．出力信号のデューティ比がほぼ50％になる．大きな出力振幅が得られる．

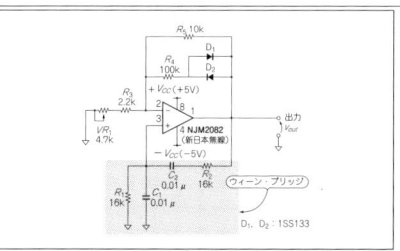

回路の素
078
正弦波発振 ウィーン・ブリッジ型　　　　144

要点▶ 抵抗やコンデンサの調整により低ひずみの正弦波が得られる．

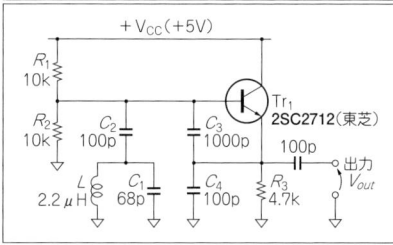

回路の素
079
正弦波発振 LC型　　　　　　　　　　　145

要点▶ 発振動作が安定している．数百kHz～数百MHzの帯域で用いられる．

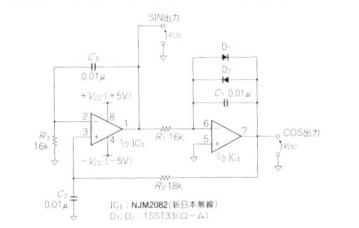

回路の素
080
正弦波発振 2相出力型　　　146

要点▶ 位相が90°異なる二つの正弦波が一度に出力される。無調整で低ひずみ，かつ発振動作が安定している．

第9章　定電圧/定電流など
一定の直流電圧，直流電流を作る回路からパスコンまで

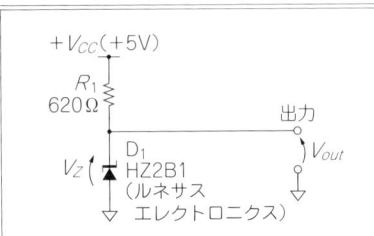

回路の素
081
正出力定電圧　ツェナー・ダイオード使用　　　149

要点▶ 正の直流電圧を出力する．ツェナー・ダイオードに定電圧値のばらつきがあるため，出力電圧を正確に設定できない．簡易的に使われる．

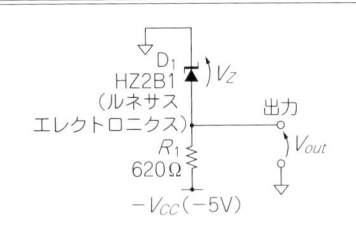

回路の素
082
負出力定電圧　ツェナー・ダイオード使用　　　149

要点▶ 負の直流電圧を出力する．ツェナー・ダイオードに定電圧値のばらつきがあるため，出力電圧を正確に設定できない．簡易的に使われる．

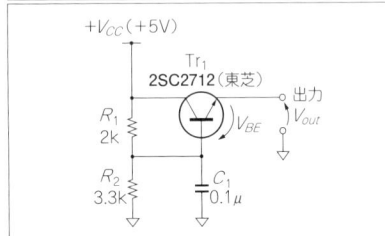

回路の素
083
正出力定電圧
抵抗分圧回路とバイポーラ・トランジスタ使用　　　149

要点▶ 正の直流電圧を出力する．大きな電流をはき出すことができる．バイポーラ・トランジスタのばらつきがあるため，出力電圧を正確に設定できない．簡易的に使われる．

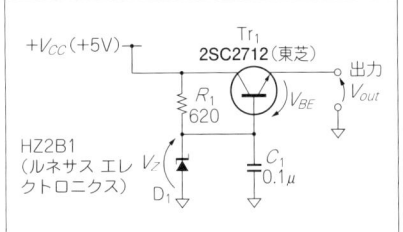

回路の素
084
正出力定電圧
ツェナー・ダイオードとバイポーラ・トランジスタ使用　　　150

要点▶ 正の直流電圧を出力する．大きな電流をはき出すことができる．ツェナー・ダイオードとバイポーラ・トランジスタのばらつきがあるため，出力電圧を正確に設定できない．簡易的に使われる．

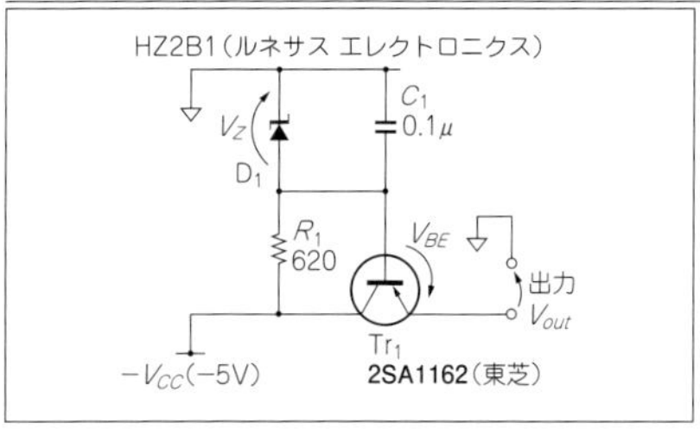

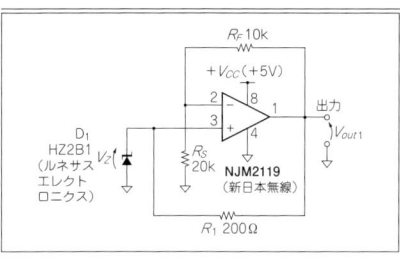

回路の素
085
負出力定電圧 ツェナー・ダイオードとバイポーラ・トランジスタ使用　150

要点▶ 負の直流電圧を出力する．大きな電流を吸い込むことができる．ツェナー・ダイオードとバイポーラ・トランジスタのばらつきがあるため，出力電圧を正確に設定できない．簡易的に使われる．

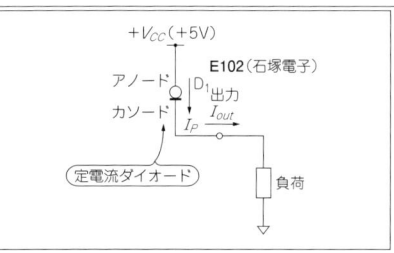

回路の素
086
正出力定電圧　ツェナー・ダイオードとOPアンプ使用　150

要点▶ 正の直流電圧を出力する．ツェナー・ダイオードに電圧のばらつきがあるため出力電圧を正確に設定できない．電源電圧の変動の影響を受けない．出力インピーダンスが低い．

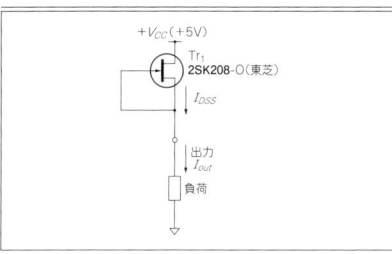

回路の素
087
定電流　定電流ダイオード使用　151

要点▶ 一定の直流電流を負荷へ出力する．定電流ダイオードのピンチオフ電流にばらつきがあるため，出力電流を正確に設定できない．センサやLED，アクチュエータなどの駆動に用いる．

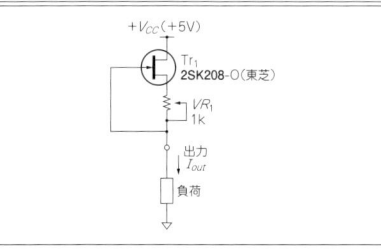

回路の素
088
定電流　JFET使用　151

要点▶ 一定の直流電流を負荷へ出力する．FETのドレイン電流 I_{DSS} にばらつきがあるため，出力電流を正確に設定できない．センサやLED，アクチュエータなどの駆動に用いる．

回路の素
089
定電流　JFETと可変抵抗使用　151

要点▶ 一定の直流電流を負荷へ出力する．出力電流の値は VR_1 で調整できる．センサやLED，アクチュエータなどの駆動に用いる．

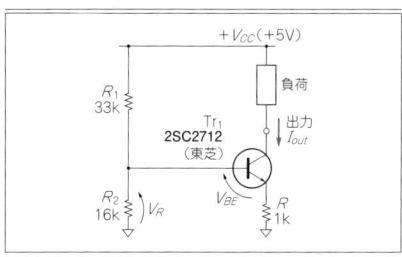

回路の素
090
定電流　吸い込み型　バイポーラ・トランジスタ使用　152

要点▶ 正電源に接続された負荷から一定の直流電流を吸い込む．センサやLED，アクチュエータなどの駆動に用いる．

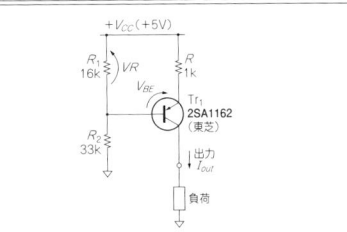

回路の素
091
定電流 吐き出し型 バイポーラ・トランジスタ使用　152

要点▶ グラウンドに接続した負荷へ一定の直流電流を吐き出す．センサやLED，アクチュエータなどの駆動に用いる．

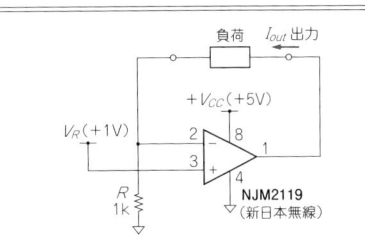

回路の素
092
定電流 非反転アンプ型　152

要点▶ OPアンプの帰還ループに接続した負荷へ一定の直流電流を出力する．供給電流が数mA程度までのセンサやLEDなどの駆動に使われる．

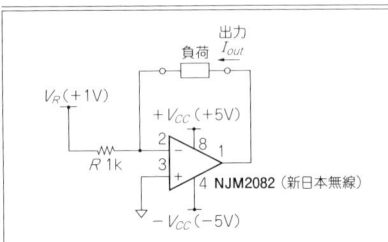

回路の素
093
定電流 反転アンプ型　153

要点▶ OPアンプの帰還ループに接続した負荷へ一定の直流電流を出力する．センサやLED，アクチュエータなどの駆動に用いる．

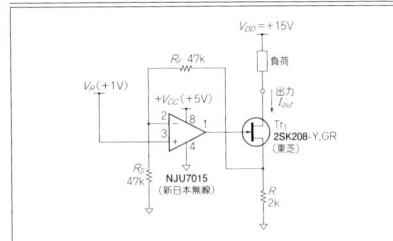

回路の素
094
定電流 吸い込み型 JFETと非反転アンプ使用　153

要点▶ 正電源に接続した負荷から一定の直流電流を吸い込む．出力電流の設定精度が高い．センサやLED，アクチュエータなどの駆動に用いる．

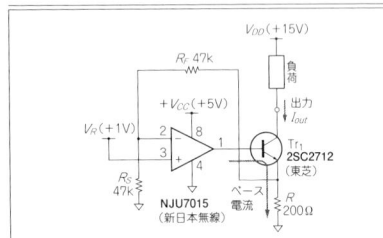

回路の素
095
定電流 吸い込み型
バイポーラ・トランジスタとOPアンプ使用　153

要点▶ ああ

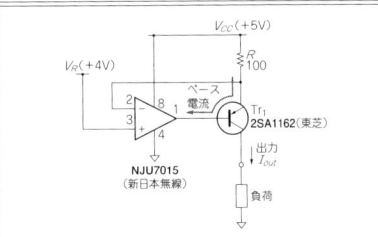

回路の素
096
定電流 吐き出し型
バイポーラ・トランジスタとOPアンプ使用　154

要点▶ グラウンドへ接続した負荷へ一定の直流電流を吐き出す．大きな電流を扱うことができる．センサやLED，アクチュエータなどの駆動に用いる．出力電流はベース電流分少なくなる．

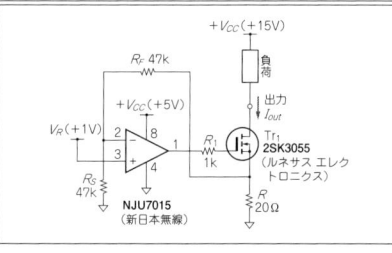

回路の素
097
定電流 吸い込み型 MOSFETとOPアンプ使用　154

要点▶ 正電源に接続された負荷から一定の直流電流を吸い込む．微小電流から大電流まで高精度に設定できる．センサやLED，アクチュエータの駆動に使われる．

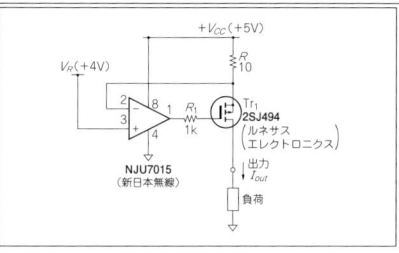

回路の素
098
定電流 吐き出し型 MOSFETとOPアンプ使用　154

要点▶ グラウンドへ接続した負荷へ一定の直流電流を吐き出す．大電流を高精度に出力することができる．センサやLED，アクチュエータなどの駆動に用いる．

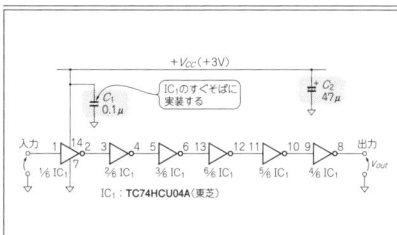

回路の素
099
電源のデカップリング・コンデンサ　155

要点▶ 電源とグラウンドの間のインピーダンスを低くして，電源の雑音を低減したり回路を安定動作させるためのコンデンサ．

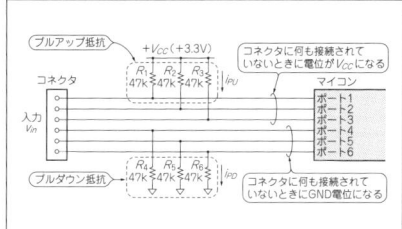

回路の素
100
プルアップ/プルダウン抵抗　156

要点▶ OPアンプやマイコンなどの入力端子が解放状態になると誤動作や素子破壊の原因になる．これを防ぐための抵抗．プルアップ抵抗は入力端子と電源の間に，プルダウン抵抗は入力端子とグラウンドの間に挿入する．

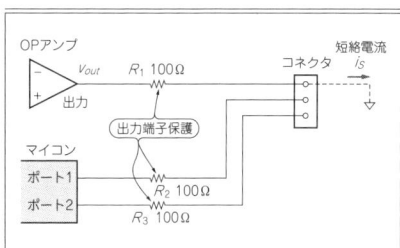

回路の素
101
出力端子保護抵抗　156

要点▶ OPアンプやマイコンの出力ラインが装置外に引き出される場合のIC保護用．出力ラインがグラウンドや電源などに接続されたときに，流れ込む電流を制限する．OPアンプなどのアナログICの場合，容量性負荷による発振防止にもなる．

コラム

項目	ページ
コンデンサの回路図記号に添えられている＋マークの意味	037
バイポーラ・トランジスタ/FETの記号に描かれている矢印の意味	056
フィルタの型と周波数特性	057
抵抗やコンデンサの回路図記号に添えられた許容差を表すアルファベット	061
大文字と小文字の使い分け	063
OPアンプの動作は単純だ	067
OPアンプ各端子の意味	071
OPアンプ？ コンパレータ？ どっちなの？	113
単電源では使えないOPアンプもある	125
MOSFETの回路記号	138
波形のゆがみ具合いを数値化する方法	148

参考文献	157
著者略歴	158

本書は，月刊「トランジスタ技術」2011年4月号特集「基本中の基本！ 電子回路80選」を編集，加筆，修正したものです．

イントロダクション　回路図を読み解く第一歩

最初は抵抗値やICの型名はみなくていい

　ハードウェアの設計はソフトウェアのプログラミングと似ているところがあります．規模の大きなプログラムを組む場合，プログラム行数の少ないソフトウェア・パーツやサブルーチンを寄せ集めて大きなプログラムに仕上げます．この手法はハードウェアを設計する場合もまったく同じです．動作がシンプルで検証しやすい小さな回路ブロックを寄せ集めて大規模な回路に仕上げられています．大規模でかつ複雑な動作をしているように見える回路でも，実際はシンプルな動作の小さな回路ブロックの集まりなのです．

　図1は大規模な回路の例です．マイコン周辺のいろいろなアナログ回路が複雑に絡み合っているため，その動作を読み取るのはたいへん難しいことのように思われます．

　図2は図1の回路を小さな回路ブロックに分けたものです．このようにどんな大きな回路でも，シンプルな動作の小さな回路ブロックに分けることによって回路全体の動作を読み解くことができます．

　本書は，アナログ回路を構成する最小単位の機能ブロック-回路の素-を集めた回路ライブラリです．とくによく使われる回路は，実際に動作させてオシロスコープの波形や周波数特性などの実測データを載せて解説しています．さらに，応用回路やより深く知りたいときのために参考文献も充実しています．ベテランの方は辞書代わりに御利用ください．

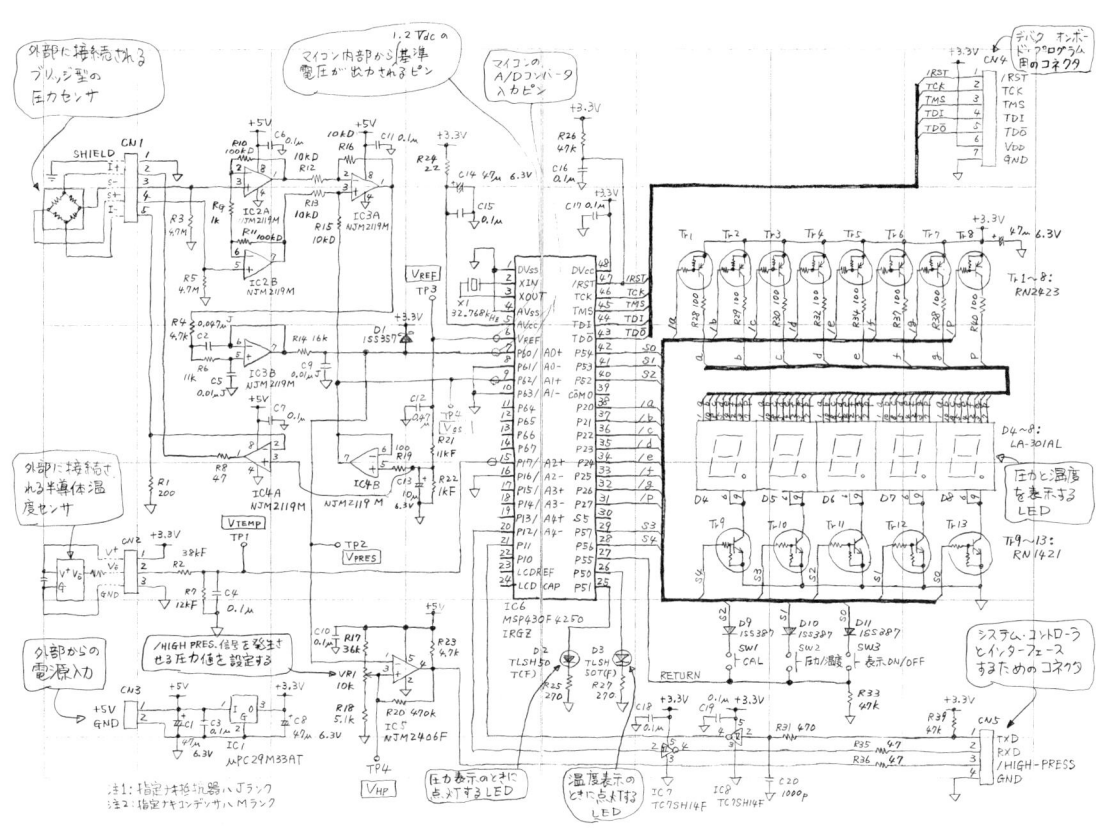

図1　大規模な回路の例
FA（Factory Automation）分野で使われる高精度圧力検出回路．マイコンを中心にしていろいろなアナログ回路や表示器が複雑に絡み合っているように見える

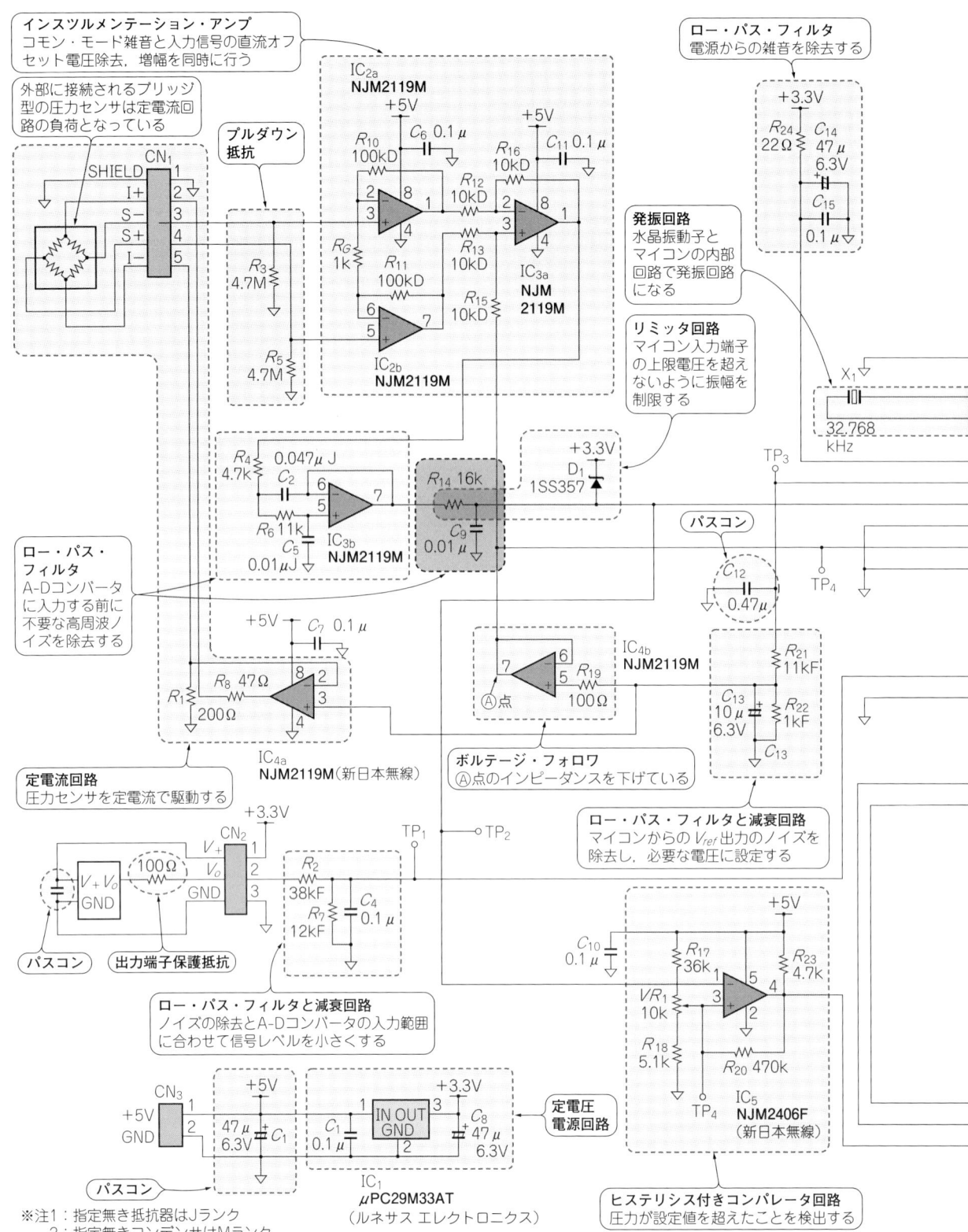

図2 図1をブロック分けした例（どんなに大きな回路も回路ブロックに分けることで全体の動作を読み解くことができる）

回路の動作：ブリッジ型圧力センサ（ロード・セル）の差動出力と計測部の温度を測る半導体温度センサの出力をマイコンのA-Dコンバータで取り込んでいる．マイコン内部で温度処理を行った圧力データと温度データは，設定した以上の圧力になったことを表すHIGH-PRESS信号といっしょにシステム・コントローラへ転送される

※注1：指定無き抵抗器はJランク
　　2：指定無きコンデンサはMランク

25

● 回路をブロック分けする三つのルール

経験豊富なベテランのエンジニアは多くの回路ライブラリが頭の中に入っているので,実際の回路図とライブラリをパターン・マッチングさせていくことで,短時間で確実にブロック分けできます.

しかし,頭の中に入っている回路の数が少ないビギナが同じことをすると,かえって時間がかかってしまいます.そこで,以下ではビギナが回路をブロック分けするときに使えるとても便利な三つのルールについて説明します.

ルール① インピーダンスが大きく変わる箇所を見つけ出せ!

要点▶ 出口と入口の波形が同じところで切ってよい.

● 低出力インピーダンス/高入力インピーダンス

回路ブロック間で信号を受け渡しする箇所では,たいてい,電圧振幅の減衰や位相回転を少なくするために,出力インピーダンス(出力端子-GND間の等価的なインピーダンス)を低くし,入力インピーダンス(入力端子-GND間の等価的なインピーダンス)を高くしています.

図3は回路ブロック間の信号接続の例です.出力インピーダンス$Z_{out}(=R_{out})$の送信側ブロックで,入力インピーダンスZ_{in}が1kΩと0.1μFの並列接続で構成される受信側ブロックを駆動しています.送信する信号v_eは,1V$_{P-P}$/1kHzの正弦波です.

図4(a)は,R_{out}を受信側と同じ抵抗値1kΩとしたときの送信波形v_{out}と受信波形v_{in}です.v_{in}は,振幅が減衰して位相も回転していることが分かります.これは,Z_{out}とZ_{in}がロー・パス・フィルタを形成するからです.

図4(b)は,R_{out}を受信側の入力インピーダンスと比べて低い抵抗値100Ωとしたときの送受信波形です.v_{in}は,振幅の減衰が小さく,位相回転もたいへん小さいことが分かります.Z_{out}をさらに低くするか,またはZ_{in}をさらに高くすれば,v_{in}の減衰と位相回転はさらに小さくなります.

実際の回路でも,信号の送受信による振幅の減衰や位相回転を小さくするため,送信側の出力インピーダンスは低く,受信側の入力インピーダンスは高く設定されています.したがって,出力インピーダンスが低い場所,または入力インピーダンスが高い場所が回路ブロックの境界になります.

つまり,低出力インピーダンスまたは高入力インピーダンスの場所で回路を分割すればよいのです.

図3 ブロック間の信号接続
信号が受け渡しされる回路の境界部では送信側のインピーダンスは低く,受信側の入力インピーダンスは高くなっている

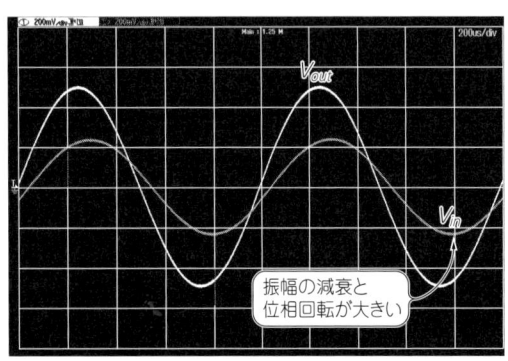

(a) R_{out}=1kΩの場合
信号がそのままの形で伝わっていない例

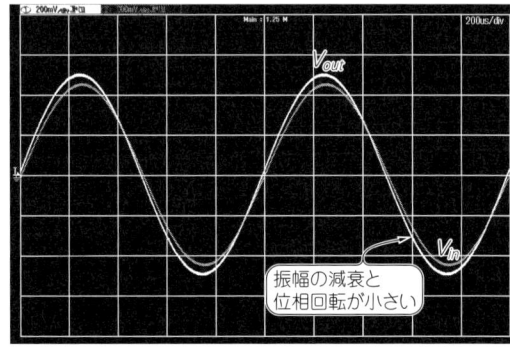

(b) R_{out}=100Ωの場合
信号がそのままの形で受け渡された例

図4 図3の送受信波形(0.2V/div, 200μs/div)
出力インピーダンスR_{out}が入力インピーダンスZ_{in}と同じときは送信波形に対する受信波形は減衰して位相も回転してしまう.$R_{out}\ll Z_{in}$のときは減衰も位相回転も小さい

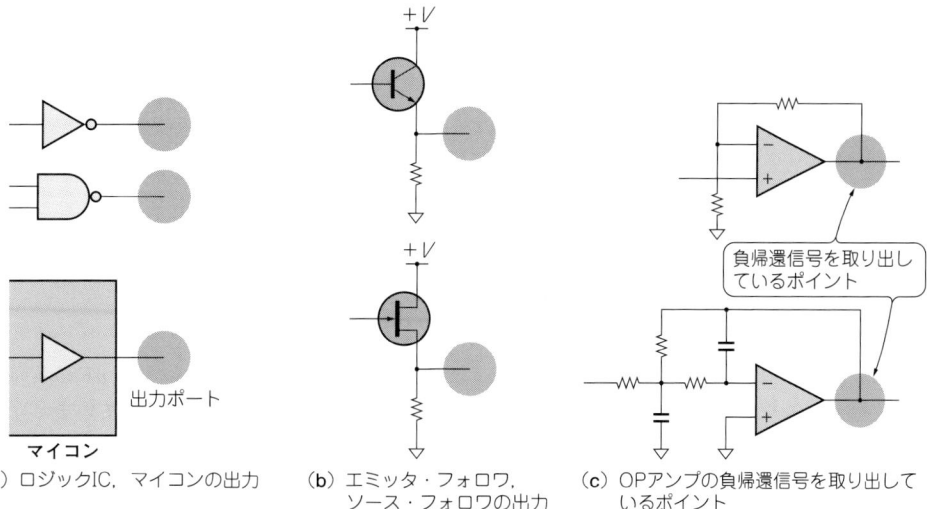

(a) ロジックIC，マイコンの出力　　(b) エミッタ・フォロワ，ソース・フォロワの出力　　(c) OPアンプの負帰還信号を取り出しているポイント

図5　低出力インピーダンスの場所
●は出力インピーダンスが低い場所

● 低出力インピーダンスの場所

図5は回路の中で低出力インピーダンスになる場所の例です．

図5(a)は，CMOSロジックICの出力端子やマイコンの出力ポートです．これらは，電源電圧に応じたLow/Highの論理信号を低出力インピーダンスで出力します．

図5(b)は，エミッタ・フォロワまたは，ソース・フォロワの出力です．これらの回路の出力インピーダンスは，数十m～数十Ω（使用する素子や回路によって決まる）程度の低インピーダンスになります．

図5(c)は，負帰還をかけるための信号を取り出しているポイントです．このポイントは負帰還の力によって低出力インピーダンスになります．ここではOPアンプ回路を例として示していますが，どのような回路でも負帰還を取り出しているポイントは低出力インピーダンスになります．

● 高入力インピーダンスの場所

図6は回路の中で高入力インピーダンスになる場所の例です．

図6(a)は，CMOSロジックICの入力端子やマイコンの入力ポートです．これらの端子には電流がほとんど流れないので，入力インピーダンスはたいへん高くなります．

図6(b)は，エミッタ・フォロワとソース・フォロ

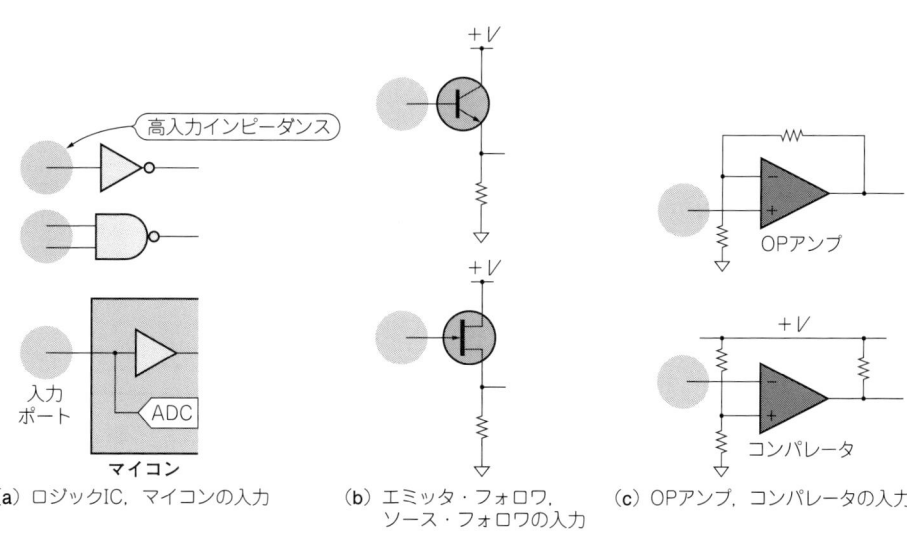

(a) ロジックIC，マイコンの入力　　(b) エミッタ・フォロワ，ソース・フォロワの入力　　(c) OPアンプ，コンパレータの入力

図6　高入力インピーダンスの場所
●は入力インピーダンスが高い場所

インピーダンスが大きく変わる箇所を見つけ出せ！　27

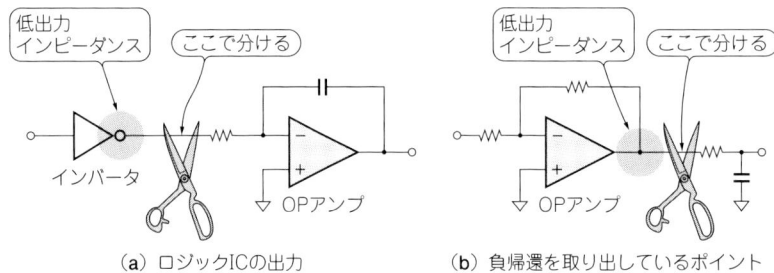

図7 ブロック分けの例①…低出力インピーダンスの場所に着目する

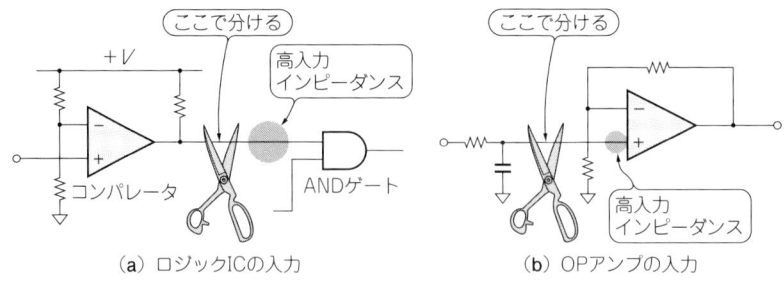

図8 ブロック分けの例②…高入力インピーダンスの場所に着目する

ワの入力です．これらの回路の入力インピーダンスは，数kΩ～数百MΩになります．

図6(c)は，OPアンプやコンパレータの入力です．これらのICの入力端子は，電圧が加わっても電流がほとんど流れません．入力インピーダンスはMΩオーダになります．

● 実際の回路で境界を見つけてみる

図7は，回路中の低出力インピーダンスのポイントに着目してブロック分けした例です．

ロジックICであるインバータの出力，OPアンプの負帰還信号を取り出しているポイントが低出力インピーダンスになるので，その場所を回路ブロックの境目と考えます．

図8は，回路中の高入力インピーダンスのポイントに着目してブロック分けした例です．

ANDゲートの入力，OPアンプの入力が高入力インピーダンスになるので，その場所を回路ブロックの境目と考えます．

ルール② 　帰還ループは分割しない

要点▶帰還ループの途中を切ってはダメ．

● 帰還ループを含めて一つの回路ブロックと考える

回路中に帰還ループがある場合は，そのループの中に低出力インピーダンスまたは高入力インピーダンスのポイントがあっても，そこでは回路を分割しません．

信号がループ内をぐるぐる回ることで所望の機能を実現しているので，帰還ループを切断して回路の機能を考えることができないからです．帰還ループがある場合は，そのループを含めて一つの回路ブロックとして考えます．帰還ループは，発振回路やフィルタ回路に多く見られます．

● ループのできている回路の例

図9(a)は，正弦波発振回路です．この回路でⒶ点は高入力インピーダンス，Ⓑ点は低出力インピーダンスのポイントですが，帰還ループの内部なのでこれらのポイントでは回路を分割しません．

図9(b)は，バンド・パス・フィルタ回路です．この回路ではⒶ点，Ⓑ点，Ⓒ点が分割ポイントと考えられますが，いずれも帰還ループの内部にあるので，ここでは分割しないで全体を一つの回路ブロックとして考えます．

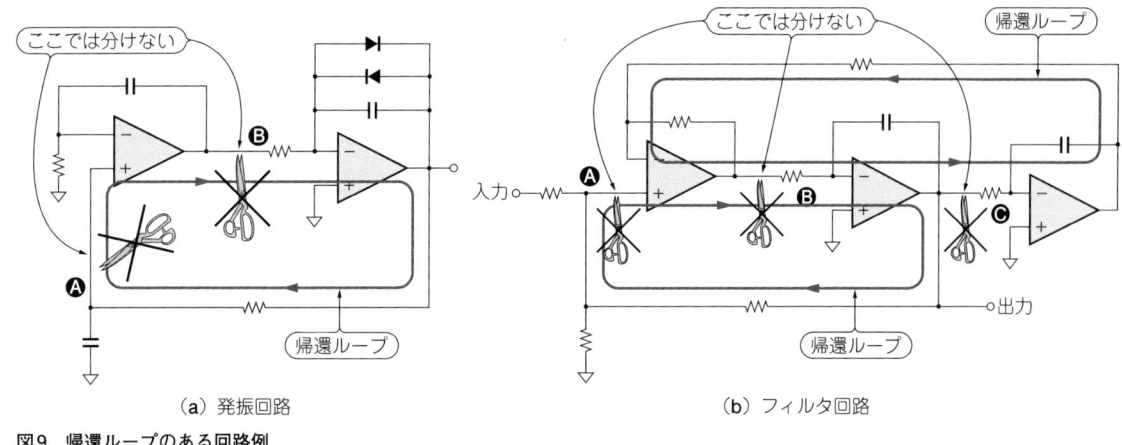

（a）発振回路　　　　　　　　　　　　　　　　　　　（b）フィルタ回路

図9　帰還ループのある回路例
帰還ループの途中では切ることができない

ルール③　複数ブロックで同じ回路を共有することがある

要点▶ きれいに切り分けられないこともある．

　部品点数を削減するため，前後する回路ブロック間で抵抗やコンデンサなどの回路素子を重複して使う場合があります．この場合，回路ブロックの一部がオーバーラップします．

　図10は二つの回路ブロックがオーバーラップしている例です．ロー・パス・フィルタのブロックとリミッタのブロックが接続されていますが，直列抵抗を二つのブロックで共用しているため，この部分がオーバーラップします．

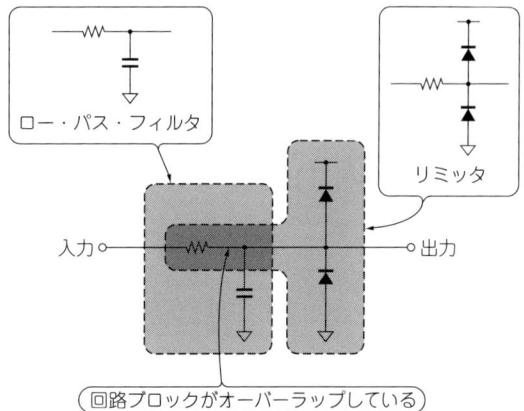

図10　回路ブロックがオーバーラップしている例
複数回路ブロックが同じ回路を共有することがある

第1章 アンプ
信号の振幅を大きくしたり，次の回路を力強く駆動する

本章で取り上げる回路は，信号を増幅するアンプです．アンプは，その用途から小信号アンプとパワー・アンプの2種類に分けることができます．

小信号アンプは，小レベルの信号を扱うアンプで，後段の回路が扱いやすいレベルまで増幅したり，後段の回路を駆動できるインピーダンスに変換するなどの目的で使われます．小信号アンプの入力ソースはセンサや外部から伝送されてきた信号などで，出力はA-Dコンバータやフィルタ，計算用のアナログ回路，リミッタ，コンパレータ，マイコンなどに接続されます．

パワー・アンプは，出力に接続される負荷に大きな電力を供給するためのアンプです．パワー・アンプの入力ソースはD-Aコンバータやフィルタ，計算用のアナログ回路，マイコンなどで，出力はモータやアクチュエータ，スピーカなどに接続されます．

回路の素 001　ボルテージ・フォロワ

要点▶ 出力インピーダンスの高い信号源出力の受信部に使われる．入力と出力の電圧波形がまったく同じ．

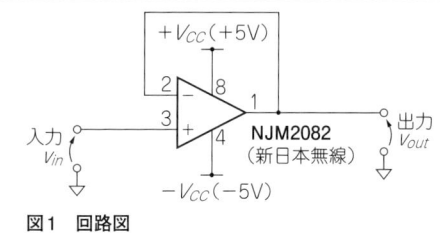

図1　回路図

計算式
電圧ゲイン $A_v = 1$ [倍]

参考文献　(1), (2), (3), (5), (6), (7), (8), (23)

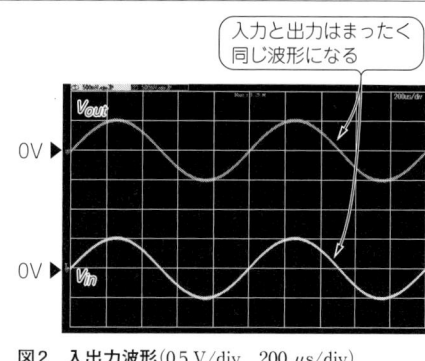

図2　入出力波形(0.5 V/div, 200 μs/div)
入力は 1 V_{p-p}/1 kHz の正弦波

● 基本形

図1は電圧ゲイン A_v が1倍の増幅器，ボルテージ・フォロワです．OPアンプ以外に抵抗などの外付け部品を必要としないシンプルな回路ですが，負帰還量が多いため，出力インピーダンスがたいへん低いという特徴があります．

▶動作波形

図2は 1 V_{p-p}/1 kHz の正弦波を入力した場合の入出力波形です．$A_v = 1$ なので，入力と出力はまったく同じ波形になります．

▶周波数特性

図3は A_v の周波数特性です．高い周波数領域の特性は，使用するOPアンプによって決まります．ボルテージ・フォロワは，種々のアンプの中でもっとも広帯域な(周波数特性が高い領域まで伸びる)回路です．

● 改良またはアレンジされた回路の例①

図4はコンデンサを含む容量性負荷を駆動する回路です．

出力直列抵抗 R_{out} でOPアンプの出力端子と容量性負荷を分離して，回路の動作を安定化します．入力直列抵抗 R_{in} は，入力部の配線による浮遊容量やインダ

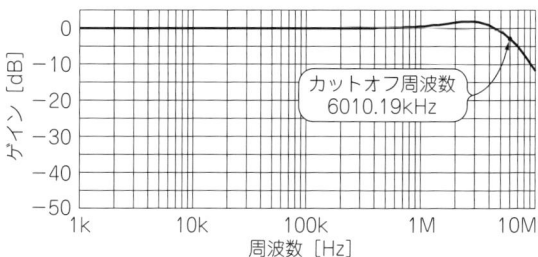

図3　図1の回路における電圧ゲイン A_v の周波数特性

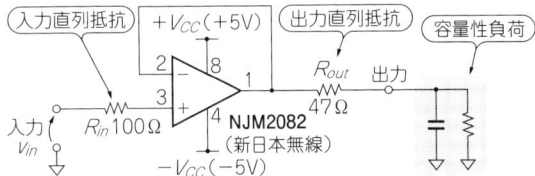

図4 改良またはアレンジされた回路の例①：容量性の負荷が接続されても発振しにくい改良版
R_{out}で出力端子と容量性負荷を分離し回路の動作を安定化している．さらに，R_{in}で配線による浮遊容量やインダクタンス成分と入力端子を分離して発振を防いでいる

クタンス成分とOPアンプの入力端子を分離して発振を防ぐ抵抗です．

● 改良またはアレンジされた回路の例②

図5はv_{in}の正側の信号だけを出力する半波整流回路です．

基本形の回路との違いは，OPアンプの負電源端子をGNDに接続していることです（OPアンプを単電源動作させている）．負電源が供給されていないので，OPアンプは負側の信号を出力することができません．その結果，正の半波だけが出力されることになります．

この回路には，入力端子の許容電圧範囲が負電源端

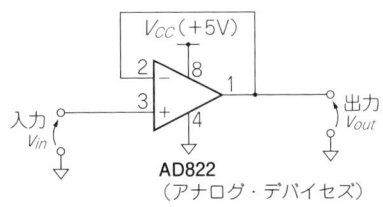

図5 改良またはアレンジされた回路の例②：半波整流回路
OPアンプの負電源端子をGNDに接続して単電源動作させている

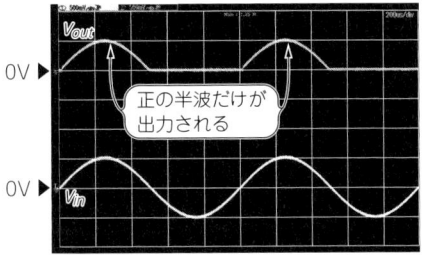

図6 図5の回路における入出力波形（0.5 V/div，200 μs/div）
v_{out}はv_{in}の負側がカットされている

子の電位を大きく超える絶対最大定格を持つOPアンプが使用されます．

▶動作波形

図6は1 V_{p-p}/1 kHzの正弦波を入力した場合の入出力波形です．v_{out}はv_{in}の負側がカットされた半波波形になります．

回路の素 002　ボルテージ・フォロワ　交流結合型

要点▶ 出力インピーダンスの高い信号源出力の受信部に使われる．入力信号の交流成分だけを出力する．

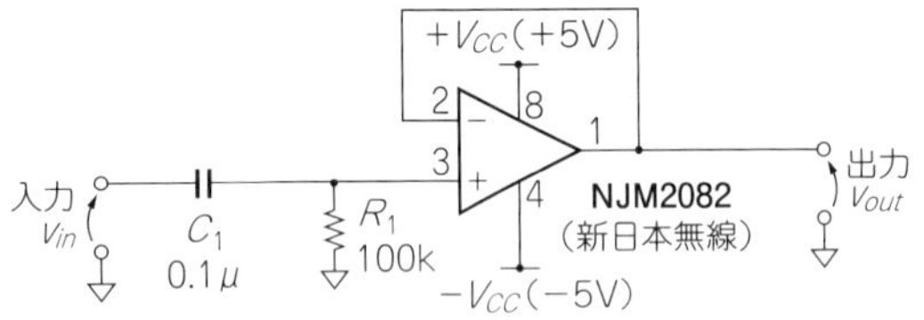

図1　回路図

計算式
電圧ゲイン $A_v = 1$［倍］

参考文献
(5)，(6)

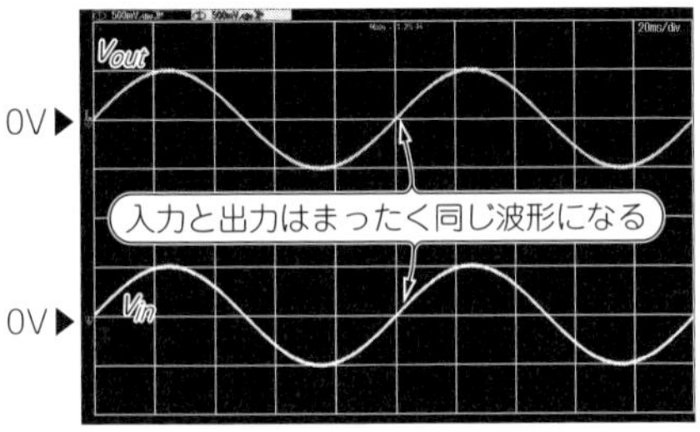

図2　入出力波形（0.5 V/div，200 μs/div）
入力は1 V_{p-p}/1 kHzの正弦波

● 基本形

図1はコンデンサC_1で入力信号の直流成分をカットして交流成分だけを出力する電圧ゲインA_vが1倍のアンプ，ボルテージ・フォロワです．出力インピーダンスがたいへん低いことが特徴です．

▶動作波形

図2は1 V_{p-p}/1 kHzの正弦波を入力した場合の入出力波形です．$A_v=1$なので，入力と出力はまったく同じ波形になります．

▶周波数特性

図3(a)はA_vの高域側（1 kHz ～ 10 MHz）の周波数

特性です．高い周波数領域の特性は，使用するOPアンプによって決まります．ボルテージ・フォロワは，種々のアンプの中でもっとも広帯域な（周波数特性が高い領域まで伸びる）回路です．

図3(b)はA_vの低域側（10 Hz ～ 100 kHz）の周波数特性です．低域側は，1次ハイ・パス・フィルタの特性（低域に向かって20 dB/decの傾きで減衰する）になります．ハイ・パス・フィルタのカットオフ周波数f_Cは以下のように決まります．

$$f_C = \frac{1}{2\pi C_1 R_1} \text{［Hz］}$$

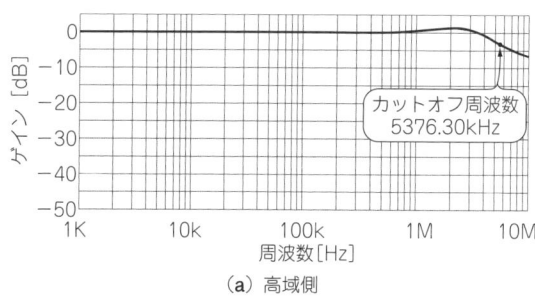

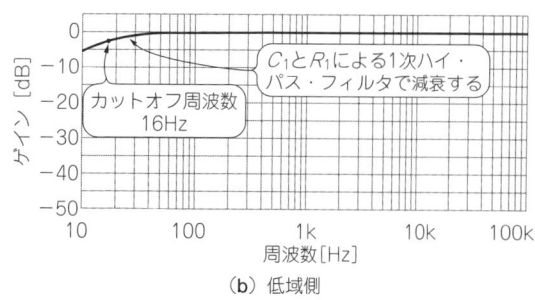

(a) 高域側　　　(b) 低域側

図3 図1の回路における電圧ゲインA_vの周波数特性

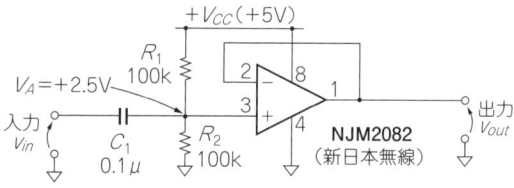

図4 改良またはアレンジされた回路の例①
単電源で動作する回路

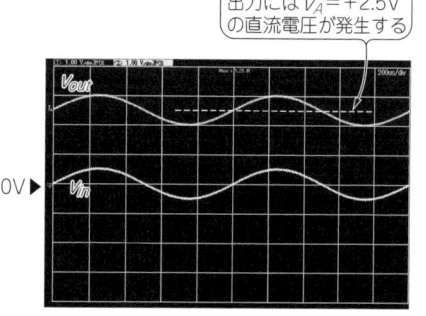

図5 図4の回路における入出力波形（1 V/div, 200 μs/div）

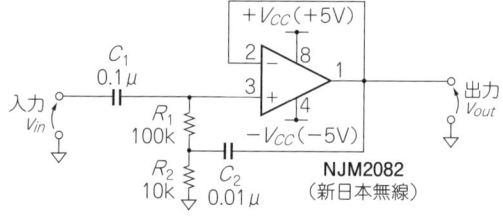

図6 改良またはアレンジされた回路の例②
入力インピーダンスを高くした回路

この回路は$f_C = 16\,\mathrm{Hz}\,(\fallingdotseq 1/(2\pi \times 0.1\,\mu\mathrm{F} \times 100\,\mathrm{k}\Omega))$です．

● 改良またはアレンジされた回路の例①

図4は単電源で動作させた回路です．C_1で入力信号の直流成分をカットし，R_1とR_2で作った$+V_{CC}$とGNDの中間電圧である$V_A = +2.5\,\mathrm{V}\,(=R_2/(R_1+R_2) \times V_{CC})$をOPアンプの非反転入力端子（**図4**では3番ピン）に加えています．

低域側のハイ・パス・フィルタのf_Cは以下のように決まります．

$$f_C = \frac{1}{2\pi C_1 R}\,[\mathrm{Hz}]$$

$$R = R_1 R_2 / (R_1 + R_2)$$

この回路は$f_C = 32\,\mathrm{Hz}\,(\fallingdotseq 1/(2\pi \times 0.1\,\mu\mathrm{F} \times 50\,\mathrm{k}\Omega))$です．

▶動作波形

図5は$1\,\mathrm{V_{P-P}}/1\,\mathrm{kHz}$の正弦波を入力した場合の入出力波形です．出力は$V_A = +2.5\,\mathrm{V}$の直流電圧に入力信号がそのまま乗った波形になります．

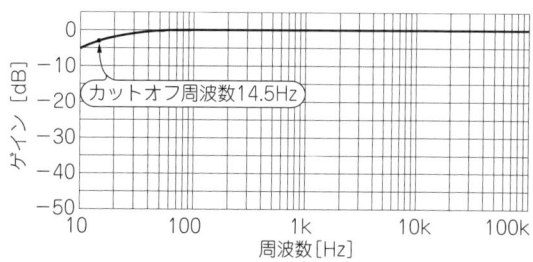

図7 図6の回路における電圧ゲインA_vの周波数特性

● 改良またはアレンジされた回路の例②

図6は出力をC_2で入力部へ正帰還するブートストラップと呼ばれる技術を使った回路です．ブートストラップによって，R_1の両端にかかる交流電圧がほぼゼロになるため，見かけ上入力インピーダンスがたいへん高くなります．この回路の入力インピーダンスZ_iは以下のように決まります．

$$Z_i = \frac{1}{2\pi f C_1} + R_1 + R_2 + 2\pi f C_2 R_1 R_2\,[\Omega]$$

▶周波数特性

図7は**図6**の回路のA_vの低域側（$10\,\mathrm{Hz} \sim 100\,\mathrm{kHz}$）の周波数特性です．$C_2 \ll C_1$のとき，低域側のハイ・パス・フィルタの$f_C$は以下のように決まります．

$$f_C = \frac{1}{2\pi C_1 (R_1 + R_2)}\,[\mathrm{Hz}]$$

この回路では$f_C = 14.5\,\mathrm{Hz}\,(\fallingdotseq 1/(2\pi \times 0.1\,\mu\mathrm{F} \times (100\,\mathrm{k}\Omega + 10\,\mathrm{k}\Omega)))$です．

回路の素 003　反転アンプ

要点▶ 2個の抵抗でゲインが決まるOPアンプを使った増幅回路．位相は反転する．減衰させることもできる．

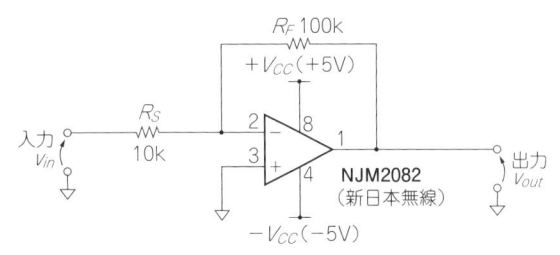

図1　回路図

計算式

電圧ゲイン $A_v = -\dfrac{R_F}{R_S}$ [倍]

※式中のマイナス符号は極性の反転を意味する

参考文献　(1)，(2)，(3)，(5)，(6)，(7)，(8)，(11)，(23)

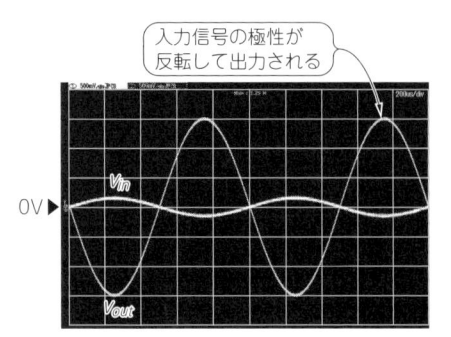

図2　入出力波形(0.5 V/div, 200 μs/div)
入力は0.3 V_{P-P}/1 kHzの正弦波

● 基本形

図1は，OPアンプを用いたもっともポピュラな反転アンプです．2本の抵抗で電圧ゲイン A_v を簡単に設定できます．また，$R_F < R_S$ とすることで入力信号を減衰させることもできます．

▶動作波形

図2は0.3 V_{P-P}/1 kHzの正弦波を入力した場合の入出力波形です．この回路は，$A_v = -10 (= -100\,\text{k}\Omega/10\,\text{k}\Omega)$なので，入力信号と極性が反転した3 V_{P-P}の出力が得られます．

▶周波数特性

図3は A_v の周波数特性です．OPアンプ単体のゲインは，周波数が高い領域で低下するので，回路全体の周波数特性も高域が減衰するロー・パス・フィルタのような特性になります．高い周波数領域の特性は，使用するOPアンプで決まります．

● 改良またはアレンジされた回路の例①

図4は出力に発生する直流電圧の誤差を軽減した回路です．

R_G はOPアンプの入力バイアス電流(入力端子に流れる電流) $I-$，$I+$ によって発生する直流電圧降下 V_{drop+} と V_{drop-} を等しくして，出力端子に発生する直流オフセット電圧(入力信号とは無関係に出力に発生する直流電圧)を抑える働きがあります．R_G を挿入しても回路の A_v やその周波数特性は変化しません．

この回路は，入力バイアス電流が大きいOPアンプを使うときに用いられます．

● 改良またはアレンジされた回路の例②

図5はコンデンサを含む容量性負荷を駆動する回路

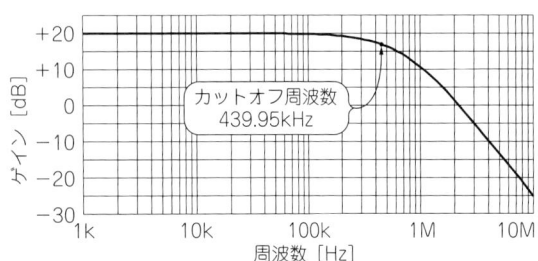

図3　図1の回路における電圧ゲイン A_v の周波数特性

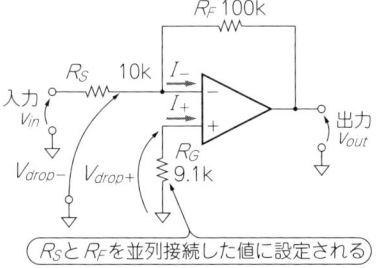

図4　改良またはアレンジされた回路の例①：無入力時に出る直流出力電圧を小さくした改良版
R_G を追加すると，OPアンプの入力バイアス電流で生じる直流電圧降下 V_{drop+} と V_{drop-} が等しくなり，出力端子に発生する直流オフセット電圧が抑えられる

図5 改良またはアレンジされた回路の例②：容量性の負荷が接続されても発振しにくい改良版
位相補償回路を挿入すると，高い周波数領域のゲインが下がり，回路の動作を安定化する

です．
　回路中に位相補償回路を挿入することで，容量性負荷によってOPアンプが発振してしまう高い周波数領域のゲインを下げて，回路の動作を安定化します．Rは省略される場合があります．

▶周波数特性
　図6はA_vの周波数特性です．周波数特性が低下するポイントは，位相補償回路によって低い周波数に移動します．

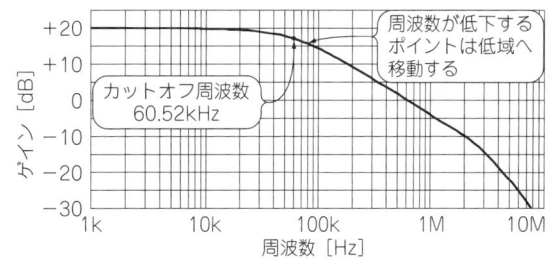

図6 図5の回路における電圧ゲインA_vの周波数特性
発振対策（位相補償）が追加された回路は高域のゲインが低下する

回路の素 004　　反転アンプ T型帰還回路使用

要点▶ 高入力インピーダンスの非反転アンプとしてセンサ出力の受信アンプなどに使われる．

図1　回路図

図2　入出力波形 (0.5 V/div, 200 μs/div)
入力は 0.3 V_{P-P}/1 kHz の正弦波

計算式

$$\text{電圧ゲイン}\,A_v = -\frac{1}{R_S}\left(R_{F1} + R_{F2} + \frac{R_{F1} \cdot R_{F2}}{R_{F3}}\right)\ [\text{倍}]$$ ※式中のマイナス符号は極性の反転を意味する

参考文献 (5)

● 基本形
　図1はOPアンプとT型帰還回路を組み合わせた反転アンプです．T型帰還回路は，低い抵抗値の組み合わせで等価的に高い帰還抵抗を作ることができます．R_Sの値を高くして高入力インピーダンス化した場合でも（入力インピーダンスはR_Sそのものになる），精度や入手性で有利な低い値の抵抗を用いることができます．

▶動作波形
　図2は0.3 V_{P-P}/1 kHzの正弦波を入力した場合の入出力波形です．この回路は$A_v = -10 (≒ -(1\,\text{M}\Omega + 1\,\text{M}\Omega + 1\,\text{M}\Omega \times 1\,\text{M}\Omega /124\,\text{k}\Omega)/1\,\text{M}\Omega)$なので，入力信号と極性が反転した3 V_{P-P}の出力が得られます．

▶周波数特性
　図3はA_vの周波数特性です．図1の回路は帰還回路の抵抗値がMΩオーダの高抵抗に設定されているの

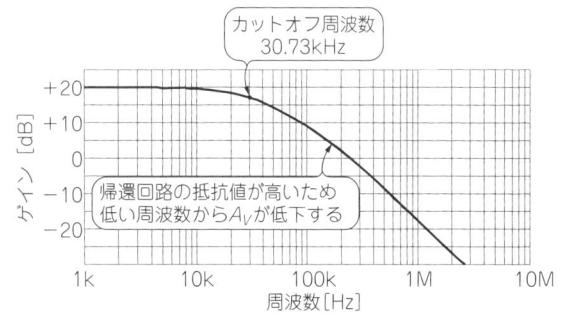

図3 図1の回路における電圧ゲインA_vの周波数特性

で，帰還回路と配線の浮遊容量がカットオフ周波数の低いロー・パス・フィルタを形成します．図1の回路はカットオフ周波数$f_C ≒ 30$ kHzで，使用したOPアンプで決まるf_Cよりもはるかに低い値になります．

回路の素 005　非反転アンプ

要点▶ 2個の抵抗でゲインが決まるOPアンプを使った増幅回路．位相が反転しない．ゲインは1倍以上．

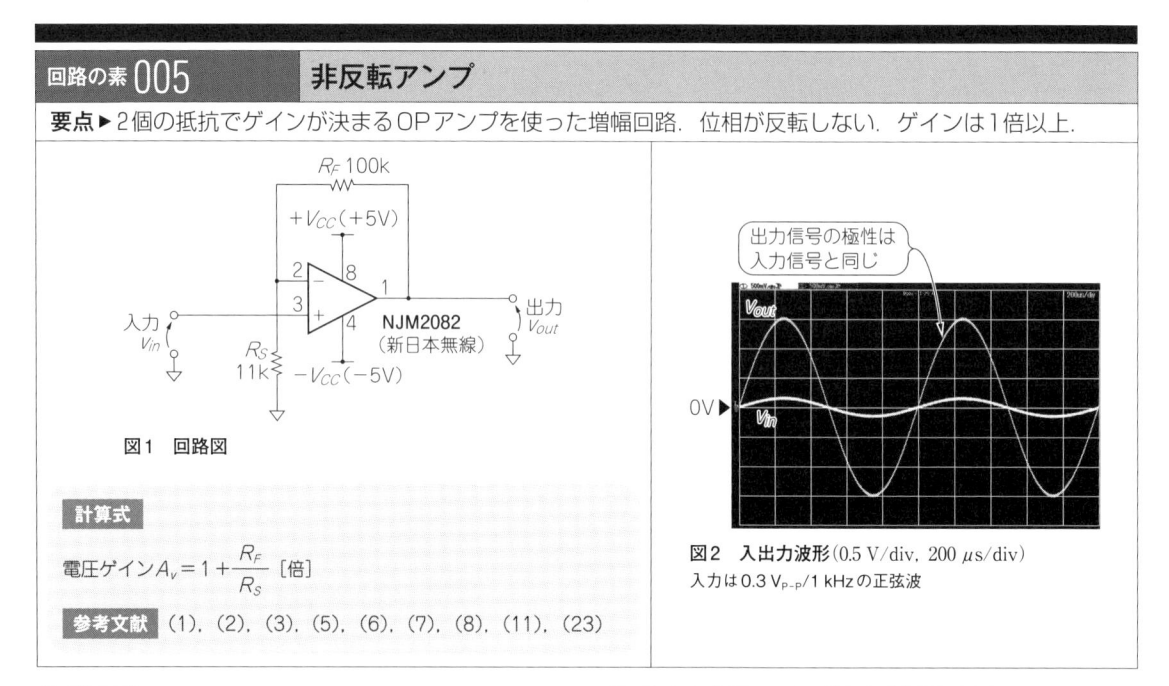

図1　回路図

計算式

電圧ゲイン $A_v = 1 + \dfrac{R_F}{R_S}$ [倍]

参考文献 (1), (2), (3), (5), (6), (7), (8), (11), (23)

図2　入出力波形（0.5 V/div, 200 μs/div）
入力は0.3 V_{P-P}/1 kHzの正弦波

● 基本形

図1は，OPアンプを用いたもっともポピュラな非反転アンプです．2本の抵抗で電圧ゲインA_vを簡単に設定することができます．A_vを1倍未満に設定することはできません．

▶動作波形

図2は0.3 V_{P-P}/1 kHzの正弦波を入力した場合の入出力波形です．この回路は，$A_v = 10$倍（≒ 1 + 100 kΩ/11 kΩ）の非反転アンプなので，入力信号と極性が同じ3 V_{P-P}の出力が得られます．

▶周波数特性

図3はA_vの周波数特性です．OPアンプ単体のゲインは，周波数が高い領域で低下するので，回路全体の周波数特性も高域が減衰するロー・パス・フィルタのような特性になります．高い周波数領域の特性は，使用するOPアンプで決まります．

● 改良またはアレンジされた回路の例

図4はコンデンサを含む容量性負荷を駆動する回路です．

回路中に位相補償回路を挿入することで，容量性負荷によってOPアンプが発振してしまう高い周波数領域のゲインを下げて，回路の動作を安定化します．

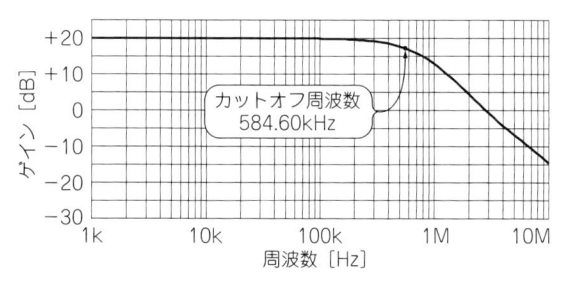

図3　図1の回路における電圧ゲインA_vの周波数特性

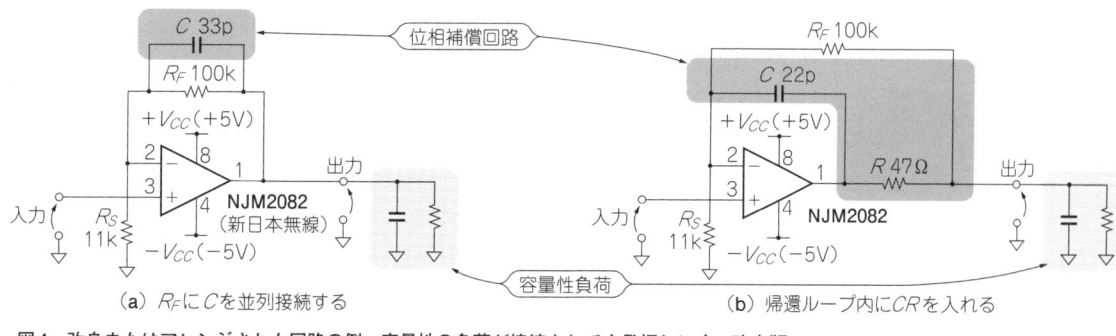

図4 (a) R_FにCを並列接続する (b) 帰還ループ内にCRを入れる

図4 改良またはアレンジされた回路の例：容量性の負荷が接続されても発振しにくい改良版
高い周波数領域のゲインを下げて回路の動作を安定化する

▶周波数特性

図5はA_vの周波数特性です．周波数特性が低下するポイントは，位相補償回路によって，基本形の図3よりも低い周波数に移動します．

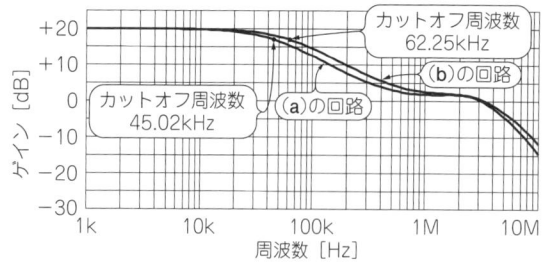

図5 図4の回路における電圧ゲインA_vの周波数特性
発振対策（位相補償）が追加された回路は高域のゲインが低下する

コンデンサの回路図記号に添えられている＋マークの意味　　コラム

コンデンサには有極性コンデンサと無極性コンデンサがあります．

アルミ電解コンデンサや導電性高分子アルミ固体電解コンデンサは，大容量化するため二つの電極の構造を非対称にしているので有極性コンデンサになります（無極性のアルミ電解コンデンサもある）．コンデンサの回路記号で＋マークが記されている方が陽極，他方が陰極です．

図Aのように，有極性コンデンサは直流電位の高い方に陽極を接続して使います．

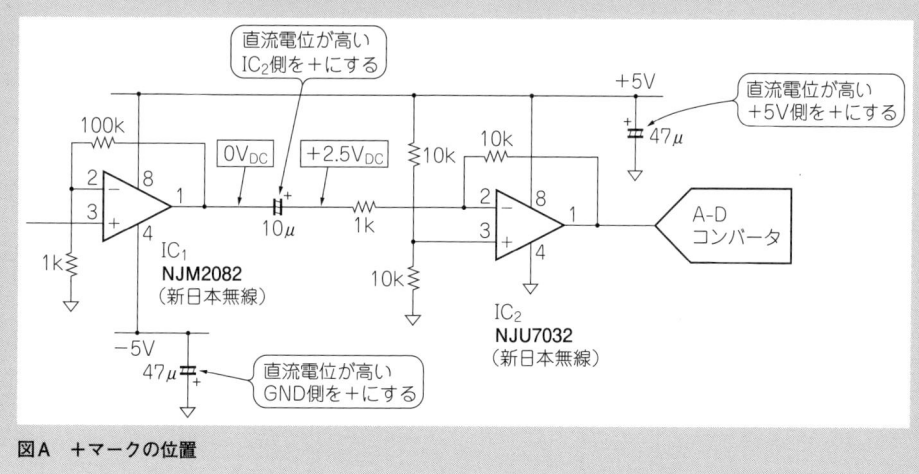

図A ＋マークの位置

非反転アンプ

回路の素 006　反転アンプ単電源用　交流結合型

要点 ▶ 負電源のない回路のアナログ部によく使われる回路．交流信号と単電源系の橋渡しにも使われる．

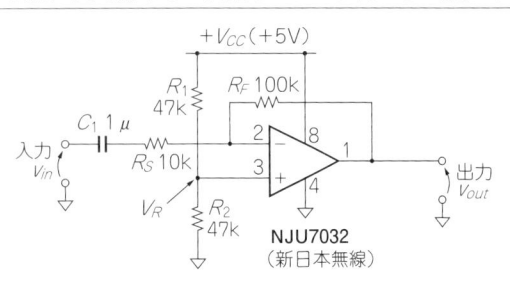

図1　回路図

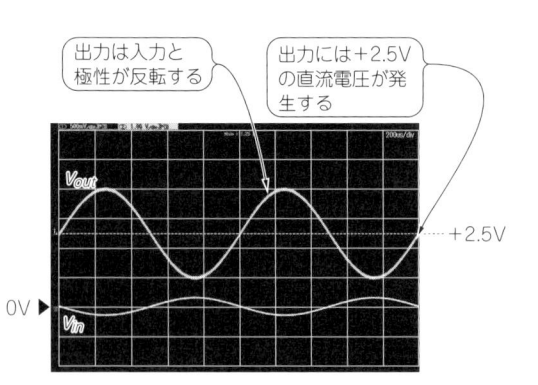

図2　入出力波形（v_{in}：0.5 V/div，v_{out}：1 V/div，200 μs/div）
入力は 0.3 V_{P-P}/1 kHz の正弦波

計算式

- 交流信号の電圧ゲイン $A_v = -\dfrac{R_F}{R_S}$ ［倍］

- 出力電圧 $v_{out} = A_v v_{in} + V_R$ ［V］

$$V_R = V_{CC}\dfrac{R_2}{R_1+R_2}$$

※式中のマイナス符号は極性の反転を意味する

参考文献 (1), (2), (3), (5), (6), (7), (8), (11), (23)

● 基本形

図1は，コンデンサ C_1 で入力信号 v_{in} の直流成分をカットすると同時に，交流成分だけを取り込んで反転増幅する回路です．単電源で動作させるため，R_1 と R_2 で作った直流電圧 V_R を OP アンプの非反転入力端子に加えて，動作の基準電位を GND から V_{CC} 側へシフトしています．この回路は V_R を R_1 と R_2 で作っていますが，外部で作った直流電圧を用いることがあります．

交流信号の電圧ゲイン A_v は，R_S と R_F で決まります．また，$R_F < R_S$ とすることで入力信号を減衰させることもできます．

▶ 動作波形

図2は 0.3 V_{P-P}/1 kHz の正弦波を入力した場合の入出力波形です．出力信号 v_{out} は，+2.5 V（= 47 kΩ /(47 kΩ + 47 kΩ) × 5 V）の直流成分に入力信号と極性が反転した 3 V_{P-P}（= −0.3 V_{P-P} × 100 kΩ /10 kΩ）の交流成分が乗った波形になります．

▶ 周波数特性

図3(a) は A_v の高域側（1 kHz 〜 10 MHz）の周波数特性です．高い周波数領域の特性は，使用する OP アンプで決まります．

図3(b) は A_v の低域側（10 Hz 〜 100 kHz）の周波数特性です．低域側は，1次ハイ・パス・フィルタの特性（低域に向かって 20 dB/dec の傾きで減衰する）になります．ハイ・パス・フィルタのカットオフ周波数 f_C は以下のように決まります．

$$f_C = \dfrac{1}{2\pi C_1 R_S} \text{［Hz］}$$

この回路は，$f_C \fallingdotseq 16\,\text{Hz}(= 1/(2\pi \times 1\,\mu\text{F} \times 10\,\text{kΩ}))$ です．

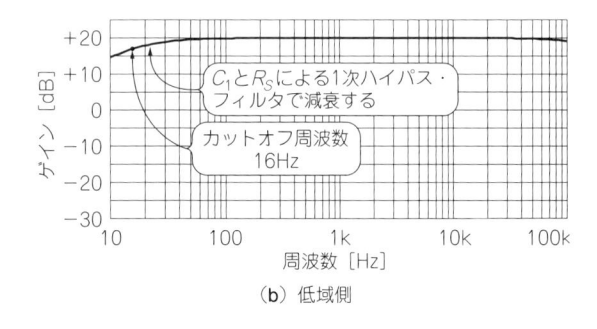

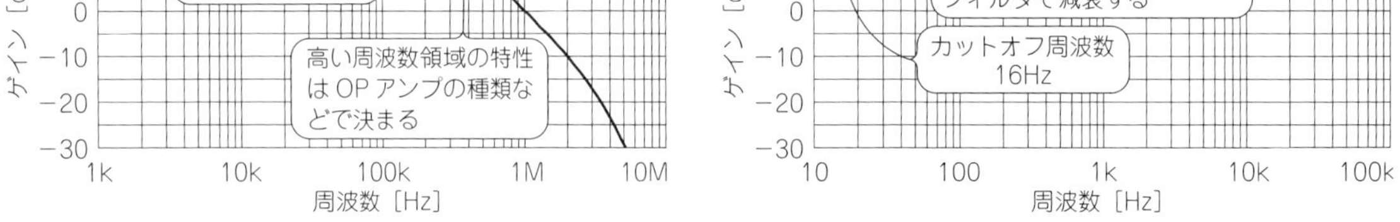

(a) 高域側

(b) 低域側

図3　図1の回路における電圧ゲイン A_v の周波数特性

回路の素 007　　　非反転アンプ単電源用　交流結合型

要点▶ 負電源のない回路のアナログ部によく使われる回路．交流信号と単電源系の橋渡しにも使われる．

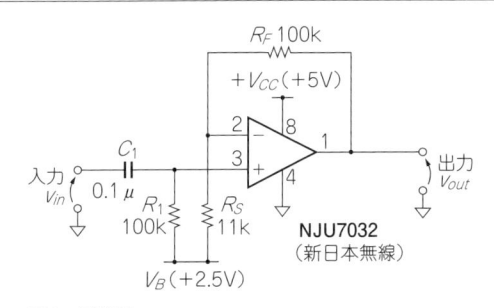

図1　回路図

（回路図中：R_F 100k，$+V_{CC}$(+5V)，C_1 0.1μ，R_1 100k，R_S 11k，NJU7032（新日本無線），V_B(+2.5V)，入力 V_{in}，出力 V_{out}）

計算式

- 交流信号の電圧ゲイン $A_v = 1 + \dfrac{R_F}{R_S}$ ［倍］
- 出力電圧 $v_{out} = A_v v_{in} + V_B$ ［V］

参考文献

(1), (2), (3), (5), (6), (7), (8), (11), (23)

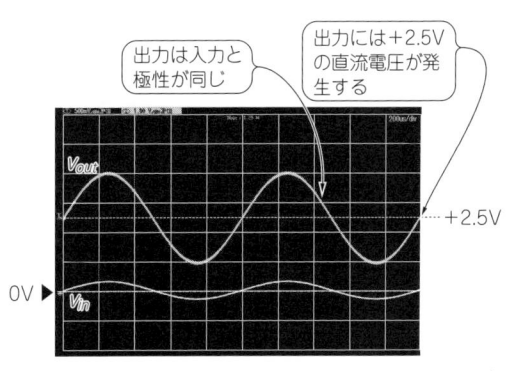

図2　入出力波形（v_{in}：0.5 V/div，v_{out}：1 V/div，200 μs/div）
入力は 0.3 V$_{P-P}$/1 kHz の正弦波

（波形注記：出力は入力と極性が同じ／出力には+2.5Vの直流電圧が発生する／+2.5V／0V）

● **基本形**

図1は，コンデンサ C_1 で入力信号 v_{in} の直流成分をカットすると同時に，交流成分だけを取り込んで非反転増幅する回路です．単電源で動作させるため，外部から供給する直流電源 V_B を増幅の基準電位としています．V_B の値は V_{CC} とGNDの中間程度に設定されます．

交流信号の電圧ゲイン A_v は，R_S と R_F で決まります．

▶ **動作波形**

図2は 0.3 V$_{P-P}$/1 kHz の正弦波を入力した場合の入出力波形です．出力信号 v_{out} は，+2.5 V($= V_B$) の直流成分に 3 V$_{P-P}$($\fallingdotseq$ 0.3 V$_{P-P}$ × (1 + 100 kΩ/11 kΩ)) の交流成分が乗った波形になります．

▶ **周波数特性**

図3(a)は A_v の高域側（1 kHz～10 MHz）の周波数特性です．高い周波数領域の特性は，使用するOPアンプで決まります．

図3(b)は A_v の低域側（10 Hz～100 kHz）の周波数特性です．低域側は，1次ハイ・パス・フィルタの特性（低域に向かって 20 dB/dec の傾きで減衰する）になります．ハイ・パス・フィルタのカットオフ周波数 f_C は以下のように決まります．

$$f_C = \frac{1}{2\pi\, C_1 R_1}\ [\text{Hz}]$$

この回路は，$f_C \fallingdotseq 16$ Hz ($= 1/(2\pi \times 0.1\,\mu\text{F} \times 100\,\text{k}\Omega)$) です．

(a) 高域側
（グラフ注記：カットオフ周波数 194.23kHz／高い周波数領域の特性は OPアンプの種類などで決まる）

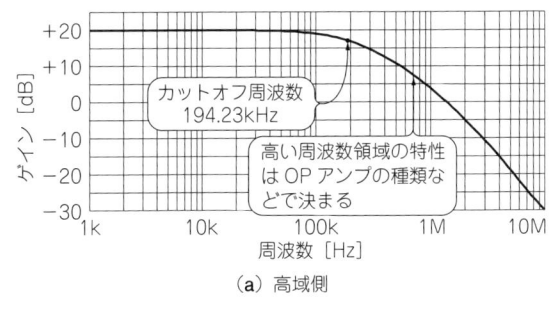

(b) 低域側
（グラフ注記：C_1 と R_1 による1次ハイ・パス・フィルタで減衰する／カットオフ周波数 16Hz）

図3　図1の回路における電圧ゲイン A_v の周波数特性

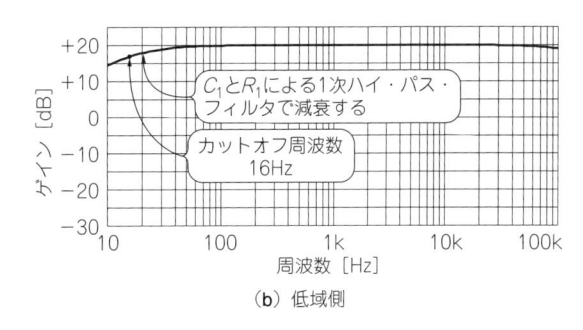

回路の素 008　　**差動アンプ**

要点▶任意の2点間の電圧差を取り出せる．

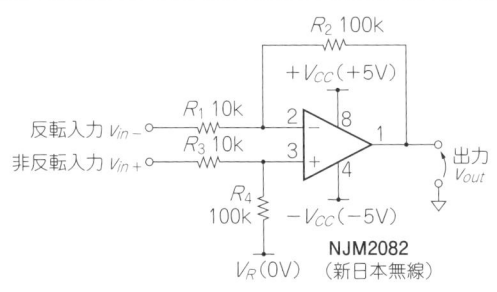

図1　回路図

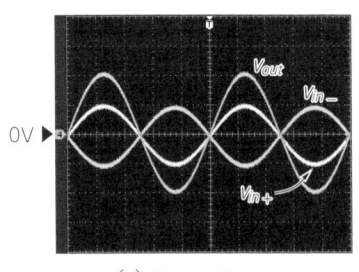

計算式

- 差動電圧ゲイン $A_v = \dfrac{R_2}{R_1}$ [倍]

  ただし，$\dfrac{R_2}{R_1} = \dfrac{R_4}{R_3}$ とする

- 出力電圧 $v_{out} = A_v(v_{in+} - v_{in-}) + V_R$ [V]

参考文献　(1), (2), (3), (5), (6), (7), (8), (9), (11), (13), (23)

（a）$v_{in+} = -v_{in-}$
v_{in+}に0.2 V_{P-P}/1 kHzの正弦波，v_{in-}にv_{in+}と振幅と周波数が同じで正負の極性が逆の正弦波を入力した場合

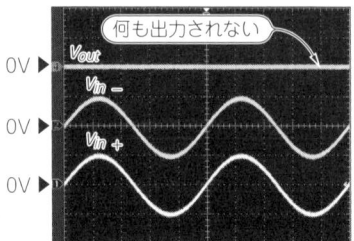

（b）$v_{in+} = v_{in-}$
v_{in+}とv_{in-}に同一の0.2 V_{P-P}/1 kHzの正弦波を入力した場合

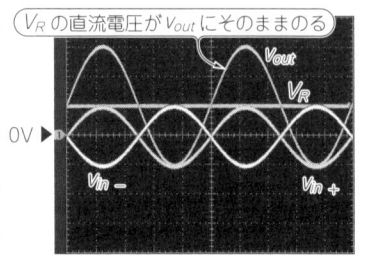

（c）$v_{in+} = -v_{in-}$，$V_R = 1$ V
v_{in+}に0.2 V_{P-P}/1 kHzの正弦波，v_{in-}にv_{in+}と極性が逆の正弦波を入力し，V_Rを$+1$ V_{DC}とした場合

図2　入出力波形（v_{in+}, v_{in-} : 0.1 V/div，V_R, v_{out} : 1 V/div，200 μs/div）

● **基本形**

図1は，非反転入力v_{in+}と反転入力v_{in-}の差電圧（$v_{in+} - v_{in-}$）を増幅する回路です．二つの入力信号の差を取れるので，減算回路として利用できます．

また，二つの入力端子に同一の信号を入力するとその差はゼロになるので，出力もゼロになります．この機能を利用して二つの入力端子に同じように乗るコモン・モード雑音を除去する目的で使われることがあります．

▶**動作波形**

図2(a)は，v_{in+}に0.2 V_{P-P}/1 kHzの正弦波，v_{in-}にv_{in+}と振幅と周波数が同じで正負の極性が逆の正弦波（$v_{in+} = -v_{in-}$）を入力した場合の入出力波形です．

v_{in+}と極性が同じ4 V_{P-P}（= 100 kΩ/10 kΩ ×（0.2 V_{P-P} −（− 0.2 V_{P-P}））+ 0 V_{DC}）の出力が得られます．

図2(b)は，v_{in+}とv_{in-}に同一の0.2 V_{P-P}/1 kHzの正弦波（$v_{in+} = v_{in-}$）を入力した場合の入出力波形です．

二つの入力端子に同一の信号を入力しているので，$v_{out} = 0$ V（= 100 kΩ/10 kΩ ×（0.2 V_{P-P} − 0.2 V_{P-P}）+ 0 V_{DC}）になります．

図2(c)は，v_{in+}に0.2 V_{P-P}/1 kHzの正弦波，v_{in-}にv_{in+}と極性が逆の正弦波（$v_{in+} = -v_{in-}$），$V_R = +1$ V_{DC}とした場合の入出力波形です．

v_{out}にはV_Rの直流電圧がそのまま出力されて，$v_{out} = 4$ V_{P-P} + 1 V_{DC}（= 100 kΩ/10 kΩ ×（0.2 V_{P-P} −（− 0.2 V_{P-P}））+ 1 V_{DC}）になります．

▶**周波数特性**

図3はA_vの周波数特性です．高い周波数領域の特性は，使用するOPアンプで決まります．

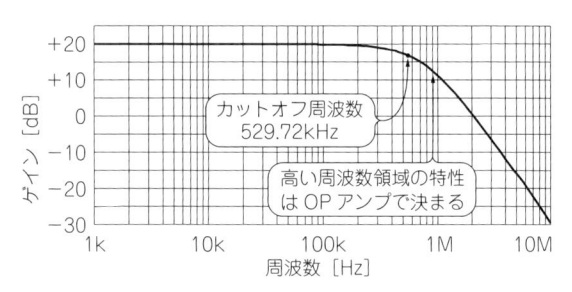

図3　図1の回路における差動電圧ゲインA_vの周波数特性

回路の素 009　インツルメンテーション・アンプ　2アンプ型

要点 ▶ 差動アンプよりも，同相で同レベルの入力信号を除去する能力が高い．

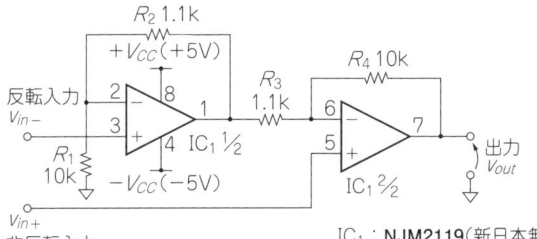

図1　回路図

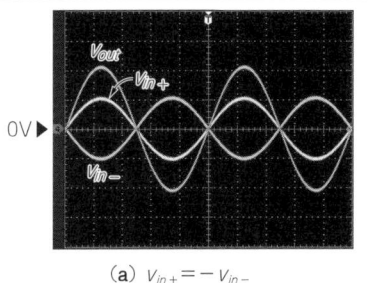

- R_2 1.1k
- R_4 10k
- R_1 10k
- R_3 1.1k
- $+V_{CC}$ (+5V), $-V_{CC}$ (-5V)
- 反転入力 v_{in-}
- 非反転入力 v_{in+}
- 出力 v_{out}
- IC_1 : NJM2119（新日本無線）

計算式

- 差動電圧ゲイン $A_v = 1 + \dfrac{R_4}{R_3}$ ［倍］

  ただし，$\dfrac{R_4}{R_3} = \dfrac{R_1}{R_2}$ とする

- 出力電圧 $v_{out} = A_v(v_{in+} - v_{in-})$ ［V］

参考文献 (3)，(5)，(6)，(9)，(13)，(23)

図2　入出力波形（v_{in+}, v_{in-}：0.1 V/div，v_{out}：1 V/div，200 μs/div）

(a) $v_{in+} = -v_{in-}$
v_{in+} に 0.2 V_{P-P}/1 kHz の正弦波を，v_{in-} に v_{in+} と振幅と周波数が同じで正負の極性が逆の正弦波を入力した場合

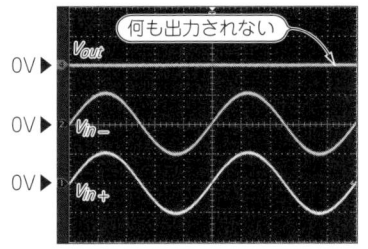

(b) $v_{in+} = v_{in-}$
v_{in+} と v_{in-} に同一の 0.2 V_{P-P}/1 kHz の正弦波を入力した場合（何も出力されない）

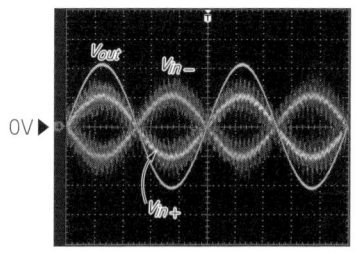

(c) コモン・モード雑音を加えたとき
(a)と同一の入力条件で v_{in+} と v_{in-} に 0.1 V_{P-P} のコモン・モード雑音 v_N を加えた場合

● 基本形

図1は2個OPアンプで作られたインツルメンテーション・アンプまたは計装アンプと呼ばれる回路です．非反転入力 v_{in+} と反転入力 v_{in-} の差電圧 ($v_{in+} - v_{in-}$) を増幅します．二つの入力信号の差を取るので，二つの入力端子に同じように乗るコモン・モード雑音を除去する目的で使われます．

差動アンプも同じ機能を持っていますが，一般にインツルメンテーション・アンプの方がコモン・モード雑音を除去する能力 CMRR（Common-Mode Rejection Ratio，同相信号除去比）が優れています（2つの入力端子の差を演算する精度が高い）．CMRR は3個のOPアンプで作られたインツルメンテーション・アンプよりも劣ります．CMRR を高くするため，$R_1 \sim R_4$ には高精度抵抗が使われます．

▶ 動作波形

図2(a)は，v_{in+} に 0.2 V_{P-P}/1 kHz の正弦波，v_{in-} に v_{in+} と振幅と周波数が同じで正負の極性が逆の正弦波 ($v_{in+} = -v_{in-}$) を入力した場合の入出力波形です．v_{in+} と極性が同じ（v_{in-} と逆極性）4 V_{P-P} (= (1 + 10 kΩ /1.1 kΩ) × (0.2 V_{P-P} - (- 0.2 V_{P-P}))) の出力が得られます．

図2(b)は，v_{in+} と v_{in-} に 0.2 V_{P-P}/1 kHz の正弦波 ($v_{in+} = v_{in-}$) を入力した場合の入出力波形です．二つの入力端子に同一の信号を入力しているので，$v_{out} = 0$ (= (1 + 10 kΩ /1.1 kΩ) × (0.2 V_{P-P} - 0.2 V_{P-P})) になります．

図2(c)は，図2(a)と同じ入力条件で，二つの入力信号に 0.1 V_{P-P} のコモン・モード雑音 v_n を加えた場合の入出力波形です．コモン・モード雑音が除去された $v_{out} = 4\ V_{P-P}$ (= (1 + 10 kΩ /1.1 kΩ) × ((0.2 V_{P-P} + v_n) - (- 0.2 V_{P-P} + v_n))) の出力が得られます．

▶ 周波数特性

図3は A_v の周波数特性です．高い周波数領域の特性は，使用するOPアンプで決まります．

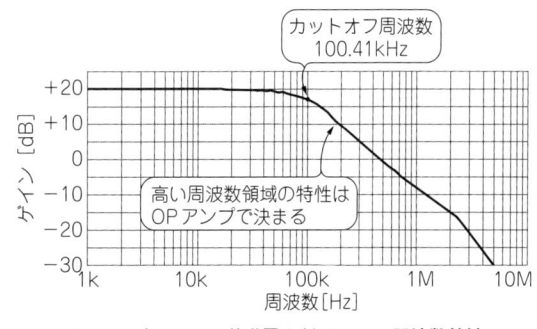

図3　図1の回路における差動電圧ゲイン A_v の周波数特性

（カットオフ周波数 100.41 kHz，高い周波数領域の特性はOPアンプで決まる）

回路の素 010　インスツルメンテーション・アンプ 3アンプ型

要点▶2アンプ型インスツルメンテーション・アンプよりも，同相で同レベルの入力信号を除去する能力が高い．

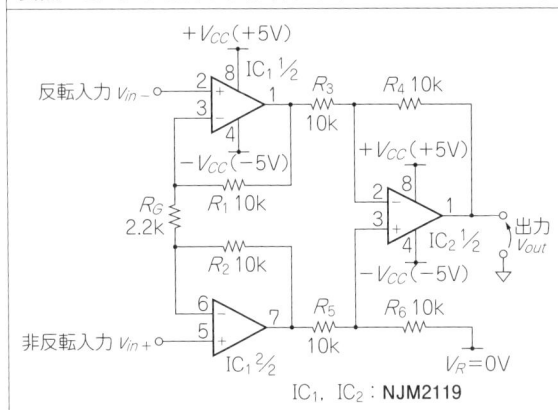

図1　回路図

IC₁，IC₂：NJM2119

計算式

差動電圧ゲイン $A_v = \left(1 + \dfrac{2R_1}{R_G}\right)\dfrac{R_4}{R_3}$ [倍]

ただし，$R_1 = R_2$，$\dfrac{R_4}{R_3} = \dfrac{R_6}{R_5}$ とする

出力電圧 $v_{out} = A_v(v_{in+} - v_{in-}) + V_R$ [V]

参考文献　(3), (5), (6), (7), (9), (13), (23)

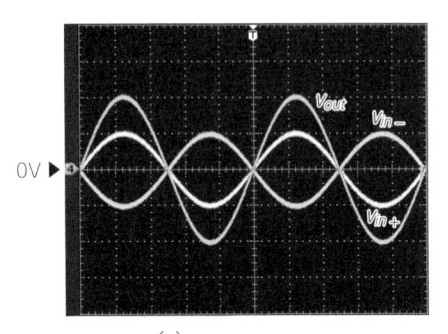

(a) $v_{in+} = -v_{in-}$
v_{in+} に 0.2 V_{P-P}/1 kHz の正弦波，v_{in-} に v_{in+} と振幅と周波数が同じで正負の極性が逆の正弦波を入力した場合

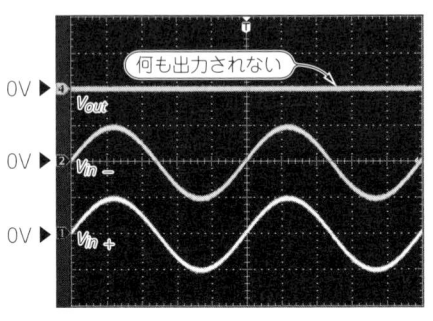

(b) $v_{in+} = v_{in-}$
何も出力されない
v_{in+} と v_{in-} に同一の 0.2 V_{P-P}/1 kHz の正弦波を入力した場合

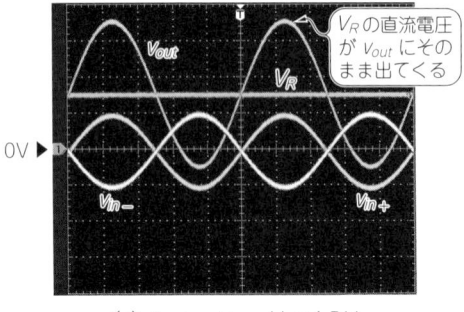

(c) $v_{in+} = -v_{in-}$，$V_R = 1.5$ V
V_R の直流電圧が v_{out} にそのまま出てくる
(a)と同じ入力条件で，$V_R = 1.5$ V とした場合

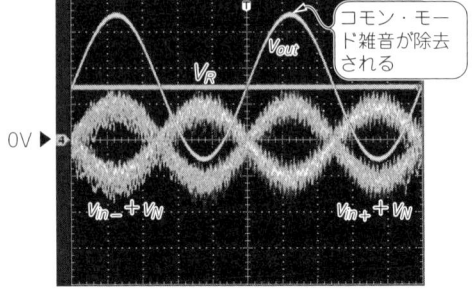

(d) コモン・モード雑音を加えたとき
コモン・モード雑音が除去される
(c)と同じ入力条件で，二つの入力信号に 0.1 V_{P-P} のコモン・モード雑音 v_N を加えた場合

図2　入出力波形（v_{in+}，v_{in-}：0.1 V/div，v_{out}，V_R：1 V/div，200 μs/div）

● **基本形**

図1は，インスツルメンテーション・アンプや計装アンプと呼ばれる回路です．非反転入力 v_{in+} と反転入力 v_{in-} の差電圧（$v_{in+} - v_{in-}$）を増幅します．二つの入力信号の差を取るので，二つの入力端子に同じように乗るコモン・モード雑音を除去する目的で使われます．

差動アンプも同じ機能を持っていますが，一般にインスツルメンテーション・アンプの方がコモン・モード雑音を除去する能力 CMRR（Common-Mode Rejection Ratio；同相信号除去比）が優れています（二つの入力端子の差を演算する精度が高い）．CMRR を高くするため，$R_1 \sim R_6$ には高精度抵抗が使われます．

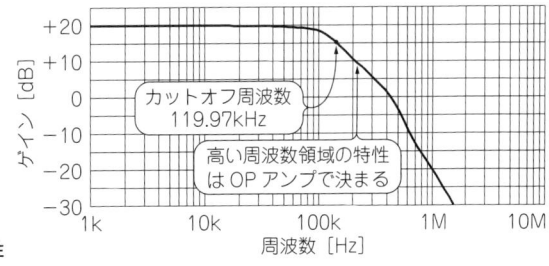

図3 図1の回路における差動電圧ゲインA_vの周波数特性

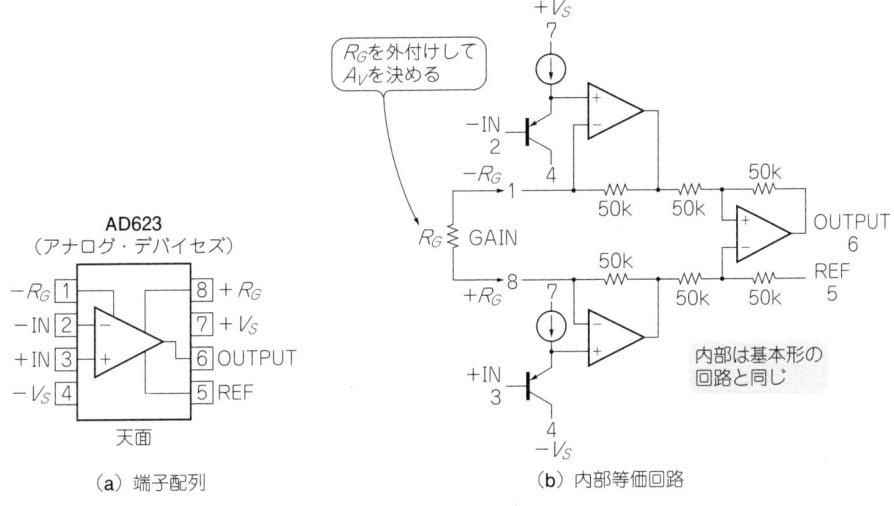

図4 ワンチップ化されたインスツルメンテーション・アンプIC
AD623のデータシートから引用

▶動作波形

図2(a) は，v_{in+}に0.2 V_{P-P}/1 kHzの正弦波，v_{in-}にv_{in+}と振幅と周波数が同じで正負の極性が逆の正弦波（$v_{in+} = -v_{in-}$）を入力した場合の入出力波形です．v_{in+}と極性が同じ（v_{in-}と逆極性）4 V_{P-P}（$= (1 + 2 \times 10 \text{ k}\Omega / 2.2 \text{ k}\Omega) \times (0.2 V_{P-P} - (-0.2 V_{P-P})) + 0 V_{DC}$）の出力が得られます．

図2(b) は，v_{in+}とv_{in-}に0.2 V_{P-P}/1 kHzの正弦波（$v_{in+} = v_{in-}$）を入力した場合の入出力波形です．二つの入力端子に同一の信号を入力しているので，$v_{out} = 0 V$（$= (1 + 2 \times 10 \text{ k}\Omega / 2.2 \text{ k}\Omega) \times (0.2 V_{P-P} - 0.2 V_{P-P}) + 0 V_{DC}$）になります．

図2(c) は，図2(a)と同じ入力条件で，$V_R = +1.5 V_{DC}$とした場合の入出力波形です．v_{out}にはV_Rの直流電圧がそのまま出力されて，$v_{out} = 4 V_{P-P} + 1.5 V_{DC}$（$= (1 + 2 \times 10 \text{ k}\Omega / 2.2 \text{ k}\Omega) \times (0.2 V_{P-P} - (-0.2 V_{P-P})) + 1.5 V_{DC}$）になります．

図2(d) は，図2(c)と同じ入力条件で，二つの入力信号に0.1 V_{P-P}のコモン・モード雑音v_Nを加えた場合の入出力波形です．コモン・モード雑音が除去された$v_{out} = 4 V_{P-P} + 1.5 V_{DC}$（$= (1 + 2 \times 10 \text{ k}\Omega / 2.2 \text{ k}\Omega) \times ((0.2 V_{P-P} + v_N) - (-0.2 V_{P-P} + v_N)) + 1.5 V_{DC}$）の出力が得られます．

▶周波数特性

図3 はA_vの周波数特性です．高い周波数領域の特性は，使用するOPアンプで決まります．

● 改良またはアレンジされた回路の例

三つのOPアンプとCMRRに関係する高精度抵抗を一つのパッケージにまとめたインスツルメンテーション・アンプICがあります．

図4にインスツルメンテーション・アンプIC AD623を示します．IC内部は基本形の回路と同じで，R_Gを外付けすることによってA_vを設定できます．動作は基本形とまったく同じです．

回路の素 011　エミッタ・フォロワ

要点▶ OPアンプでは扱えない高い周波数かつ出力インピーダンスが高い信号の受信に使われる．入出力電圧の交流波形がまったく同じ．

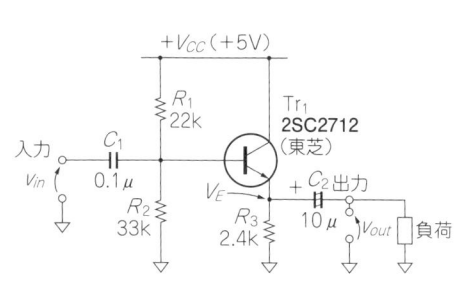

図1　回路図

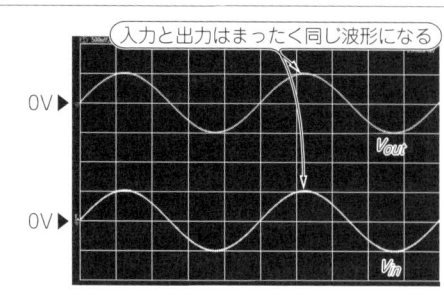

図2　入出力波形 (0.5 V/div, 200 μs/div)
入力は 1 V$_{P-P}$/1 kHz の正弦波

計算式

電圧ゲイン $A_v ≒ 1$ ［倍］

参考文献

(1), (4), (8), (19), (20), (22)

● 基本形

図1はNPN型トランジスタ1個で作られた電圧ゲイン A_v が1倍(実際は1より少し小さい)の非反転アンプです．エミッタ・フォロワやコレクタ接地増幅回路などと呼ばれています．$A_v ≒ 1$ なので電圧増幅はできませんが，出力インピーダンスが低いという特徴があります．C_2 は直流成分をカットして交流成分だけを取り出すためのカップリング・コンデンサです．この回路の出力端子に接続される回路がエミッタの直流電位 V_E をそのまま利用する場合，C_2 を省略することがあります．

▶動作波形

図2は 1 V$_{P-P}$/1 kHz の正弦波を入力した場合の入出力波形です(無負荷)．$A_v ≒ 1$ なので入力と出力はまったく同じ波形になります．

図3は負荷として $R_L = 300 Ω$ の抵抗を接続し，1 V$_{P-P}$/1 kHz の正弦波を入力した場合の入出力波形です．この回路は，吸い込む方向の出力電流が制限されるため，v_{out} の負側の振幅が飽和します．出力電流の吸い込み方向の最大値 i_{outmax} は以下のように決まります．

$$i_{outmax} = \frac{V_E}{R_E + R_L}$$

V_E：Tr_1 のエミッタの直流電位

▶周波数特性

図4(a)は A_v の高域側(1 k ～ 10 MHz)の周波数特性です．A_v は10 MHzでもほとんど低下しません．高い周波数領域の特性は，使用するトランジスタの品種やトランジスタのコレクタに流れる電流などで決まります．一般的な小信号トランジスタを使った場合，高域のカットオフ周波数は数十MHz以上になります．

図4(b)は A_v の低域側(10 Hz ～ 100 kHz)の周波数特性です．低域側は1次ハイパス・フィルタの特性(低域に向かって20 dB/decの傾きで減衰する)になります．ハイパス・フィルタのカットオフ周波数 f_C は以下のように決まります．

$$f_C = \frac{1}{2\pi C_1 R} \text{［Hz］}$$

$$R = \frac{R_1 R_2}{R_1 + R_2}$$

この回路は $f_C = 120 \text{ Hz} (≒ 1/(2\pi × 0.1 \text{ μF} × 13.2 \text{ kΩ}))$ です．

● 改良またはアレンジされた回路の例

図5はNPN型とPNP型トランジスタを縦に積み上げて動作させたプッシュプル・エミッタ・フォロワです．この回路は出力電流の制限がありません．D_1，D_2 は Tr_1，Tr_2 をOFFさせないために，トランジスタのベース-エミッタ間に常に一定の直流電圧を発生させるダイオードです．

▶動作波形

図6は負荷として $R_L = 100 Ω$ の抵抗を接続し，1 V$_{P-P}$/1 kHz の正弦波を入力した場合の入出力波形です．出力電流に制限がないので，大きな電流を取り出しても v_{out} は飽和しません．

▶周波数特性

図7(a)は A_v の高域側の周波数特性です．高い周波数領域の特性は使用するトランジスタ Tr_1，Tr_2 によって決まります．図5の回路の高域のカットオフ周波

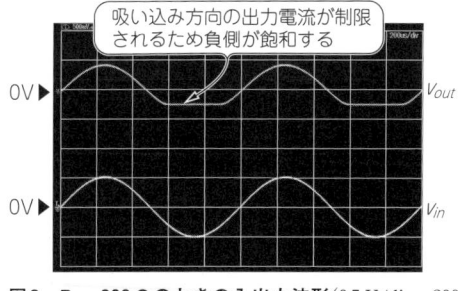

図3 R_L = 300 Ωのときの入出力波形(0.5 V/div，200 μs/div)

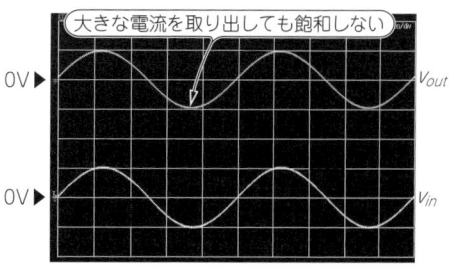

図6 図5の入出力波形，R_L = 100 Ω(0.5 V/div，200 μs/div)

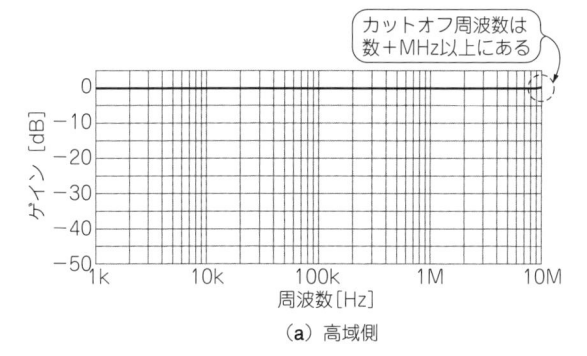

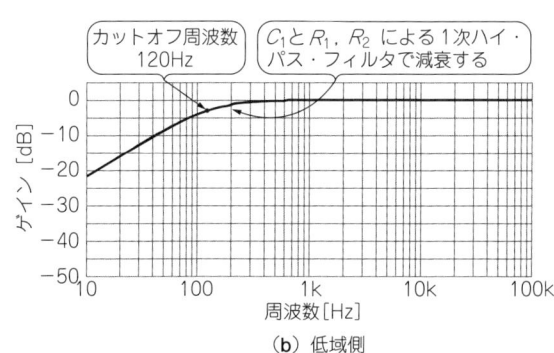

(a) 高域側

(a) 高域側

(b) 低域側

(b) 低域側

図4 図1の回路におけるA_vの周波数特性

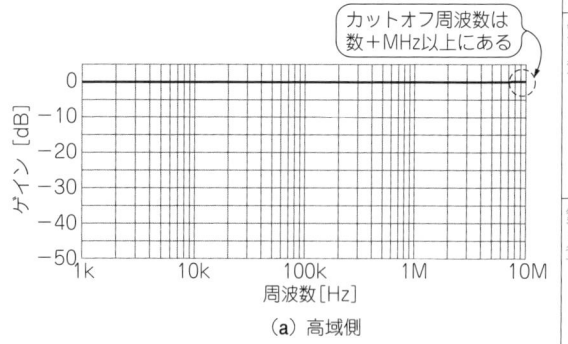

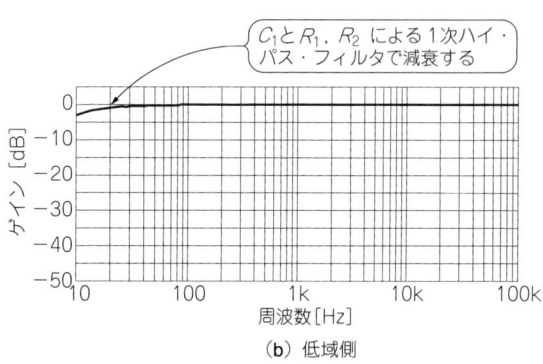

図7 図5の回路におけるA_vの周波数特性

数は10 MHzを大きく超える周波数になります．

図7(b)はA_vの低域側の周波数特性です．基本形の回路と同じく1次ハイパス・フィルタの特性になります．カットオフ周波数の決まり方も基本形の回路と同じです．この回路はf_C = 9.6 Hz(≒ 1/(2π × 10 μF × 1.65 kΩ))です．

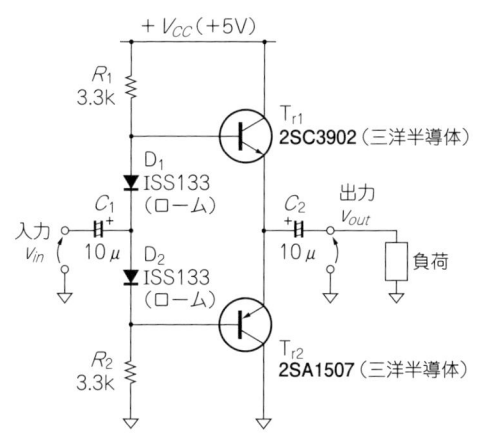

図5 改良またはアレンジされた回路の例：出力電流の制限をなくした回路

エミッタ・フォロワ　45

回路の素 012 　反転アンプ単電源用　バイポーラ・トランジスタ使用

要点▶ OPアンプでは扱えない高い周波数の信号増幅に使われる．

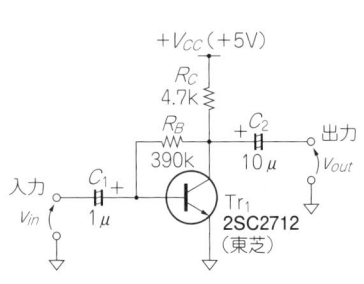

図1　回路図

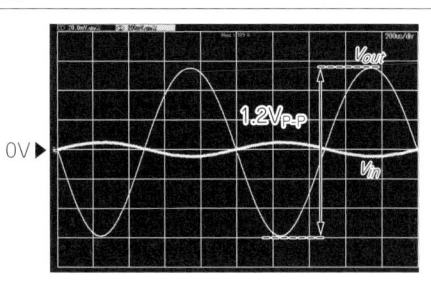

図2　入出力波形（v_{in}：20 mV/div，v_{out}：0.2 V/div，200 μs/div）
入力は10 mV$_{P-P}$/1 kHzの正弦波

計算式

電圧ゲイン $A_v ≒ \dfrac{-h_{fe}R_C}{h_{ie}}$ [倍]

h_{fe}：トランジスタの電流増幅率，h_{ie}：トランジスタの入力インピーダンス
※式中のマイナス符号は極性の反転を意味する

参考文献

(1)，(4)，(18)，(19)，(20)，(22)

● 基本形

図1はNPN型トランジスタ1個で作られた単電源で動作する反転アンプです．エミッタ接地増幅回路と呼ばれています．電圧ゲインA_vは，R_Cとトランジスタの特性であるh_{fe}，h_{ie}で決まります．h_{fe}とh_{ie}にはばらつきがあるので，A_vも使用するトランジスタによってばらつきます．

▶動作波形

図2は10 mV$_{P-P}$/1 kHzの正弦波を入力した場合の入出力波形です．入力信号と極性が反転した出力信号$v_{out} ≒ 1.2$ V$_{P-P}$が得られているので，$A_v ≒ -120 (= -1.2$ V$_{P-P}/10$ mV$_{P-P})$になります．

▶周波数特性

図3(a)はA_vの高域側（1 kHz ～ 10 MHz）の周波数特性です．高域のカットオフ周波数は約2.9 MHzになっています．高い周波数領域の特性は，使用するトランジスタの品種やトランジスタのコレクタに流れる電流の大きさなどで決まります．一般的な小信号トランジスタを使った場合，カットオフ周波数はMHzオーダの値になります．

図3(b)はA_vの低域側（10 Hz ～ 100 kHz）の周波数特性です．低域側は1次ハイ・パス・フィルタの特性（低域に向かって20 dB/decの傾きで減衰する）になります．ハイ・パス・フィルタのカットオフ周波数f_Cは以下のように決まります．

$$f_C = \dfrac{1}{2\pi C_1 R} \ [\text{Hz}]$$

$$R = \dfrac{h_{ie}R_B/A_v}{h_{ie}+R_B/A_v}$$

この回路は$f_C ≒ 60$ Hzの実測値になります．

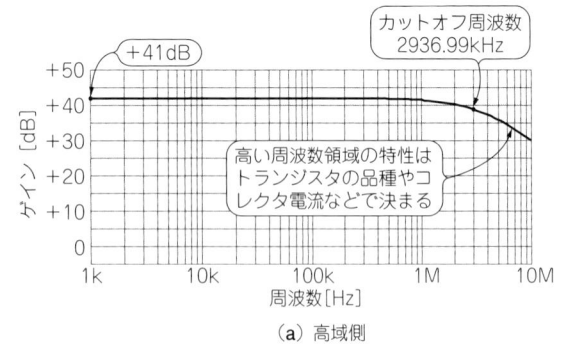

(a) 高域側

(b) 低域側

図3　図1の回路における電圧ゲインA_vの周波数特性

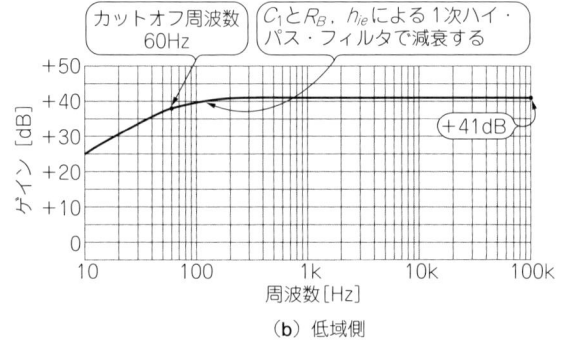

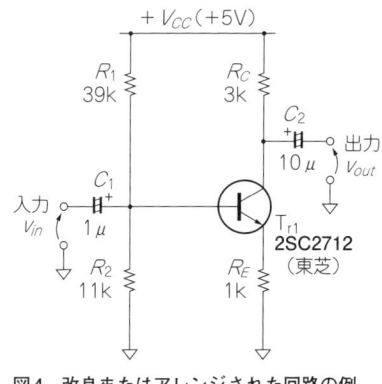

図4 改良またはアレンジされた回路の例
A_vのばらつきを小さくした回路

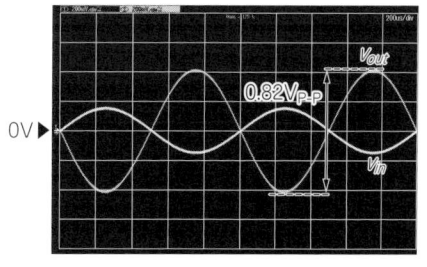

図5 図4の入出力波形(0.2 V/div, 200 μs/div)

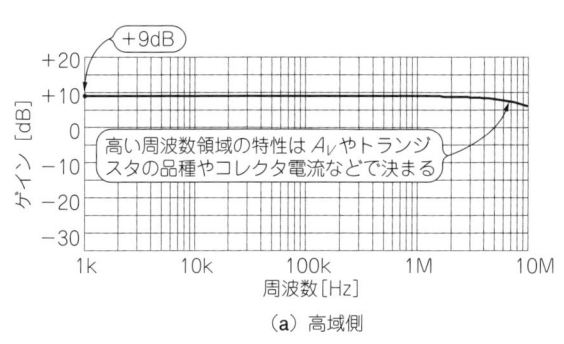

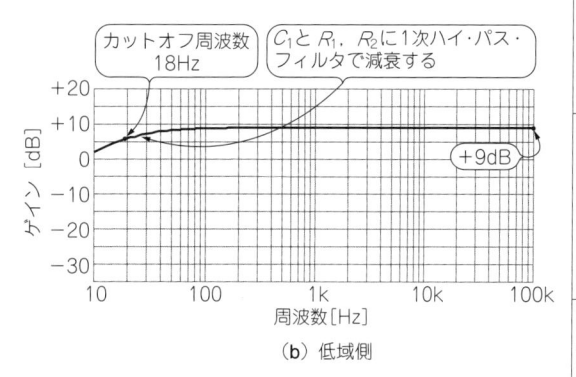

図6 図4の回路における電圧ゲインA_vの周波数特性
(a) 高域側
(b) 低域側

● 改良またはアレンジされた回路の例

図4はトランジスタのエミッタに抵抗R_Eを挿入してh_{fe}やh_{ie}によるA_vのばらつきを抑えた回路です．A_vは以下のように決まります．

$$A_v \fallingdotseq \frac{-h_{fe}R_C}{h_{ie}+(1+h_{fe})R_E} \fallingdotseq \frac{-R_C}{R_E}$$

図4の回路は$A_v \fallingdotseq -3 (= -3\,\mathrm{k\Omega}/1\,\mathrm{k\Omega})$です．

▶動作波形

図5は0.3 V_{P-P}/1 kHzの正弦波を入力した場合の入出力波形です．$v_{out} \fallingdotseq 0.82\,V_{P-P}$の反転出力が得られているので，$A_v = -2.7 (\fallingdotseq -0.82\,V_{P-P}/0.3\,V_{P-P})$です．実際の$A_v$は$R_C$と$R_E$の比から求めた値よりも低くなりますが，$h_{fe}$や$h_{ie}$のばらつきによる影響は小さくなります．

▶周波数特性

図6(a)はA_vの高域側の周波数特性です．高い周波数領域の特性はA_vの設定値やトランジスタの品種，コレクタに流れる電流の大きさなどによって決まります．この回路の高域のカットオフ周波数は10 MHzを少し超えたあたりになります．

図6(b)にA_vの低域側の周波数特性を示します．基本形の回路と同じく1次ハイ・パス・フィルタの特性になります．カットオフ周波数f_Cは以下のように決まります．

$$f_C = \frac{1}{2\pi C_1 R'} \; [\mathrm{Hz}]$$

$$R' = \frac{R_1 R_2}{R_1 + R_2}$$

この回路は$f_C = 18\,\mathrm{Hz} (\fallingdotseq 1/(2\pi \times 1\,\mu\mathrm{F} \times 8.58\,\mathrm{k\Omega}))$です．

回路の素 013 　反転アンプ単電源用　JFET使用

要点▶ マイクロホンなどの出力インピーダンスが非常に高い信号源や，OPアンプでは扱えない高い周波数の信号増幅に使われる．

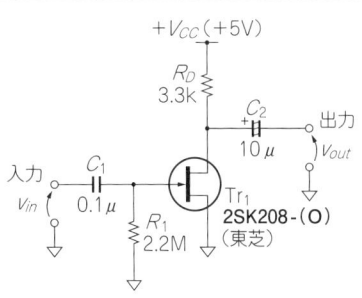

図1　回路図

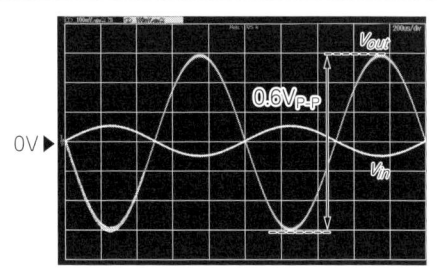

図2　入出力波形 (0.1 V/div，200 μs/div)
入力は 0.1 V_{P-P}/1 kHz の正弦波

計算式

電圧ゲイン $A_v = -y_{fs} R_D$ [倍]

y_{fs}：FETの順方向伝達アドミタンス

※式中のマイナス符号は極性の反転を意味する

参考文献

(4)，(21)

● 基本形

図1はNチャネルJFET（接合型FET）1個で作られた単電源で動作する反転アンプです．ソース接地増幅回路と呼ばれています．FETのゲートにはほとんど電流が流れないので，ゲートの直流電位を固定するための抵抗R_1を高い値に設定できます．そのため，回路の入力インピーダンスを高く設定できます．電圧ゲインA_vは，R_DとFETの特性であるy_{fs}で決まります．y_{fs}にはばらつきがあるので，A_vも使用するFETによってばらつきます．

入力信号v_{in}に直流成分が含まれない場合，直流成分をカットするためのコンデンサC_1が省略されることがあります．

▶動作波形

図2は0.1 V_{P-P}/1 kHzの正弦波を入力した場合の入出力波形です．入力信号と極性が反転した出力信号$v_{out} ≒ 0.6 V_{P-P}$が得られているので，$A_v ≒ -6 (= -0.6 V_{P-P}/0.1 V_{P-P})$になります．

▶周波数特性

図3(a)はA_vの高域側（1 kHz～10 MHz）の周波数特性です．高域のカットオフ周波数は約8.7 MHzになっています．高い周波数領域の特性は，使用するFETの品種によって決まります．一般的な小信号JFETを使った場合，カットオフ周波数はMHzオーダの値になります．

図3(b)はA_vの低域側（10 Hz～100 kHz）の周波数特性です．低域側は1次ハイ・パス・フィルタの特性（低域に向かって20 dB/decの傾きで減衰する）になります．ハイ・パス・フィルタのカットオフ周波数f_Cは以下のように決まります．

$$f_C = \frac{1}{2\pi C_1 R_1} \text{ [Hz]}$$

この回路は$f_C = 0.7$ Hz ≒ $1/(2\pi × 0.1 \mu F × 2.2 M\Omega)$です（10 Hzよりも低いので**図3(b)**にはf_Cが見えない）．

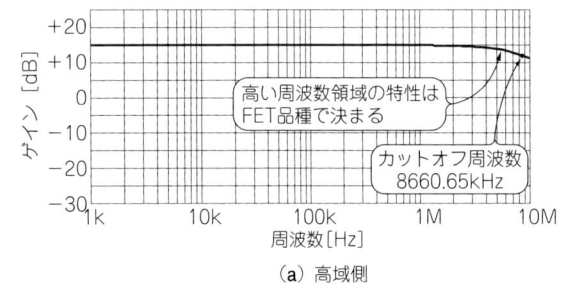

図3　図1の回路における電圧ゲインA_vの周波数特性
(a) 高域側
(b) 低域側

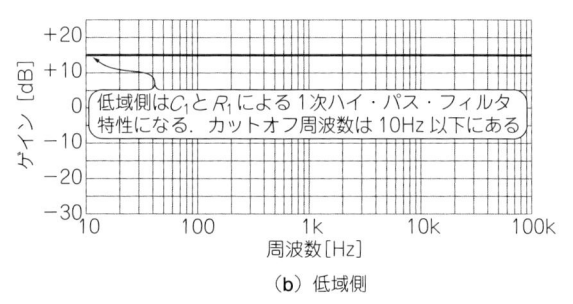

第1章　アンプ

回路の素 014　　反転パワー・アンプ　OPアンプとエミッタ・フォロワ使用

要点▶ モータやスピーカなど低インピーダンス負荷の駆動によく使われる．OPアンプだけで作った反転アンプより大きい出力電流を得られる．

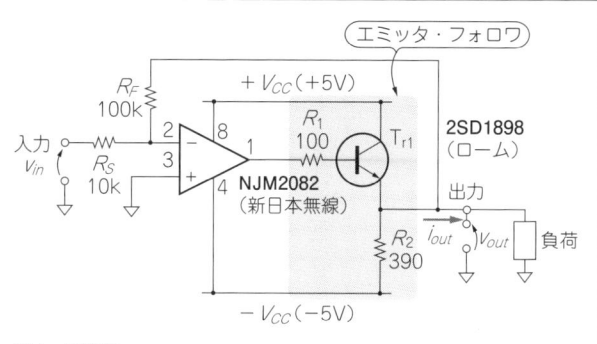

図1　回路図

図2　入出力波形 (0.5 V/div，200 μs/div)
入力は0.3 V_{P-P}/1 kHzの正弦波，負荷300 Ω

計算式

電圧ゲイン $A_v = -\dfrac{R_F}{R_S}$ [倍]

※式中のマイナス符号は極性の反転を意味する

参考文献

(5)，(6)，(7)，(20)

● 基本形

　図1はOPアンプの出力にNPN型トランジスタで作ったエミッタ・フォロワを接続して，大電流を出力できるようにした反転アンプ回路です．2本の抵抗で電圧ゲイン A_v を設定することができます．$R_F<R_S$ とすることで入力信号を減衰させることができます．R_1 は発振を防ぐための抵抗で，省略される場合があります．

▶動作波形

　図2は負荷として300 Ωの抵抗を接続し，0.3 V_{P-P}/1 kHzの正弦波を入力した場合の入出力波形です．この回路は，$A_v=-10(=100\,\mathrm{k}\Omega/10\,\mathrm{k}\Omega)$ の反転アンプなので，入力信号と極性が反転した3 V_{P-P} の出力が得られます．このとき，出力電流 i_{out} は10 mA_{P-P}(=3 V_{P-P}/300 Ω)になります．

　図3は負荷として100 Ωの抵抗を接続し，0.3 V_{P-P}/1 kHzの正弦波を入力した場合の入出力波形です．この回路は，吸い込む方向の出力電流が制限されるため，v_{out} の負側の振幅が飽和します．出力電流の吸い込み方向の最大値 i_{outmax} は以下のように決まります．

$$i_{outmax} = \dfrac{-V_{CC}}{R_2+R_L}$$

R_L：負荷抵抗

▶周波数特性

　図4は A_v の周波数特性です．高い周波数領域の特性は，使用するOPアンプとエミッタ・フォロワの合成特性になります．

● 改良またはアレンジされた回路の例

　図5はPNP型トランジスタで作ったエミッタ・フォロワを用いた回路です．動作は図1の回路とまった

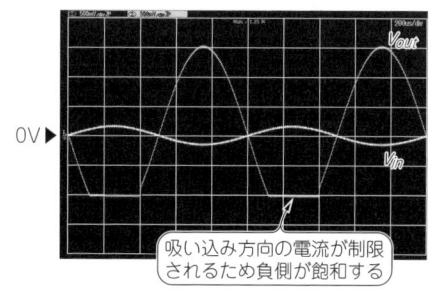

図3　負荷100 Ωのときの入出力波形 (0.5 V/div，200 μs/div)

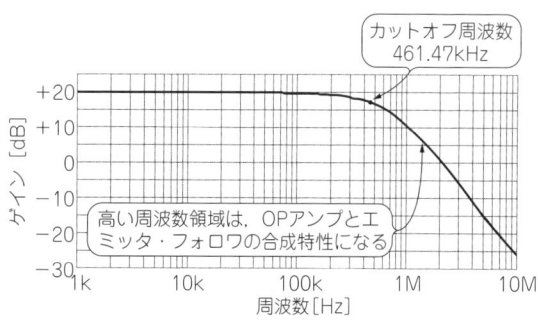

図4　図1の回路における電圧ゲイン A_v の周波数特性

反転パワー・アンプ　OPアンプとエミッタ・フォロワ使用　49

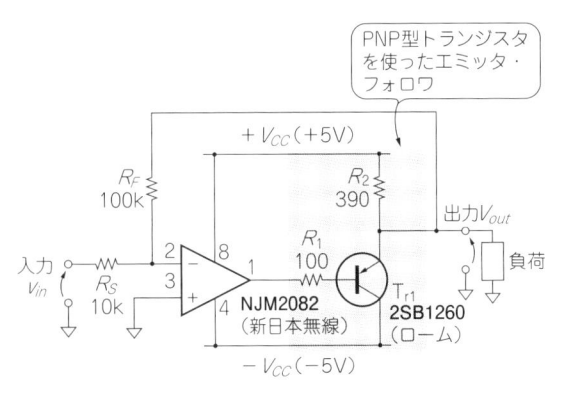

図5 改良またはアレンジされた回路の例
PNP型トランジスタを使った例

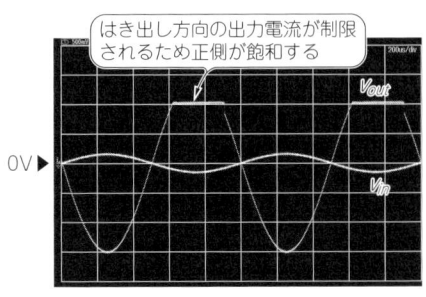

図6 負荷100Ωのときの図5の入出力波形（0.5 V/div, 200 μs/div）

く同じです．

▶動作波形

図6は負荷として100Ωの抵抗を接続し，0.3 V$_{P-P}$/1 kHzの正弦波を入力した場合の入出力波形です．この回路は，図1の回路とは反対に吐き出し方向の出力電流が制限されるため，v_{out}の正側の振幅が飽和します．出力電流の吐き出し方向の最大値i_{outmax}は以下のように決まります．

$$i_{outmax} = \frac{+V_{CC}}{R_2 + R_L}$$

回路の素 015　非反転パワー・アンプ　OPアンプとエミッタ・フォロワ使用

要点▶ モータやスピーカなど低インピーダンス負荷の駆動によく使われる．OPアンプだけで作った非反転アンプよりも大きい出力電流を得られる．

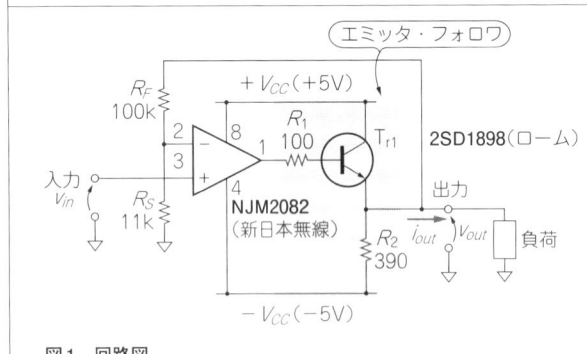

図1 回路図

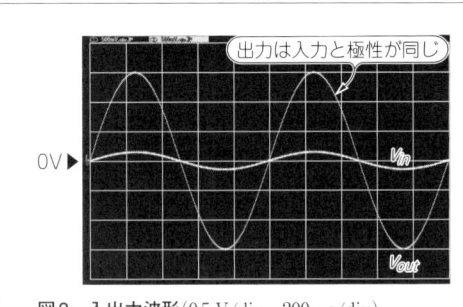

図2 入出力波形（0.5 V/div, 200 μs/div）
入力は 0.3 V$_{P-P}$/1 kHzの正弦波，負荷300Ω

計算式

電圧ゲイン $A_v = 1 + \dfrac{R_F}{R_S}$ [倍]

参考文献

(5), (6), (7), (20)

● 基本形

図1はOPアンプの出力にNPN型トランジスタで作ったエミッタ・フォロワを接続して，大電流を出力できるようにした非反転アンプ回路です．2本の抵抗で電圧ゲインA_vを設定することができます．A_vを1倍未満に設定できません．R_1は発振を防ぐための抵抗で，省略される場合があります．

▶動作波形

図2は負荷として300Ωの抵抗を接続し，0.3 V$_{P-P}$/1 kHzの正弦波を入力した場合の入出力波形です．この回路は，$A_v = 10(\fallingdotseq 1 + 100\,\mathrm{k}\Omega/11\,\mathrm{k}\Omega)$の非反転アンプなので，入力信号と極性が同じ3 V$_{P-P}$の出力が得られます．このとき，出力電流$i_{out}$は10 mA$_{P-P}$（= 3 V$_{P-P}$/300Ω）になります．

図3は負荷として100Ωの抵抗を接続し，0.3 V$_{P-P}$

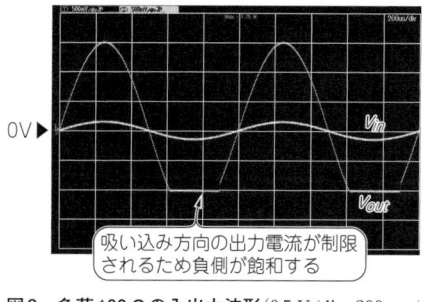

図3 負荷100 Ωの入出力波形(0.5 V/div, 200 μs/div)

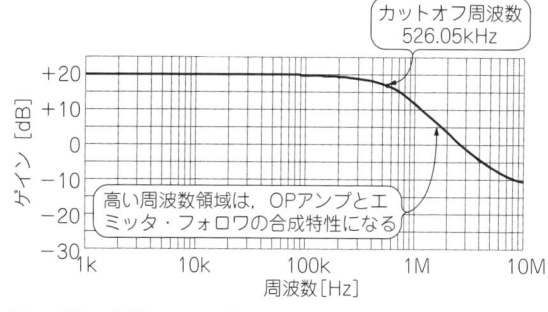

図4 図1の回路における電圧ゲインA_vの周波数特性

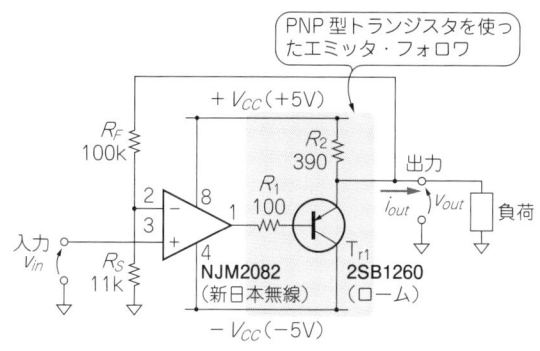

図5 改良またはアレンジされた回路の例
PNP型トランジスタを使った回路

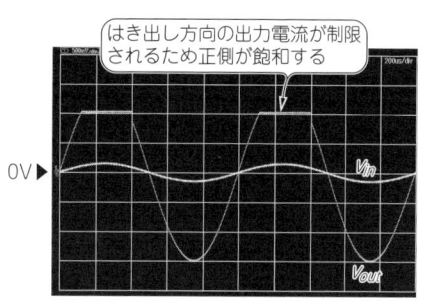

図6 負荷100 Ωのときの図5の入出力波形(0.5 V/div, 200 μs/div)

/1 kHzの正弦波を入力した場合の入出力波形です．この回路は，吸い込む方向の出力電流が制限されるため，v_{out}の負側の振幅が飽和します．出力電流の吸い込み方向の最大値i_{outmax}は以下のように決まります．

$$i_{outmax} = \frac{-V_{CC}}{R_2 + R_L}$$

R_L：負荷抵抗

▶周波数特性

図4はA_vの周波数特性です．高い周波数領域の特性は，使用するOPアンプとエミッタ・フォロワの合成特性になります．

● 改良またはアレンジされた回路の例

図5はPNP型トランジスタで作ったエミッタ・フォロワを用いた回路です．動作は図1の回路とまったく同じです．

▶動作波形

図6は負荷として100 Ωの抵抗を接続し，0.3 V_{P-P}/1 kHzの正弦波を入力した場合の入出力波形です．この回路は，図1の回路とは反対に吐き出し方向の出力電流が制限されるため，v_{out}の正側の振幅が飽和します．出力電流の吐き出し方向の最大値i_{outmax}は以下のように決まります．

$$i_{outmax} = \frac{+V_{CC}}{R_2 + R_L}$$

非反転パワー・アンプ OPアンプとエミッタ・フォロワ使用

回路の素 016　反転パワー・アンプ OPアンプとプッシュプル・エミッタ・フォロワ使用

要点▶ モータやスピーカなど低インピーダンス負荷の駆動によく使われる．OPアンプだけで作った反転アンプよりも大きい出力電流を得られる．

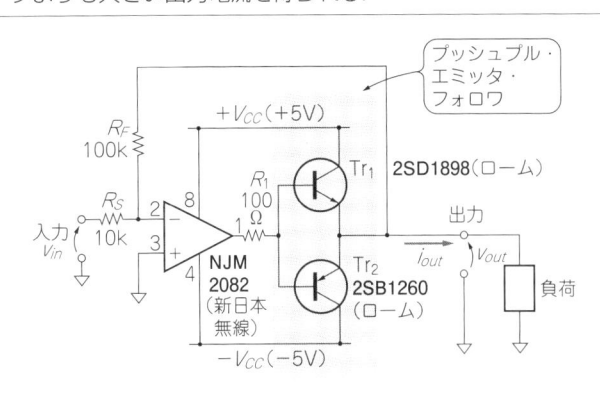

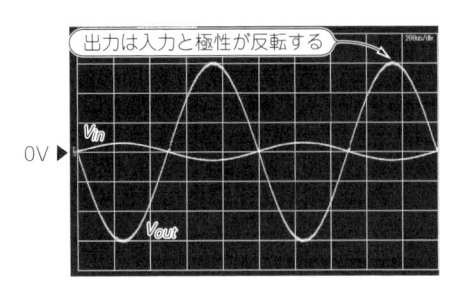

図1　回路図

図2　入出力波形（0.5 V/div, 200 μs/div）
入力は0.3 V_{P-P}/1 kHzの正弦波，負荷30 Ω

計算式

$$電圧ゲイン A_v = -\frac{R_F}{R_S} \ [倍]$$

※式中のマイナス符号は極性の反転を意味する

参考文献

(5), (6), (7), (20)

● 基本形

図1はOPアンプの出力にプッシュプル・エミッタ・フォロワを接続して，大電流を出力できるようにした反転アンプ回路です．2本の抵抗で電圧ゲインA_vを設定することができます．また，$R_f<R_s$とすることで入力信号を減衰させることもできます．R_1は発振を防止するための抵抗で，省略される場合があります．

▶動作波形

図2は負荷として30 Ωの抵抗を接続し，0.3 V_{P-P}/1 kHzの正弦波を入力した場合の入出力波形です．この回路は，$A_v = -10 (= -100 \text{k}\Omega/10 \text{k}\Omega)$の反転アンプなので，入力信号と極性が反転した3 V_{P-P}の出力が得られます．このとき，出力電流i_{out}は100 mA_{P-P} ($= 3 V_{P-P}/30 \Omega$)になります．

図3はv_{out}が0 Vを通過する部分を拡大した波形です．

v_{out}の小さな凹凸は，プッシュプル・エミッタ・フォロワの上下のトランジスタが同時にOFFするために発生するクロスオーバーひずみです．この回路は，小さなクロスオーバーひずみが発生します．

▶周波数特性

図4はA_vの周波数特性です．高い周波数領域の特性は，使用するOPアンプとプッシュプル・エミッタ・フォロワの合成特性になります．

● 改良またはアレンジされた回路の例

図5はクロスオーバーひずみを低減した回路です．Tr_1，Tr_2は，D_1，D_2でONするために必要なベース-エミッタ間電圧を常に供給されているので，OFFすることはありません．

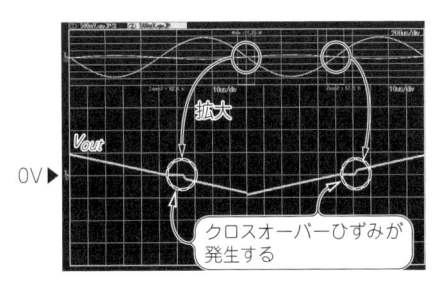

図3　図1のv_{out}の拡大波形（0.5 V/div, 10 μs/div）

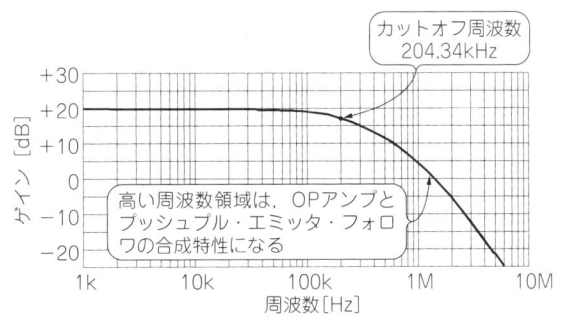

図4　図1の回路における電圧ゲインA_vの周波数特性

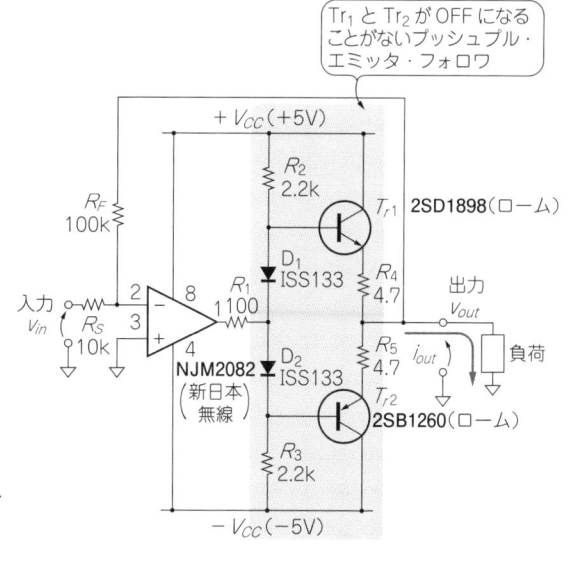

図5 改良またはアレンジされた回路の例：クロスオーバーひずみを低減した回路

Tr₁とTr₂がOFFになることがないプッシュプル・エミッタ・フォロワ

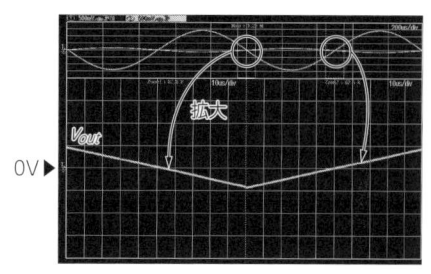

(a) 負荷30Ω(200 μs/div)

(b) (a)のv_{out}の拡大波形(10 μs/div)

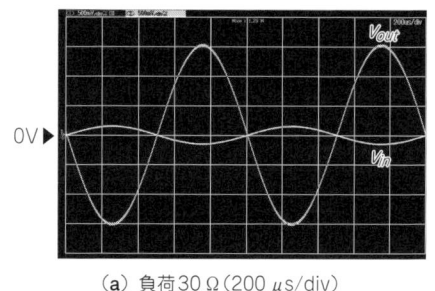

図6　図5の回路の入出力波形(0.5 V/div)

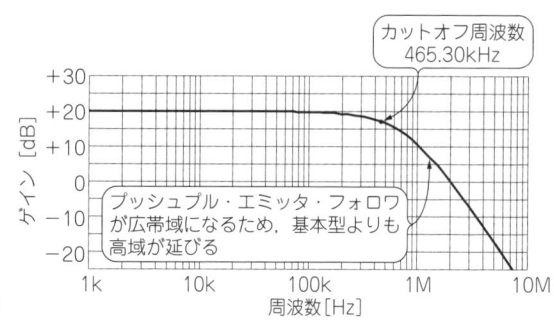

図7　図5のv_{out}の拡大波形(0.5 V/div，10 μs/div)

カットオフ周波数 465.30kHz

プッシュプル・エミッタ・フォロワが広帯域になるため，基本型よりも高域が延びる

▶動作波形

図6(a)，(b)は負荷として30Ωの抵抗を接続し，0.3 V$_{P-P}$/1 kHzの正弦波を入力した場合の入出力波形です．基本形の回路に発生していたクロスオーバーひずみが見えなくなっています．

▶周波数特性

図7はA_vの周波数特性です．トランジスタがOFFしないため，プッシュプル・エミッタ・フォロワ自体が広帯域になります．そのため，基本形の回路よりも高域が伸びた周波数特性になります．

反転パワー・アンプ OPアンプとプッシュプル・エミッタ・フォロワ使用

回路の素 017　非反転パワー・アンプ OPアンプとプッシュプル・エミッタ・フォロワ使用

要点 ▶ モータやスピーカなど低インピーダンス負荷の駆動によく使われる．OPアンプだけで作った非反転アンプよりも大きい出力電流を得られる．

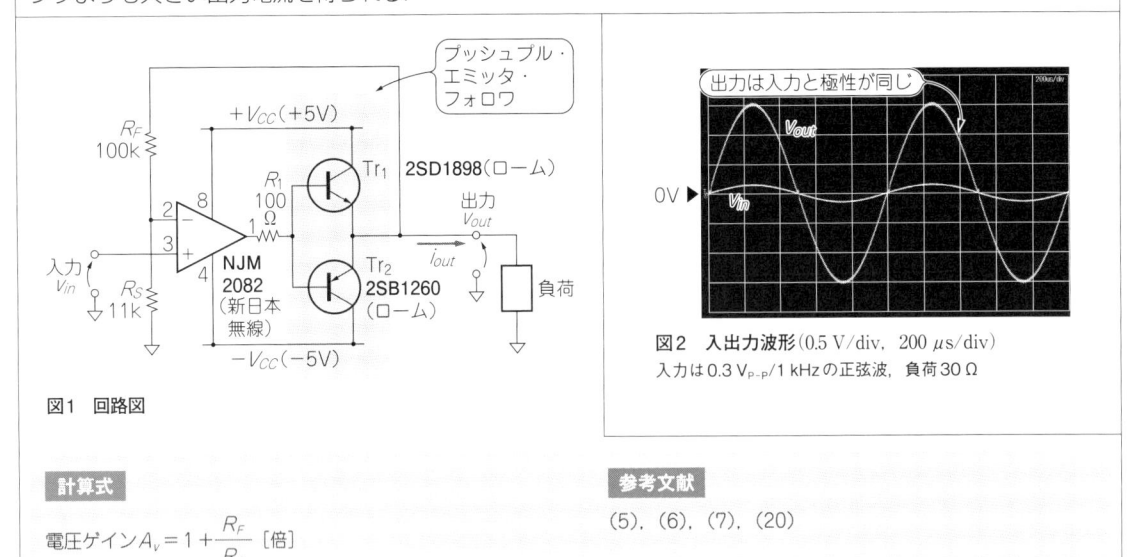

図1　回路図

図2　入出力波形（0.5 V/div，200 μs/div）
入力は0.3 V_{P-P}/1 kHzの正弦波，負荷30 Ω

計算式

電圧ゲイン $A_v = 1 + \dfrac{R_F}{R_S}$ ［倍］

参考文献

(5)，(6)，(7)，(20)

● 基本形

図1はOPアンプの出力にプッシュプル・エミッタ・フォロワを接続して，大電流を出力できるようにした非反転アンプ回路です．2本の抵抗で電圧ゲイン A_v を設定できます．A_v を1倍未満に設定できません．R_1 は発振を防ぐための抵抗で，省略される場合があります．

▶ 動作波形

図2は負荷として30 Ωの抵抗を接続し，0.3 V_{P-P}/1 kHzの正弦波を入力した場合の入出力波形です．この回路は，$A_v = 10 (≒ 1 + 100 kΩ/11 kΩ)$ の非反転アンプなので，入力信号と極性が同じ3 V_{P-P} の出力が得られます．このとき，出力電流 i_{out} は100 mA_{P-P}（= 3 V_{P-P}/30 Ω）になります．

図3は v_{out} が0 Vを通過する部分を拡大した波形です．v_{out} の小さな凹凸は，プッシュプル・エミッタ・フォロワの上下のトランジスタが同時にOFFするために発生するクロスオーバーひずみです．この回路は，小さなクロスオーバーひずみが発生します．

▶ 周波数特性

図4は A_v の周波数特性です．高い周波数領域の特性は，使用するOPアンプとプッシュプル・エミッタ・フォロワの合成特性になります．

● 改良またはアレンジされた回路の例

図5はクロスオーバーひずみを低減した回路です．Tr_1，Tr_2 は，D_1，D_2 でONするために必要なベース・エミッタ間電圧を常に供給されているので，OFFすることはありません．

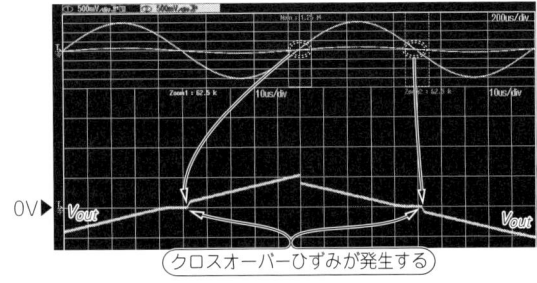

図3　図1の出力電圧を拡大するとひずんでいるのが分かる（0.5 V/div，10 μs/div）

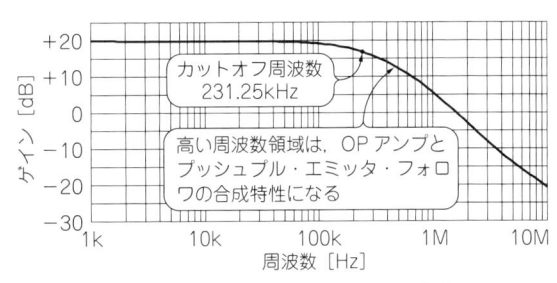

図4　図1の回路における電圧ゲイン A_v の周波数特性

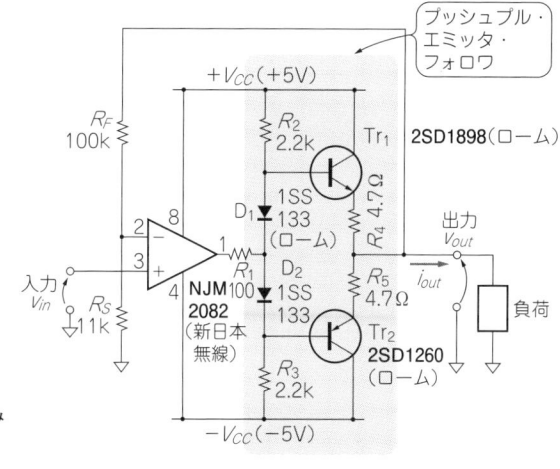

図5 改良またはアレンジされた回路の例：クロスオーバーひずみを低減した回路

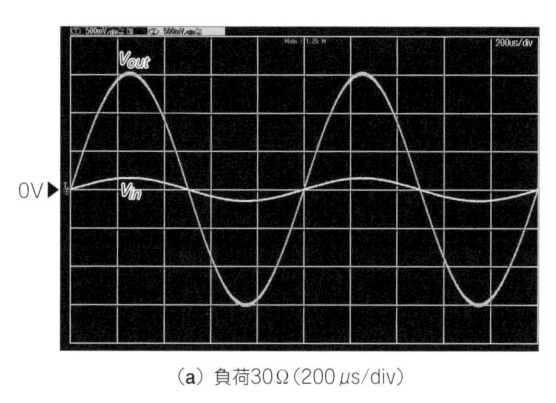

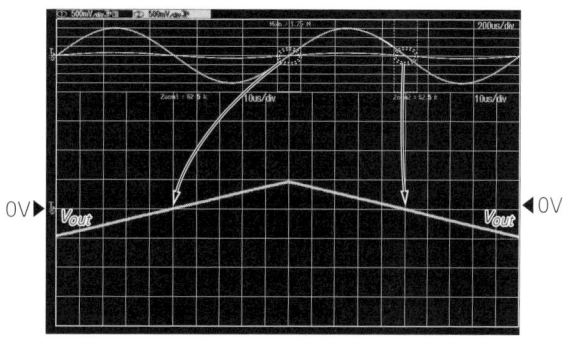

(a) 負荷30Ω(200μs/div)

(b) (a)のv_{out}の拡大波形(10μs/div)

図6 図5の回路の入出力波形(0.5 V/div)

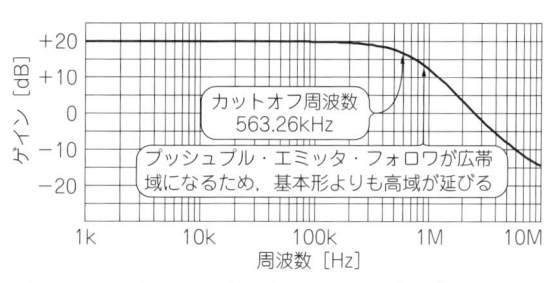

図7 図5の回路における電圧ゲインA_vの周波数特性

▶動作波形

図6は負荷として30Ωの抵抗を接続し，0.3 V_{P-P}/1 kHzの正弦波を入力した場合の入出力波形です．基本形の回路に発生していたクロスオーバーひずみが見えなくなっています．

▶周波数特性

図7はA_vの周波数特性です．トランジスタがOFFしないため，プッシュプル・エミッタ・フォロワ自体が広帯域になります．そのため，基本形の回路よりも高域が伸びた周波数特性になります．

バイポーラ・トランジスタ/FETの記号に描かれている矢印の意味

コラム

バイポーラ・トランジスタやFETの回路記号には矢印が描かれています（図A）．これはダイオードを表しています．正確にいうと，P型半導体とN型半導体の接合点であるPN接合です．このダイオードは，物理的構造上どうしてもできてしまうものです．

● バイポーラ・トランジスタ

ベース-エミッタ間にダイオードが存在します．通常，このダイオードをONさせて使います（ダイオードをONさせるとトランジスタがONする）．

● MOSFET

ドレイン-ソース間にダイオードが存在します．このダイオードはボディ・ダイオードと呼ばれています．スイッチ回路ではボディ・ダイオードをフリーホイール・ダイオードとして積極的に使う場合があります．

● 接合型FET（JFET）

ゲートとドレイン-ソース間にダイオードが存在します．通常，このダイオードはOFFして使います．ONすると増幅機能やスイッチ機能が失われるからです．

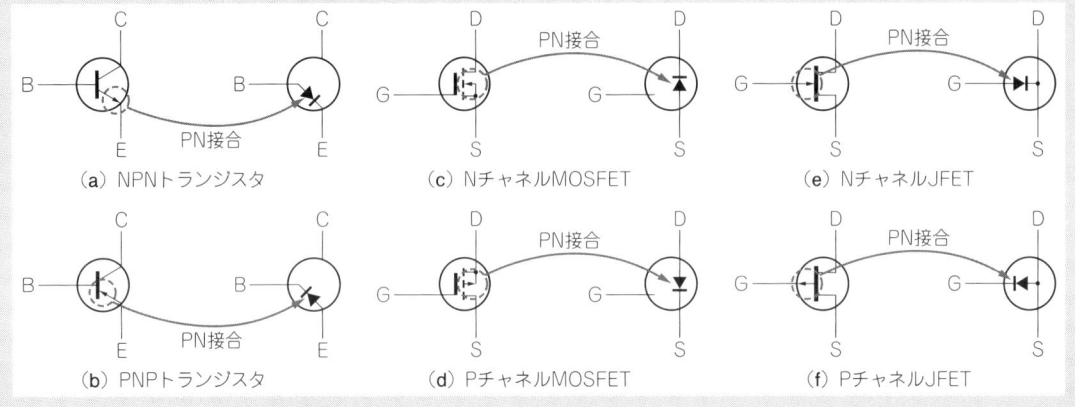

(a) NPNトランジスタ　(b) PNPトランジスタ　(c) NチャネルMOSFET　(d) PチャネルMOSFET　(e) NチャネルJFET　(f) PチャネルJFET

図A　バイポーラ・トランジスタ/FETの回路記号の矢印はダイオードを表す

第2章　フィルタ
信号の振幅や位相に周波数特性を持たせる

　　フィルタは，入力信号の中から必要な周波数成分を取り出したり，雑音などの不要な周波数成分を除去する目的で使用される回路です．回路を構成する素子によって，アクティブ・フィルタとパッシブ・フィルタの2種類に分けることができます．

　　アクティブ・フィルタは，OPアンプやトランジスタ，FETといった能動素子を用いるフィルタで，扱う周波数が1 MHz程度までの小信号回路全般に使われます．

　　パッシブ・フィルタは，抵抗，コンデンサ，インダクタといった受動素子だけで構成する電源を必要としないフィルタです．このタイプのフィルタは，低周波から高周波回路全般，大きな電流を扱う電源回路，D級アンプなどに使われます．

フィルタの型と周波数特性
ねらい通りに取り出したり，除去したりするために

　　フィルタは，電気信号の振幅や位相に周波数特性を持たせる回路ブロックです．以下に，フィルタ特有のキーワードについて説明します．

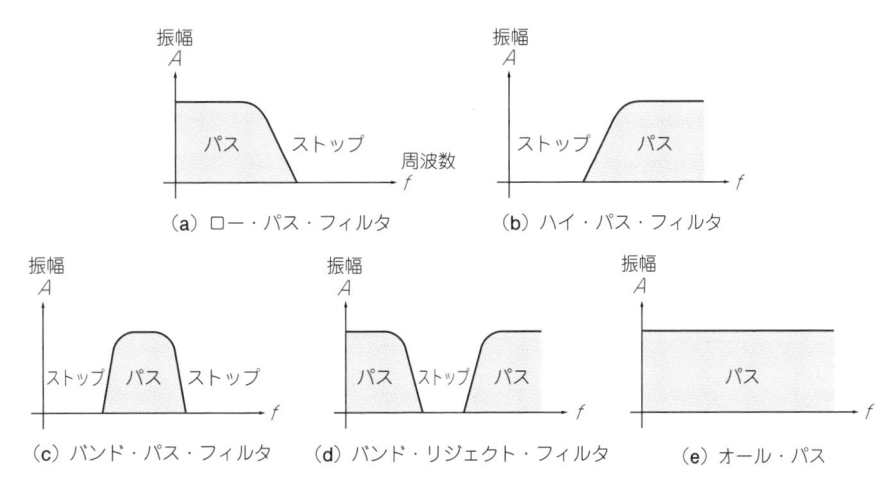

● 周波数特性とフィルタの種類

　　図Aにフィルタの種類を示します．フィルタは信号の通過域（パス・バンド）と阻止域（ストップ・バンド）の配置によって大きく5種類に分けることができます．

▶ロー・パス・フィルタ

　　低い周波数の信号を通過させて，高い周波数の信号を阻止する低域通過フィルタです．

▶ハイ・パス・フィルタ

　　高い周波数の信号を通過させて，低い周波数の信号を阻止する高域通過フィルタです．

▶バンド・パス・フィルタ

　　ある帯域の信号を通過させて，その他の周波数の信号を阻止する帯域通過フィルタです．

▶バンド・リジェクト・フィルタ

　　ある帯域の信号を阻止し，その他の周波数の信号を通過させる帯域阻止フィルタです．バンド・ストップ・フィルタやバンドエリミネート・フィルタ，ノッチ・フィルタとも呼ばれます．

▶オール・パス・フィルタ

　　すべての帯域の信号を通過させる全域通過フィルタです．信号の振幅には影響を与えないで位相だけを変えます．移相器やフェーズ・シフタとも呼ばれます．

（a）ロー・パス・フィルタ　　（b）ハイ・パス・フィルタ　　（c）バンド・パス・フィルタ　　（d）バンド・リジェクト・フィルタ　　（e）オール・パス

図A　フィルタの種類
フィルタは周波数特性によって5種類に分かれる

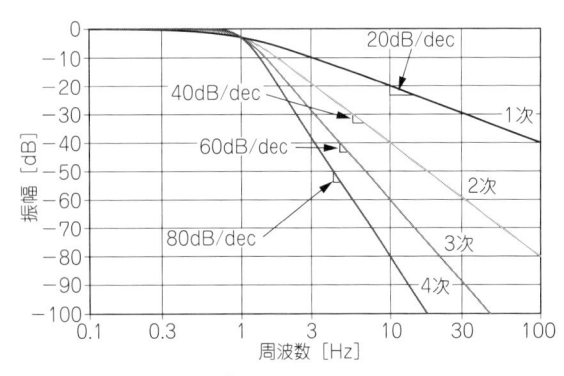

図B 次数による傾きの違い
減衰の傾きは1次あたり20 dB/decになる

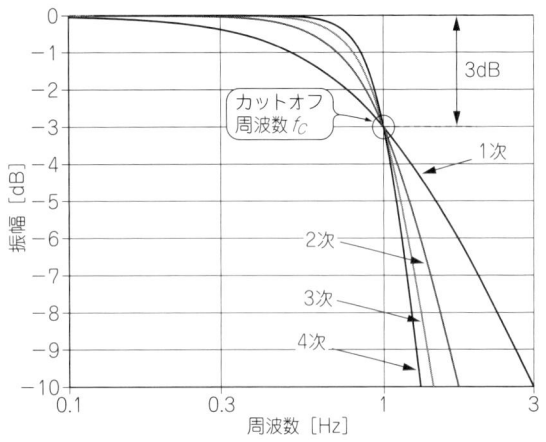

図D カットオフ周波数 f_C
f_Cは通過域の端を表す周波数．ロー・パス・フィルタ，バターワース特性の例

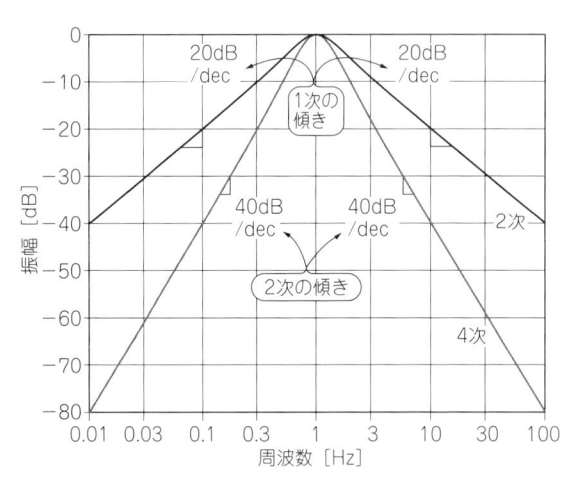

図C バンド・パス・フィルタの周波数特性
2ヵ所のスロープの次数の和が全体の次数になる

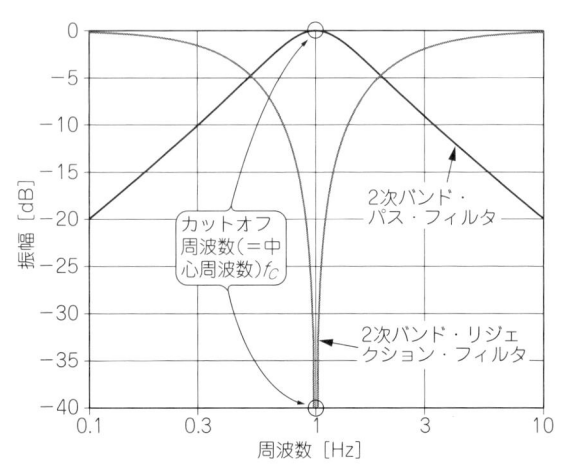

図E バンド・パス／バンド・リジェクト・フィルタの周波数特性
変化の中心がf_Cになる

● **次数**

次数は，遮断特性の切れの良さを表すパラメータです（正確には伝達関数の極の数）．**図B**に次数による振幅-周波数特性の違いを示します．次数が高いほど遮断特性が急峻になります．傾きは1次あたり20 dB/dec（周波数が10倍変化すると振幅が20 dB変化する）です．20 dB/decを6 dB/oct（周波数が2倍変化すると振幅が6 dB変化する）と表現することがあります．20 dB/decと6 dB/octはまったく同じ傾きを表しています．**図B**はロー・パス・フィルタの例ですが，ハイ・パス・フィルタの場合も同じです．

図Cにバンド・パス・フィルタの振幅-周波数特性を示します．バンド・パス・フィルタの全体の次数は2ヵ所のスロープの次数の和になります（2次バンド・パス・フィルタなら1次＋1次）．バンド・リジェクト・フィルタの場合も同じです．

● **カットオフ周波数，中心周波数**

カットオフ周波数f_Cは，振幅-周波数特性が通過域から阻止域へ移る角，つまり通過域の端を表す周波数です．コーナ周波数ともいいます．**図D**にf_Cを示します．f_Cは振幅が3 dB低下したポイントの周波数です．厳密に考えると，2次以上のフィルタではフィルタ特性によってf_Cにおける振幅の低下レベルは異なります．しかし，一般には次数やフィルタ特性に関係なく，振幅が3 dB低下した周波数をカットオフ周波数といっています．

図Eに示すように，通過帯域が狭いバンド・パス・フィルタや阻止帯域が狭いバンド・リジェクト・フィルタの場合は，変化の中心がf_Cになります．f_Cを中心周波数と呼ぶことがあります．中心周波数は，f_0と表記することもあります．

● **Q**

Q(Quality factor)は，カットオフ周波数付近の振幅-

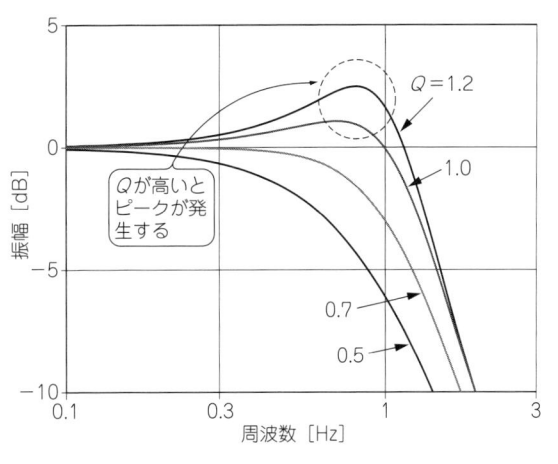

図F　Qによる周波数特性の変化
f_c付近の形はQで変わる

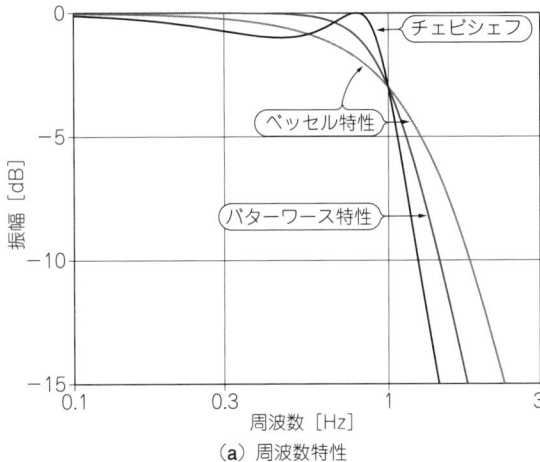

図G　周波数特性と方形波応答の関係
方形波応答は周波数特性の型によって大きく変わる

(a) 周波数特性　　(b) 方形波応答

周波数特性の形を表すパラメータです．図Fにカットオフ周波数付近の振幅-周波数特性を示します．Qの値が高いと周波数特性にピークが発生します．

● 伝達特性とフィルタの種類

フィルタ特性は，特定の振幅-周波数特性の形状（正確には伝達関数）につけられた名称です．フィルタ特性にはいろいろな種類があります．一般によく用いられる特性は，バターワース特性，チェビシェフ特性，ベッセル特性です．図Gに，ロー・パス・フィルタにおける各特性の振幅-周波数特性と方形波応答（方形波を入力したときの出力波形）を示します．

▶バターワース特性

バターワースは，振幅-周波数特性や位相-周波数特性，方形波応答などのバランスがよい特性です．振幅-周波数特性にピークがなく平たんな帯域が広いことが特徴です．そのため，最大振幅平たん特性とも呼ばれます．方形波応答は，立ち上がり／立ち下がり部分に振動が発生します．

▶チェビシェフ特性

チェビシェフは，振幅-周波数特性の通過域を振動（リプルという）させる代わりにカットオフ周波数付近の傾きを急峻にした切れのよい特性です．リプルの大きさは自由に設定できます（リプルを大きくするほど遮断特性が急峻になる）．図Gはリプルが1 dBの特性です．方形波応答は，立ち上がり／立ち下がり部分に大きな振動が発生します．

▶ベッセル特性

ベッセルは，位相-周波数特性が素直な（通過域で位相が周波数に比例して変化する領域が広い）特性です．しかし，振幅-周波数特性の変化が緩やかな切れの悪いフィルタになります．方形波応答は，立ち上がり／立ち下がり部分にオーバーシュートや振動がまったく発生しません．そのため，パルス波形を扱う回路などに使われます．

フィルタの型と周波数特性　　59

回路の素 018　1次ロー・パス・フィルタ CR型

要点▶ 減衰率20 dB/decの低域通過型．シンプルな回路構成．低周波から高周波まで使われる．

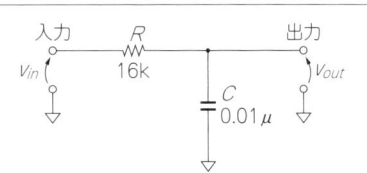

図1　回路図

計算式

- カットオフ周波数 $f_C = \dfrac{1}{2\pi CR}$ [Hz]
- 通過域の電圧ゲイン $A_{vp} = 1$ [倍]

参考文献 (10), (14), (15), (16), (17)

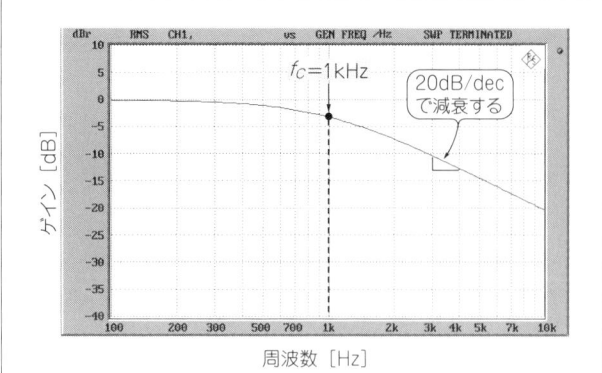

図2　電圧ゲインの周波数特性

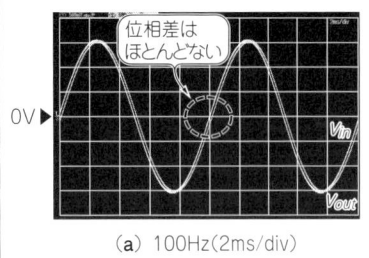

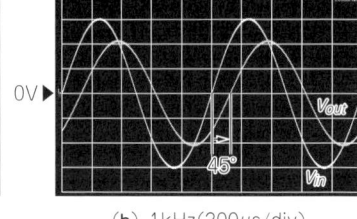

(a) 100Hz(2ms/div)　(b) 1kHz(200μs/div)　(c) 10kHz(20μs/div)

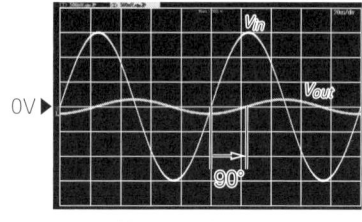

図3　入出力波形（0.5 V/div）
入力は3 V_{P-P} の正弦波

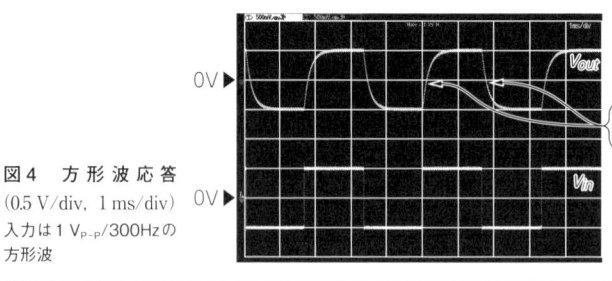

図4　方形波応答
(0.5 V/div, 1 ms/div)
入力は1 V_{P-P}/300Hzの方形波

● 基本形

図1は，電源を必要としないシンプルなロー・パス・フィルタ回路です．カットオフ周波数 f_C は C と R で決まり，C または R の値が大きいほど f_C が低くなります．通過域の電圧ゲイン A_{vp} は1倍($= 0$ dB)です．

▶ 周波数特性

図2は電圧ゲインの周波数特性です．f_C は1 kHz($≒ 1/(2\pi \times 0.01\ \mu\text{F} \times 16\ \text{k}\Omega)$)です．$f_C$ より高い周波数を20 dB/decの傾きで減衰（周波数が10倍になると振幅が1/10になる）させる1次ロー・パス・フィルタ特性です．

▶ 動作波形

図3は3 V_{P-P} の正弦波を入力した場合の各周波数における入出力波形です．通過域の100 Hzでは，出力振幅の減衰はほとんどなく，入出力の位相差もほとんどありません．カットオフ周波数の1 kHzでは，出力は入力の約0.7倍(-3 dB)に低下し，位相が45°遅れます．減衰域の10 kHzでは，出力は約0.1倍(-20 dB)に低下し，位相が約90°遅れます．

▶ 方形波応答

図4は1 V_{P-P}/300 Hzの方形波を入力した場合の入出力波形です．ロー・パス・フィルタに方形波を入力すると，出力の立ち上がり/立ち下がり部分がなまって緩やかになります．1次ロー・パス・フィルタは，出力の立ち上がり/立ち下がり部分にオーバーシュートや振動が発生しないことが特徴です．

図5 改良またはアレンジされた回路の例
信号レベルの減衰とフィルタリングができる回路

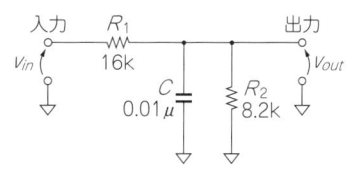

● 改良またはアレンジされた回路の例

図5は抵抗分圧型減衰器とCR型ロー・パス・フィルタを組み合わせた回路です．この回路は入力信号の減衰とフィルタ機能を同時に実現できます．

f_CとA_{vp}は以下のように決まります．

$$f_C = \frac{1}{2\pi CR_P}[\text{Hz}], \quad R_P = \frac{R_1 R_2}{R_1 + R_2}[\Omega]$$

$$A_{vp} = \frac{R_2}{R_1 + R_2}[倍]$$

▶周波数特性

図6は電圧ゲインの周波数特性です．$f_C = 2.9$ kHz（≒

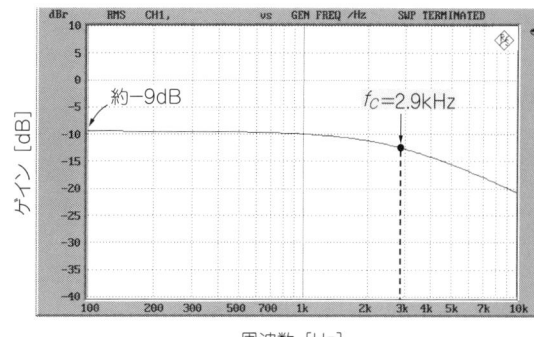

図6 図5の電圧ゲインの周波数特性

$1/(2\pi \times 0.01\,\mu\text{F} \times 5.42\,\text{k}\Omega)$），$A_{vp} = -9$ dB（≒$20\log_{10}(8.2\,\text{k}\Omega/(16\,\text{k}\Omega + 8.2\,\text{k}\Omega))$）となり，通過域で入力信号を減衰させることができます．

コラム　抵抗やコンデンサの回路図記号に添えられた許容差を表すアルファベット

抵抗やコンデンサは，公称値からの許容差が回路図に示されていることがあります．一般には％で表しますが，回路図や素子本体に±XX％と表記するのはたいへんなので，アルファベット1文字による表記がJIS C5062で規格化されています．

表Aに許容差記号とカラー・コードを示します．10 pF未満のコンデンサは，許容差を％で規定することが難しいので，表Bのように静電容量値で表します．

JIS規格：http://www.jisc.go.jp/app/JPS/JPSO0020.html．※JPSOのOはオー

表A 電子部品の許容差記号とカラー・コード（JIS C5062 2008より）

文字記号	許容差 [%]	カラー・コード
E	± 0.005	−
L	± 0.01	−
P	± 0.02	−
W	± 0.05	黄赤
B	± 0.1	紫
C	± 0.25	青
D	± 0.5	緑
F	± 1	茶色
G	± 2	赤

文字記号	許容差 [%]	カラー・コード
H	± 3	−
J	± 5	金色
K	± 10	銀色
M	± 20	色を付けない
N	± 30	−
Q	− 10, + 30	−
T	− 10, + 50	−
S	− 20, + 50	−
Z	− 20, + 80	−

※文字記号が規定されていない許容差はAを使う

表B 静電容量が10 pF未満の許容差記号

文字記号	許容差 [pF]
B	± 0.1
C	± 0.25
D	± 0.5
F	± 1
G	± 2

回路の素 019　2次ロー・パス・フィルタ LC型

要点▶ 減衰率40 dB/decの低域通過型．シンプルな回路構成．電源の雑音除去やD級アンプの出力フィルタ，高周波回路に使われる．

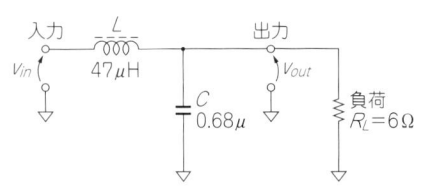

図1　回路図
この回路の定数はバターワース特性

計算式
- カットオフ周波数 $f_C = \dfrac{1}{2\pi\sqrt{LC}}$ [Hz]
- 通過域の電圧ゲイン $A_{vp} = 1$ [倍]

参考文献
(5)，(10)，(14)，(15)，(16)，(17)，(27)，(28)

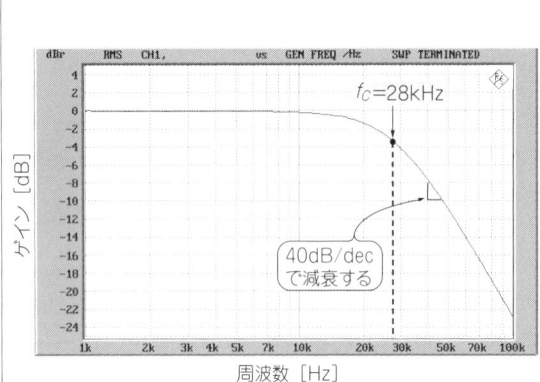

図2　電圧ゲインの周波数特性
$f_C = 28\text{kHz}$
40dB/dec で減衰する

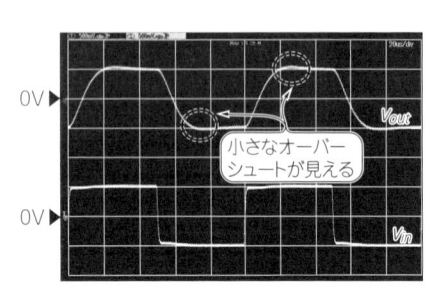

図4　方形波応答（0.5 V/div, 20 μs/div）
入力は 1 V_{P-P}/10kHz の方形波
小さなオーバーシュートが見える

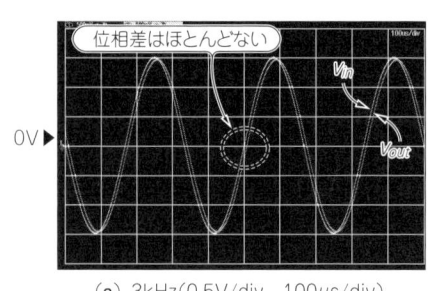

(a) 3kHz (0.5V/div, 100μs/div)
位相差はほとんどない

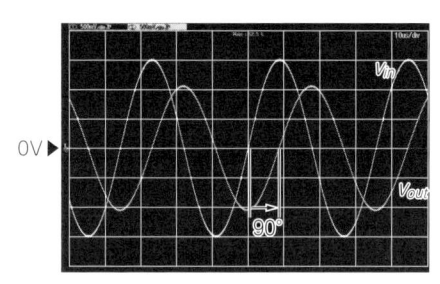

(b) 28kHz (0.5V/div, 10μs/div)
90°

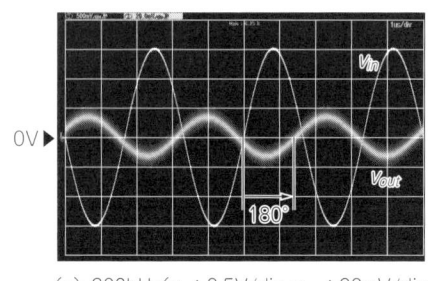

(c) 300kHz (v_{in}: 0.5V/div, v_{out}: 20mV/div, 1μs/div)
180°

図3　入出力波形
入力は 3 V_{P-P} の正弦波

● 基本形

図1は，回路形状から逆L型 LC フィルタと呼ばれる2次ロー・パス・フィルタです．カットオフ周波数 f_C は C と L で決まります．通過域の電圧ゲイン A_{vp} は1倍（= 0 dB）になります．フィルタ特性を正確に設定しなければならない用途では，可変インダクタや可変コンデンサを用いて調整を行う場合があります．

ここで示した回路は，インピーダンスが6Ωのスピーカを駆動するD級アンプの出力フィルタの例です．

▶周波数特性

図2は電圧ゲインの周波数特性です(負荷抵抗$R_L = 6\,\Omega$).f_Cは28 kHz($\fallingdotseq 1/(2\pi \times \sqrt{47\,\mu\text{H} \times 0.68\,\mu\text{F}})$)です.$f_C$より高い周波数を40 dB/decの傾きで減衰(周波数が10倍になると振幅が1/100になる)させる2次ロー・パス・フィルタ特性になります.

図5は負荷抵抗R_Lを変えた場合の周波数特性の変化です.LC型フィルタは負荷インピーダンスの値で特性が変化します(フィルタを駆動する信号源インピーダンスによっても特性は変化する).

▶動作波形

図3は3 V_{P-P}の正弦波を入力した場合の各周波数における入出力波形です.図3(c)のv_{out}は他と縦軸が異なることに注意してください.通過域の3 kHzでは,出力振幅の減衰はほとんどなく,入出力の位相差もほとんどありません.カットオフ周波数の28 kHzでは,出力は入力の約0.7倍(−3 dB)に低下し,位相が90°遅れます.減衰域の300 kHzでは,出力は約0.01倍(−40 dB)に低下し,位相が約180°遅れます.

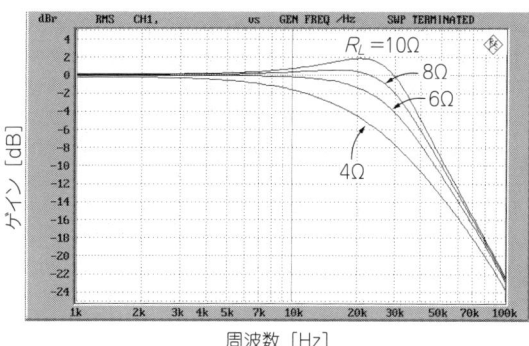

図5 負荷抵抗による周波数特性の変化
負荷抵抗の大きさによって周波数特性が変わる

▶方形波応答

図4は1 V_{P-P}/10 kHzの方形波を入力した場合の入出力波形です.出力波形の立ち上がり/立ち下がり部分には小さなオーバーシュートが発生しています.遮断特性が急峻なロー・パス・フィルタに方形波を入力すると,このように出力波形の立ち上がり/立ち下がり部分にオーバーシュートや振動が発生します.

大文字と小文字の使い分け　　　コラム

回路図やブロック図に電圧や電流の記号を書き入れるときは,大文字と小文字を使い分けます.大文字は直流信号または直流信号に関係するもの,小文字は交流信号または交流信号に関係するものという使い分けです.こうすると,記号を見ただけで信号波形やパラメータの意味がイメージできます.例えば,次のような感じです.

V,V_{in},V_{out}:直流電圧を表す
v,v_{in},v_{out}:交流電圧を表す
I,I_{in},I_{out}:直流電流を表す
i,i_{in},i_{out}:交流電流を表す

次のように,添え字で使い分けることもあります.

A_V,h_{FE}:直流信号に関係するパラメータ
A_v,h_{fe}:交流信号に関係するパラメータ

2次ロー・パス・フィルタLC型

回路の素 020　**1次ロー・パス・フィルタ 反転アンプ型**

要点▶減衰率20 dB/decの低域通過型．電圧ゲインを自由に設定できる．通過域で入出力の位相が反転する．

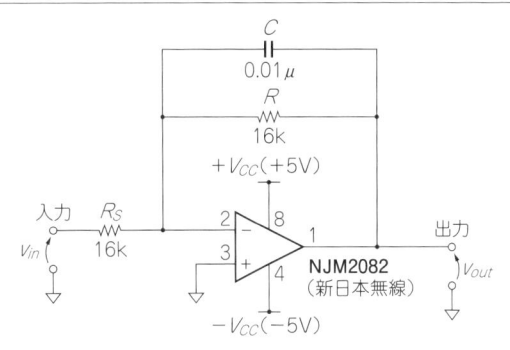

図1　回路図

計算式

- カットオフ周波数 $f_C = \dfrac{1}{2\pi CR}$ [Hz]
- 通過域の電圧ゲイン $A_{vp} = -\dfrac{R}{R_S}$ [倍]

※式中のマイナス符号は極性の反転を意味する

参考文献

(1), (5), (6), (10), (14), (15), (16), (17), (23)

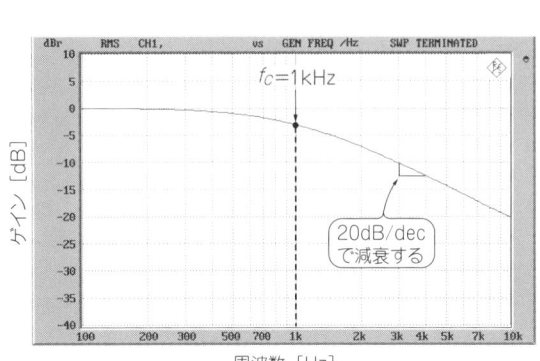

図2　電圧ゲインの周波数特性

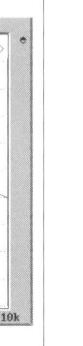

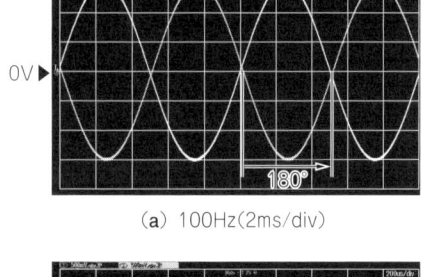

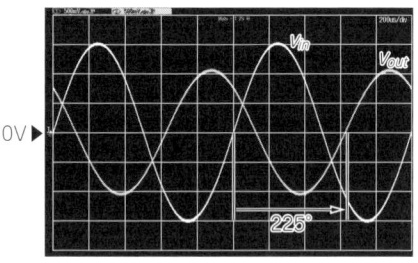

(a) 100Hz(2ms/div)

(b) 1kHz(200μs/div)

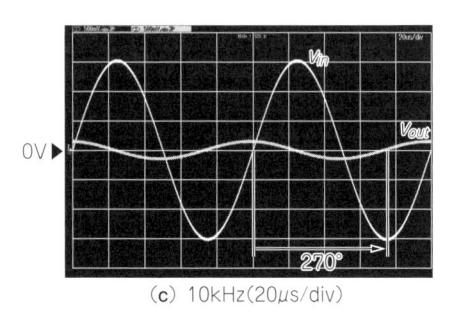

(c) 10kHz(20μs/div)

図3　入出力波形(0.5 V/div)
入力は3 V_{p-p}の正弦波

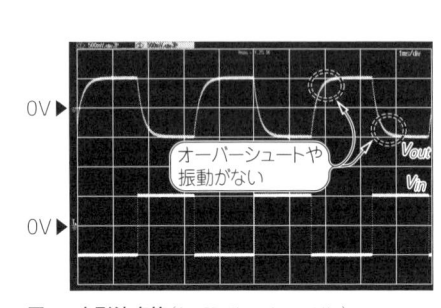

図4　方形波応答(0.5 V/div, 1 ms/div)
1 V_{p-p}/300Hzの方形波

● 基本形

図1は，OPアンプによる反転アンプに1次ロー・パス・フィルタ機能を組み込んだ回路です．カットオフ周波数f_CはCとRで決まり，CまたはRの値が大きいほどf_Cが低くなります．

通過域の電圧ゲインA_{vp}はR_SとRで決まります．$R_S > R$にすると，A_{vp}を1倍未満(減衰)に設定できます．

第2章　フィルタ

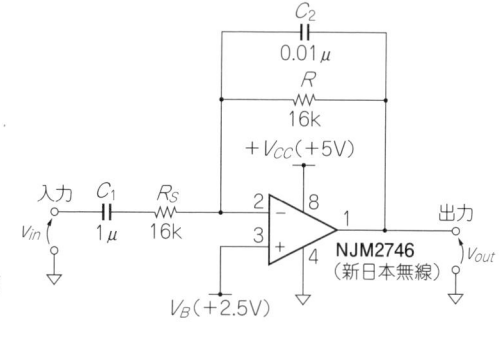

図5　改良またはアレンジされた回路の例
単電源でも使える回路に改良した例

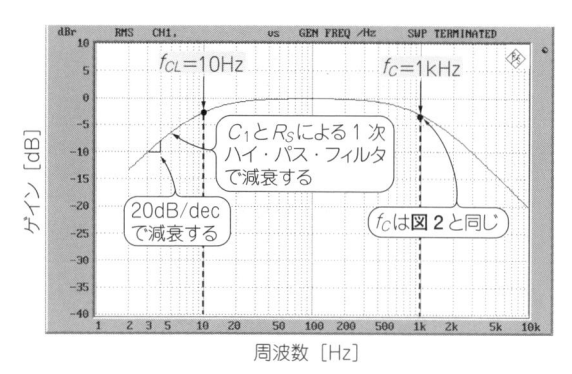

図6　図5における電圧ゲインの周波数特性

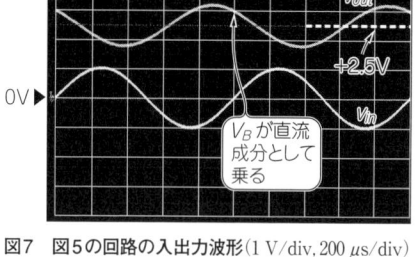

図7　図5の回路の入出力波形（1 V/div，200 μs/div）
入力は1 V_{P-P}/1kHzの正弦波

▶周波数特性

図2は電圧ゲインの周波数特性です．f_Cは1 kHz（≒$1/(2\pi \times 0.01\ \mu F \times 16\ k\Omega)$）です．$f_C$より高い周波数を20 dB/decの傾きで減衰（周波数が10倍になると振幅が1/10になる）させる1次ロー・パス・フィルタ特性になります．

A_{vp}は0 dB（=$20\log_{10}(16\ k\Omega/16\ k\Omega)$）になります．

▶動作波形

図3は3 V_{P-P}の正弦波を入力した場合の各周波数における入出力波形です．通過域の100 Hzでは，出力振幅の減衰はほとんどありません．出力の位相は入力に対して約180°遅れます．カットオフ周波数の1 kHzでは，出力は入力の約0.7倍（−3 dB）に低下し，位相が225°遅れます．減衰域の10 kHzでは，出力は約0.1倍（−20 dB）に低下し，位相が約270°遅れます．

▶方形波応答

図4は1 V_{P-P}/300 Hzの方形波を入力した場合の入出力波形です．出力波形は，入力波形に対してプラス/マイナスの極性が反転します．ロー・パス・フィルタに方形波を入力すると，出力の立ち上がり/立ち下がり部分がなまって緩やかになります．1次ロー・パス・フィルタは，出力の立ち上がり/立ち下がり部分にオーバーシュートや振動が発生しないことが特徴です．

● 改良またはアレンジされた回路の例

図5は単電源で動作させた回路です．OPアンプの非反転入力端子（図5では3番ピン）に+5 V電源の中点電圧であるV_B＝+2.5 Vを加え，C_1で入力信号の直流成分をカットしています．その他の回路定数は基本形の回路とまったく同じです．

▶周波数特性

図6は電圧ゲインの周波数特性です．f_C＝1 kHzの1次ロー・パス・フィルタの特性は変わりませんが，低域側は1次ハイ・パス・フィルタの特性（低域に向かって20 dB/decの傾きで減衰する）になります．ハイ・パス・フィルタのカットオフ周波数f_{CL}は以下のように決まります．

$$f_{CL} = \frac{1}{2\pi C_1 R_S}\ [\text{Hz}]$$

図5の回路は，f_{CL}＝10 Hz（≒$1/(2\pi \times 1\ \mu F \times 16\ k\Omega)$）です．

▶動作波形

図7は1 V_{P-P}/1 kHzの正弦波を入力した場合の入出力波形です．信号周波数によるv_{out}の振幅と位相の変化は基本形の回路とまったく同じですが，v_{out}には直流成分としてV_Bが乗ります．

1次ロー・パス・フィルタ　反転アンプ型

回路の素 021　2次ロー・パス・フィルタ VCVS(サレン・キー)型

要点 ▶ 減衰率40 dB/decの低域通過型．OPアンプを使っているので増幅とフィルタリングを一度に実現できる．数百kHz以下の帯域で使われる．

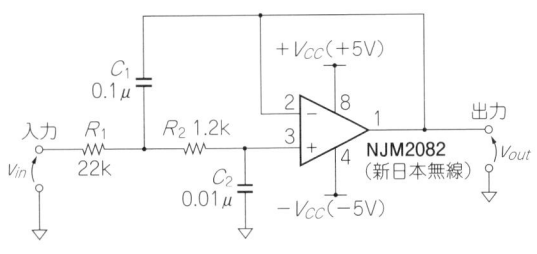

図1　回路図
この回路の定数はバターワース特性

計算式

- カットオフ周波数 $f_C = \dfrac{1}{2\pi\sqrt{C_1 C_2 R_1 R_2}}$ [Hz]
- 通過域の電圧ゲイン $A_{vp} = 1$ [倍]

参考文献

(1), (5), (6), (10), (14), (15), (16), (17), (23)

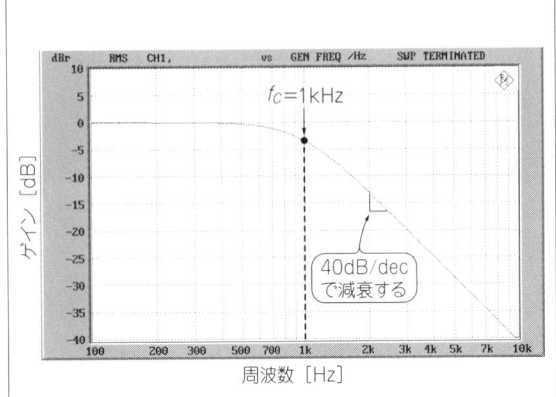

図2　電圧ゲインの周波数特性

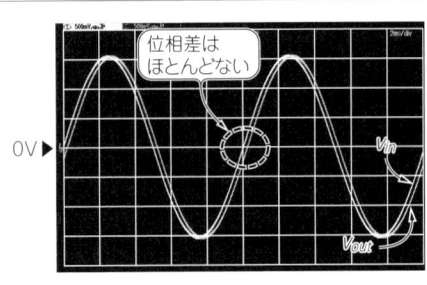

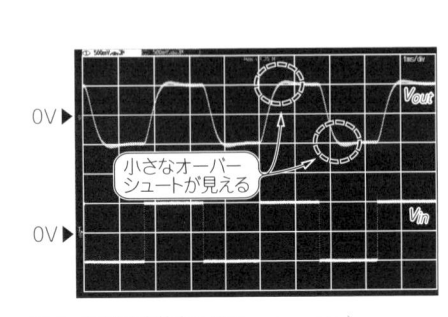

図4　方形波応答 (0.5 V/div, 1 ms/div)
入力は 1 V_{P-P}/300 Hzの方形波

(a) 100Hz (0.5V/div, 2ms/div)

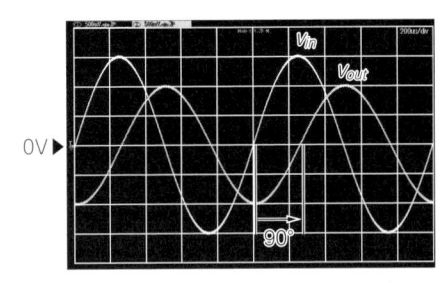

(b) 1kHz (0.5V/div, 200μs/div)

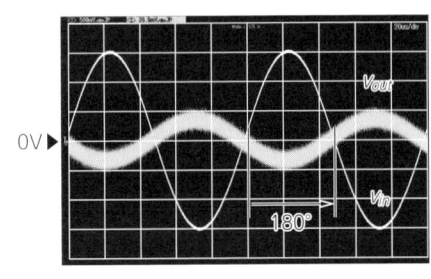

(c) 10kHz (v_{in}: 0.5V/div, v_{out}: 20mV/div, 20μs/div)

図3　入出力波形
入力は 3 V_{P-P}の正弦波

● 基本形

図1はVCVS (Voltage Controlled Voltage Source：電圧制御電圧源)型やサレン・キー (Sallen-Key：人名)型，正帰還型などと呼ばれている2次ロー・パス・フィルタです．カットオフ周波数 f_C は C_1, C_2, R_1, R_2 で決まります．f_C を正確に設定しなければならない用途では，C_1, C_2, R_1, R_2 に許容差の小さい高精度素子 (例えば，±1％)を使うことがあります．

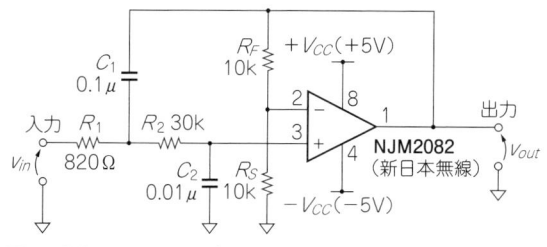

図5 改良またはアレンジされた回路の例
1倍以上のゲインを持たせた例

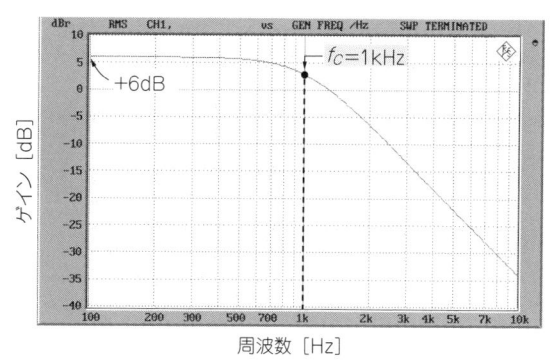

図6 図5における電圧ゲインの周波数特性

通過域の電圧ゲインA_{vp}は，1倍（=0 dB）になります．
▶周波数特性
図2は電圧ゲインの周波数特性です．f_Cは1 kHz（≒ $1/(2\pi \times \sqrt{0.1\ \mu F \times 0.01\ \mu F \times 22\ k\Omega \times 1.2\ k\Omega})$）です．$f_C$より高い周波数を40 dB/decの傾きで減衰（周波数が10倍になると振幅が1/100になる）させる2次ロー・パス・フィルタ特性になります．
▶動作波形
図3は3 V_{P-P}の正弦波を入力した場合の各周波数における入出力波形です．図3(c)のv_{out}は他と縦軸が異なることに注意してください．通過域の100 Hzでは，出力振幅の減衰はほとんどなく，入出力の位相差もほとんどありません．カットオフ周波数の1 kHzでは，出力は入力の約0.7倍（-3 dB）に低下し，位相が90°遅れます．減衰域の10 kHzでは，出力は約0.01倍（-40 dB）に低下し，位相が約180°遅れます．
▶方形波応答
図4は1 V_{P-P}/300 Hzの方形波を入力した場合の入出力波形です．出力波形の立ち上がり/立ち下がり部分には小さなオーバーシュートが発生しています．遮断特性が急峻なロー・パス・フィルタに方形波を入力すると，このように出力波形の立ち上がり/立ち下がり部分にオーバーシュートや振動が発生します．

● 改良またはアレンジされた回路の例
図5は増幅度を持たせた回路です．この回路は，フィルタとアンプの機能を一つの回路で実現できます．
f_Cの決まり方は基本形の回路とまったく同じです．A_{vp}は以下のように決まります．

$$A_{vp} = 1 + \frac{R_F}{R_S}[倍]$$

▶周波数特性
図6は電圧ゲインの周波数特性です．A_{vp} = +6 dB（≒ $20\log_{10}(1 + 10\ k\Omega/10\ k\Omega)$），$f_C$ = 1 kHz（≒ $1/(2\pi \times \sqrt{0.1\ \mu F \times 0.01\ \mu F \times 820\ \Omega \times 30\ k\Omega})$）となり，増幅度を持たせながら，2次ロー・パス・フィルタ特性を実現しています．

OPアンプの動作は単純だ　　コラム

OPアンプを使えば，増幅回路や演算回路，フィルタ回路などいろいろな機能の回路を作ることができます．ビギナにとって，OPアンプは多機能な魔法のデバイスに見えます．しかし，OPアンプが行っているのは，二つの入力端子間の電圧を大きく増幅するというたった一つの単純な動作です．

図Aに示すように，回路の中で動作しているOPアンプの入出力電圧は，次のような関係になります．

$v_{out} = (v_+ - v_-)A$

AはOPアンプが本来持っている電圧ゲインで（開ループ・ゲインという），一般的なOPアンプでは10万倍（100 dB）以上という巨大な値です．

つまり，OPアンプは二つの入力端子の差の電圧（$v_+ - v_-$）を巨大に増幅しているだけなのです．これはどのような回路に使われても，どのような品種のOPアンプでもまったく同じです．

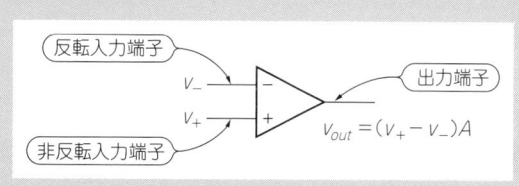

図A OPアンプは二つの入力端子の差の電圧を巨大に増幅しているだけ

回路の素 022　　**2次ロー・パス・フィルタ 多重帰還型**

要点▶ 減衰率40 dB/decの低域通過型．通過域の位相が180°遅れる．OPアンプを使っているので増幅とフィルタリングを一度に実現できる．数百kHz以下の帯域で使われる．

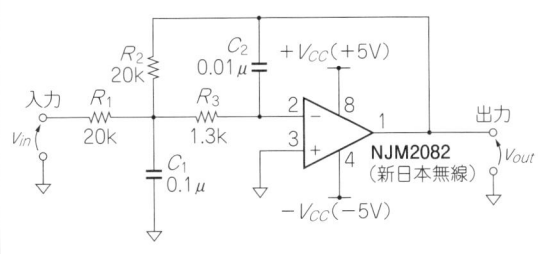

図1　回路図
この回路の定数はバターワース特性

計算式

- カットオフ周波数 $f_C = \dfrac{1}{2\pi\sqrt{C_1 C_2 R_2 R_3}}$ [Hz]
- 通過域の電圧ゲイン $A_{vp} = -\dfrac{R_2}{R_1}$ [倍]

※式中のマイナス符号は極性の反転を意味する

参考文献
(1), (5), (6), (10), (14), (15), (16), (17), (23)

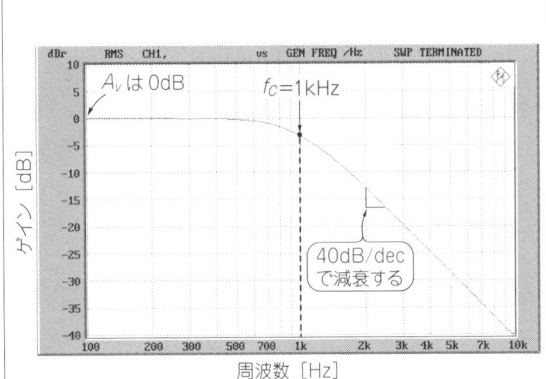

図2　電圧ゲインの周波数特性

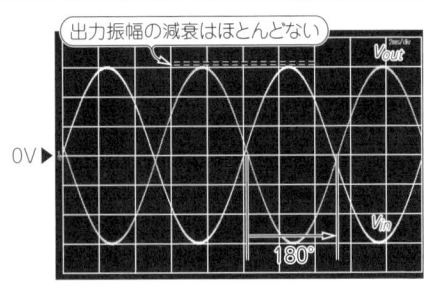

(a) 100Hz (0.5V/div, 2ms/div)

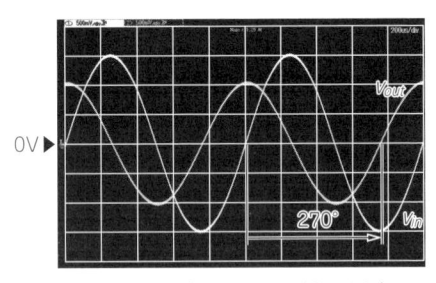

(b) 1kHz (0.5V/div, 200μs/div)

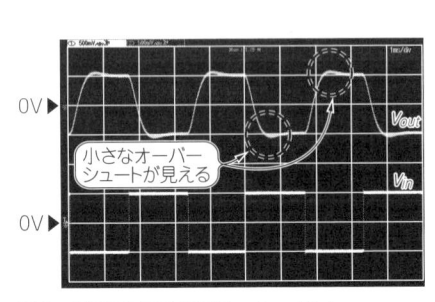

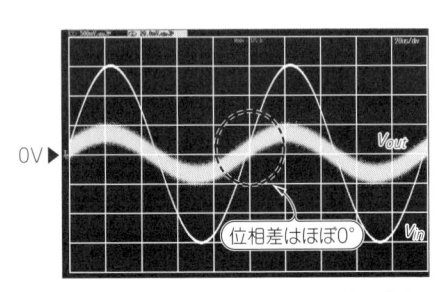

図4　方形波応答 (0.5 V/div, 1 ms/div)
入力は1 V_{p-p}/300 Hzの方形波

(c) 10kHz (v_{in}: 0.5V/div, v_{out}: 20mV/div, 20μs/div)

図3　入出力波形
入力は3 V_{p-p}の正弦波

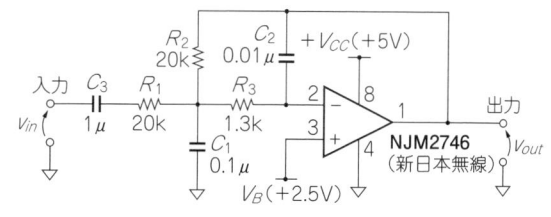

図5 改良またはアレンジされた回路の例
単電源でも使える回路に改良した例

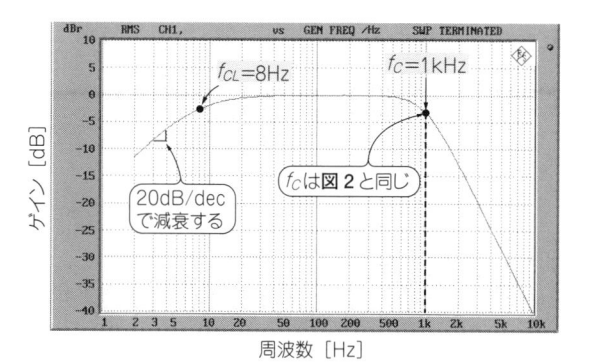

図6 図5における電圧ゲインの周波数特性

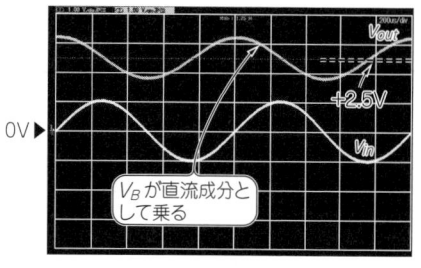

図7 図5の回路の入出力波形（1 V/div, 200 μs/div）
入力は1 V_P-P/1kHzの正弦波

● 基本形

図1は，無限大利得増幅器型や無限帰還型，多重帰還(multiple feedback)型などと呼ばれている2次ロー・パス・フィルタです．カットオフ周波数f_CはC_1，C_2，R_2，R_3で決まります．f_Cを正確に設定しなければならない用途では，C_1，C_2，R_2，R_3に許容差の小さい高精度素子(例えば，±1％)を使用することがあります．
通過域の電圧ゲインA_{vp}はR_1とR_2で決まります．$R_1 > R_2$にすると，A_{vp}を1倍未満(減衰)に設定できます．

▶周波数特性

図2は電圧ゲインの周波数特性です．f_Cは1 kHz($\fallingdotseq 1/(2\pi \times \sqrt{0.1\,\mu\mathrm{F} \times 0.01\,\mu\mathrm{F} \times 20\,\mathrm{k}\Omega \times 1.3\,\mathrm{k}\Omega})$)です．$f_C$より高い周波数を40 dB/decの傾きで減衰(周波数が10倍になると振幅が1/100になる)させる2次ロー・パス・フィルタ特性になります．

A_{vp}は0 dB($= 20 \log_{10}(20\,\mathrm{k}\Omega/20\,\mathrm{k}\Omega)$)になります．

▶動作波形

図3は3 V_P-Pの正弦波を入力した場合の各周波数における入出力波形です．図3(c)のv_{out}は他と縦軸が異なることに注意してください．通過域の100 Hzでは，出力振幅の減衰はほとんどありません．出力の位相は入力に対して約180°遅れます．カットオフ周波数の1 kHzでは，出力は入力の約0.7倍(−3 dB)に低下し，位相が270°遅れます．減衰域の10 kHzでは，出力は約0.01倍(−40 dB)に低下し，位相差はほぼ0°になります(出力は入力に対して360°遅れるとも考えられる)．

▶方形波応答

図4は1 V_P-P/300 Hzの方形波を入力した場合の入出力波形です．出力波形は，入力波形に対してプラス/マイナスの極性が反転します．また，出力波形の立ち上がり/立ち下がり部分には小さなオーバーシュートが発生しています．遮断特性が急峻なロー・パス・フィルタに方形波を入力すると，このように出力波形の立ち上がり/立ち下がり部分にオーバーシュートや振動が発生します．

● 改良またはアレンジされた回路の例

図5は単電源で動作させた回路です．OPアンプの非反転入力端子(図5では3番ピン)に+5V電源の中点電圧であるV_B(+2.5 V)を加え，C_3で入力信号の直流成分をカットしています．その他の回路定数は基本形の回路とまったく同じです．

▶周波数特性

図6は電圧ゲインの周波数特性です．$f_C = 1\,\mathrm{kHz}$の2次ロー・パス・フィルタの特性は変わりませんが，低域側は1次ハイ・パス・フィルタの特性(低域に向かって20 dB/decの傾きで減衰する)になります．ハイ・パス・フィルタのカットオフ周波数f_{CL}は次式で決まります．

$$f_{CL} = \frac{1}{2\pi C_3 R_1}[\mathrm{Hz}]$$

図5の回路は，$f_{CL} = 8\,\mathrm{Hz}(\fallingdotseq 1/(2\pi \times 1\,\mu\mathrm{F} \times 20\,\mathrm{k}\Omega))$です．

▶動作波形

図7は1 V_P-P/1 kHzの正弦波を入力した場合の入出力波形です．信号周波数によるv_{out}の振幅と位相の変化は基本形の回路とまったく同じですが，v_{out}には直流成分としてV_Bが乗ります．

2次ロー・パス・フィルタ 多重帰還型 **69**

回路の素 023　**3次ロー・パス・フィルタVCVS(サレン・キー)型**

要点▶ 減衰率60 dB/decの低域通過型．OPアンプを使っているので増幅とフィルタリングを一度に実現できる．数百kHz以下の帯域で使われる．

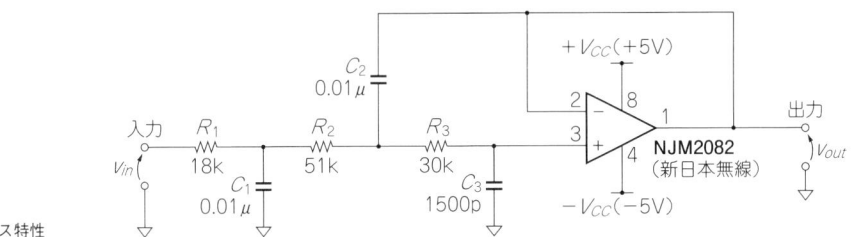

図1　回路図
この回路の定数はバターワース特性

計算式

- カットオフ周波数 $f_C = \dfrac{1}{2\pi\sqrt[3]{C_1 C_2 C_3 R_1 R_2 R_3}}$ [Hz]
- 通過域の電圧ゲイン $A_{vp} = 1$ [倍]

参考文献　(5), (15), (16), (17), (23)

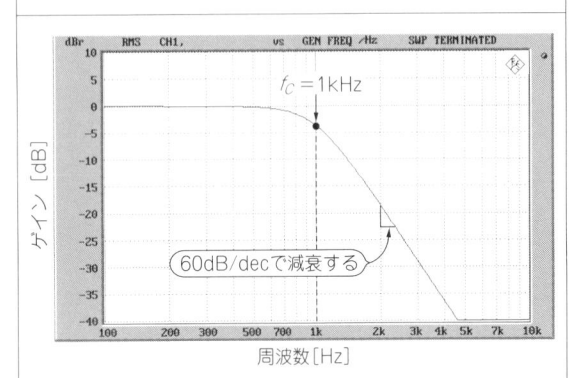

図2　電圧ゲインの周波数特性

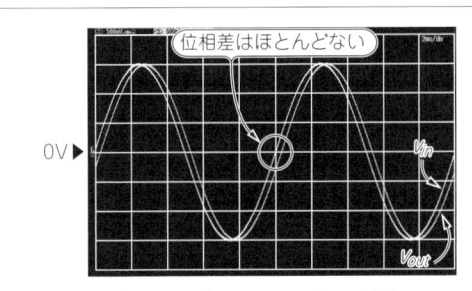

(a) 100 Hz (0.5 V/div, 2 ms/div)

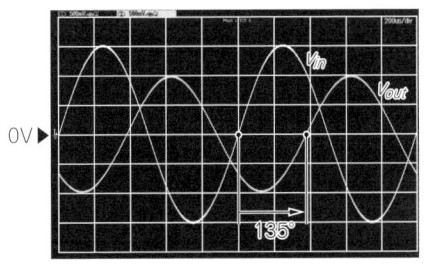

(b) 1 kHz (0.5 V/div, 200 μs/div)

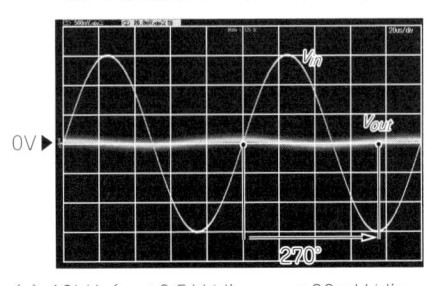

(c) 10 kHz (v_{in}：0.5 V/div, v_{out}：20 mV/div, 20 μs/div)

図3　入出力波形

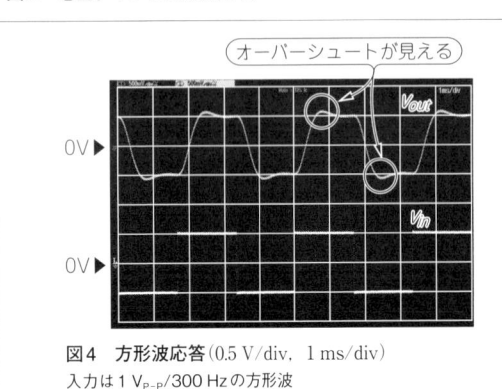

図4　方形波応答 (0.5 V/div, 1 ms/div)
入力は1 V_{P-P}/300 Hzの方形波

● **基本形**

　図1はVCVS(Voltage Controlled Voltage Source：電圧制御電圧源)型やサレン・キー(Sallen-Key：人名)型，正帰還型などと呼ばれている3次ロー・パス・フィルタです．カットオフ周波数f_CはC_1, C_2, C_3, R_1, R_2, R_3で決まります．f_Cを正確に設定しなければならない用途では，C_1, C_2, C_3, R_1, R_2, R_3に許容差の小さい高精度素子(例えば，±1％)を使用することがあります．

　通過域の電圧ゲインA_{vp}は，1倍(= 0 dB)になります．

▶ **周波数特性**

　図2は電圧ゲインの周波数特性です．f_Cは1 kHz($\fallingdotseq 1/(2\pi \times \sqrt[3]{0.01\ \mu F \times 0.01\ \mu F \times 1500\ pF \times 18\ k\Omega \times 51\ k\Omega \times 30\ k\Omega})$)です．$f_C$より高い周波数を60 dB/dec

の傾きで減衰（周波数が10倍になると振幅が1/1000になる）させる3次ロー・パス・フィルタ特性になります。
▶動作波形
　図3は3 V_{P-P}の正弦波を入力した場合の各周波数における入出力波形です．図3(c)のv_{out}は他と縦軸が異なることに注意してください．通過域の100 Hzでは，出力振幅の減衰はほとんどなく，入出力の位相差もほとんどありません．カットオフ周波数の1 kHzでは，出力は入力の約0.7倍（－3 dB）に低下し，位相が135°遅れます．減衰域の10 kHzでは，出力は約0.001倍（－60 dB）に低下し，位相が約270°遅れます．
▶方形波応答
　図4は1 V_{P-P}/300 Hzの方形波を入力した場合の入出力波形です．出力波形の立ち上がり／立ち下がり部分にはオーバーシュートが発生しています．遮断特性が急峻なロー・パス・フィルタに方形波を入力すると，このように出力波形の立ち上がり／立ち下がり部分にオーバーシュートや振動が発生します．

OPアンプ各端子の意味　　　　コラム

　図AにOPアンプの回路記号を示します．増幅器を表す三角形のマークから多くの端子が出ています．

● 入力端子

　マイナスとプラスの記号の横から出ているのが，2本の入力端子です．外部からの信号や出力端子から戻ってくる帰還信号を入力します．

　「－」が表示されている端子に入力した信号と出力端子の信号は，正負の極性が反転します．そのため，この入力端子を反転入力端子と呼びます．「＋」が表示されている入力端子は，入出力の極性が反転しないので，非反転入力端子と呼びます．

● 出力端子

　三角形の頂点から出ているのが出力端子です．入力端子の信号を増幅して出力します．

● 電源端子

　電位の高い方の電源を接続するのが正電源端子，電位の低い方の電源を接続するのが負電源端子です．

　負電源端子は，正負2電源で動作させる場合は負電源を接続しますが，単一電源で動作させる場合はGNDに接続します．

　図Bのように，一つのパッケージに複数回路のOPアンプを内蔵するICでは，パッケージ内の一つのOPアンプ記号だけに電源端子を描いて，その他のOPアンプ記号には電源端子を描かないのが一般的です．

● その他の端子

　多くのOPアンプは，入力，出力，電源端子だけしかありませんが，図Cに示すような特殊な端子を持つOPアンプもあります．

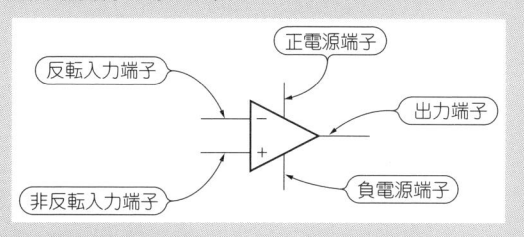

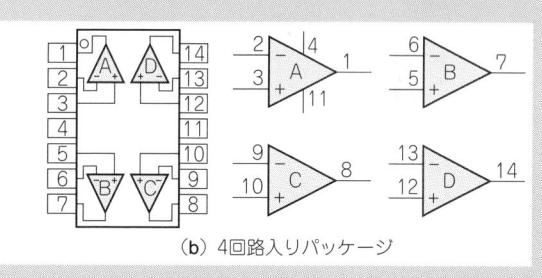

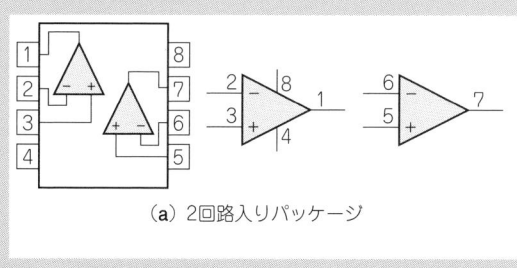

図A　OPアンプの端子

(a) 2回路入りパッケージ
(b) 4回路入りパッケージ

図B　複数回路入りパッケージの端子

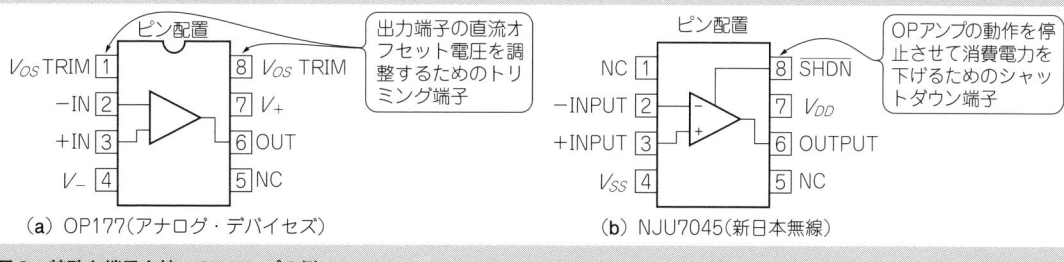

(a) OP177（アナログ・デバイセズ）
(b) NJU7045（新日本無線）

図C　特殊な端子を持つOPアンプの例

3次ロー・パス・フィルタ VCVS（サレン・キー）型

回路の素 024　1次ハイ・パス・フィルタ CR型

要点▶ 減衰率20 dB/decの高域通過型．シンプルな回路構成．低周波から高周波まで使われる．

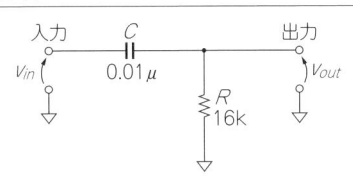

図1　回路図

計算式

- カットオフ周波数 $f_C = \dfrac{1}{2\pi CR}$ [Hz]
- 通過域の電圧ゲイン $A_{vp} = 1$ [倍]

参考文献　(10), (14), (15), (16), (17)

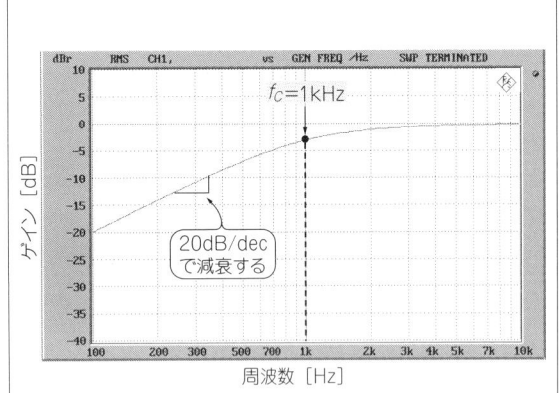

図2　電圧ゲインの周波数特性

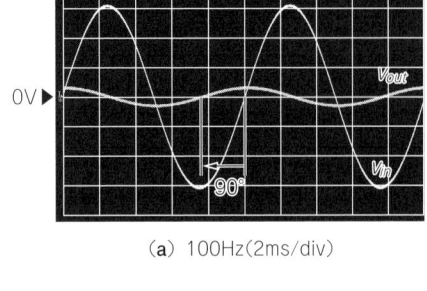

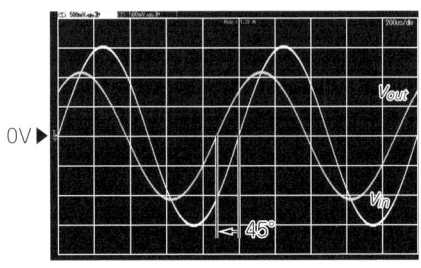

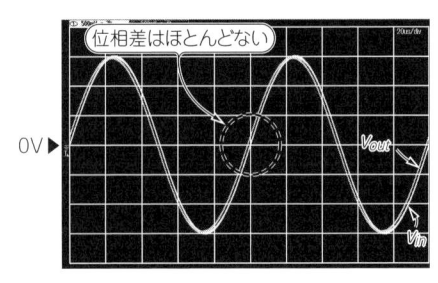

(a) 100Hz(2ms/div)

(b) 1kHz(200μs/div)

(c) 10kHz(20μs/div)

図3　出力波形 (0.5 V/div)
入力は3 V_{p-p} の正弦波

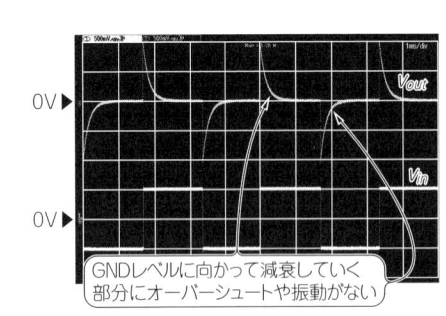

図4　方形波応答 (0.5 V/div, 1 ms/div)
入力は1 V_{p-p}/300Hzの方形波

第2章　フィルタ

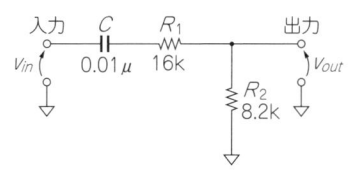

図5 改良またはアレンジされた回路の例
入力信号の減衰とフィルタリングができる回路

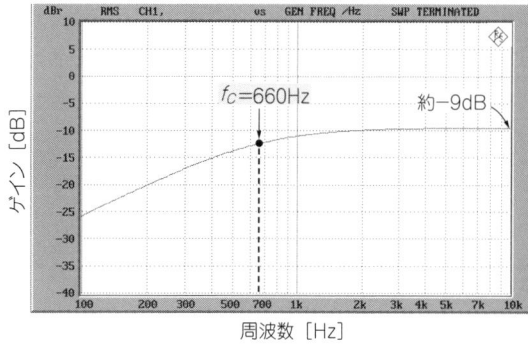

図6 図5における電圧ゲインの周波数特性

● 基本形

図1は電源を必要としないシンプルなハイ・パス・フィルタ回路です．カットオフ周波数f_CはCとRで決まり，CまたはRの値が大きいほどf_Cが低くなります．通過域の信号減衰はないので，通過域の電圧ゲイン$A_{vp}=1$倍（$=0$ dB）です．

▶周波数特性

図2は電圧ゲインの周波数特性です．f_Cは1 kHz（≒$1/(2\pi \times 0.01\ \mu\text{F} \times 16\ \text{k}\Omega)$）です．$f_C$より低い周波数を20 dB/decの傾きで減衰（周波数が1/10になると振幅が1/10になる）させる1次ハイ・パス・フィルタ特性になります．

▶動作波形

図3は3 $\text{V}_{\text{P-P}}$の正弦波を入力した場合の各周波数における入出力波形です．減衰域の100 Hzでは，出力は入力の約0.1倍（-20 dB）に低下し，位相が約90°進みます．カットオフ周波数の1 kHzでは，出力は約0.7倍（-3 dB）に低下し，位相が45°進みます．通過域の10 kHzでは，出力振幅の減衰はほとんどなく，入出力の位相差もほとんどありません．

▶方形波応答

図4は1 $\text{V}_{\text{P-P}}$/300 Hzの方形波を入力した場合の入出力波形です．ハイ・パス・フィルタに方形波を入力すると，入力の立ち上がり／立ち下がり部分がそのまま出力に現れて，その後GNDレベルに向かって減衰していきます．1次ハイ・パス・フィルタは，GNDレベルへ向かって減衰していく部分にオーバーシュートや振動が発生しないことが特徴です．

● 改良またはアレンジされた回路の例

図5は抵抗分圧型減衰器とCR型ハイ・パス・フィルタを組み合わせた回路です．この回路は入力信号の減衰とフィルタ機能を同時に実現できます．

f_CとA_{vp}は以下のように決まります．

$$f_C = \frac{1}{2\pi C(R_1 + R_2)}\ [\text{Hz}]$$

$$A_{vp} = \frac{R_2}{R_1 + R_2}\ [倍]$$

▶周波数特性

図6は電圧ゲインの周波数特性です．$f_C = 660$ Hz（≒$1/(2\pi \times 0.01\ \mu\text{F} \times (16\ \text{k}\Omega + 8.2\ \text{k}\Omega))$），$A_v = -9$ dB（≒$20\log_{10}(8.2\ \text{k}\Omega/(16\ \text{k}\Omega + 8.2\ \text{k}\Omega))$）となり，通過域で入力信号を減衰させることができます．

回路の素 025　　1次ハイ・パス・フィルタ 反転アンプ型

要点▶減衰率20 dB/decの高域通過型．通過域の位相が180°遅れる．OPアンプを使っているので増幅とフィルタリングを一度に実現できる．

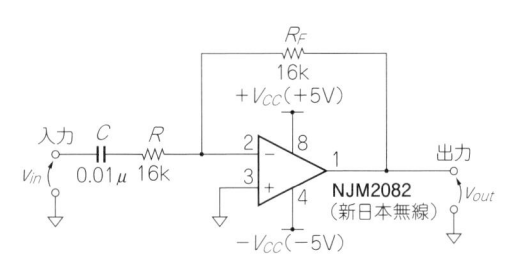

計算式

- カットオフ周波数 $f_C = \dfrac{1}{2\pi CR}$ [Hz]
- 通過域の電圧ゲイン $A_{vp} = -\dfrac{R_F}{R}$ [倍]

※式中のマイナス符号は極性の反転を意味する

参考文献

(1), (5), (6), (10), (14), (15), (16), (17), (23)

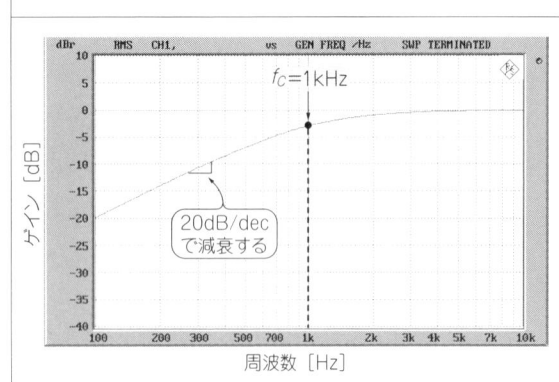

図1　回路図

図2　電圧ゲインの周波数特性

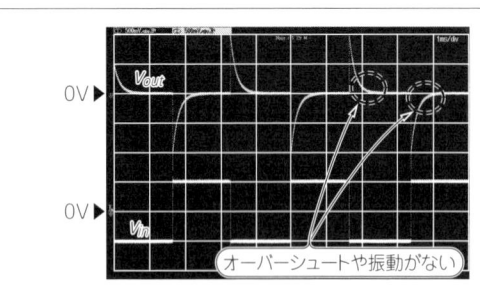

図4　方形波応答 (0.5 V/div, 1 ms/div)
入力は 1 V_{p-p}/300Hz の方形波

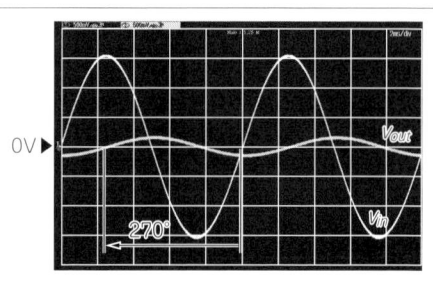

(a) 100Hz (2ms/div)

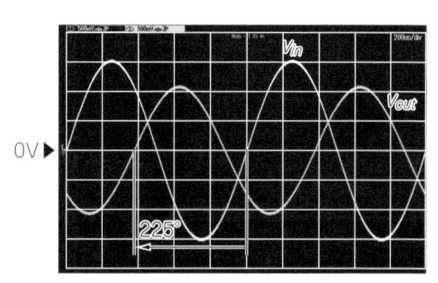

(b) 1kHz (200μs/div)

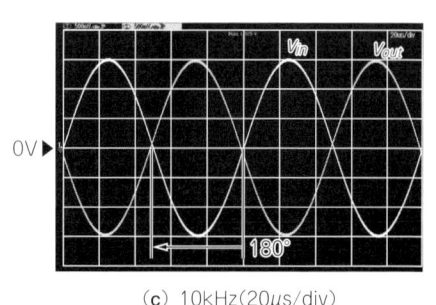

(c) 10kHz (20μs/div)

図3　入出力波形 (0.5 V/div)
入力は 3 V_{P-P} の正弦波

● 基本形

図1は，OPアンプによる反転アンプに1次ハイ・パス・フィルタ機能を組み込んだ回路です．カットオフ周波数 f_C は C と R で決まり，C または R の値が大きいほど f_C が低くなります．

通過域の電圧ゲイン A_{vp} は R と R_F で決まります．$R > R_F$ にすると，A_{vp} を1倍未満(減衰)に設定できます．

▶周波数特性

図2は出力振幅の周波数特性です．f_C は 1 kHz (≒ 1/(2π×0.01 μF×16 kΩ))です．f_C より低い周波数を 20 dB/dec の傾きで減衰(周波数が1/10倍になると振幅が1/10になる)させる1次ハイ・パス・フィルタ特性になります．

A_{vp} は 0 dB (= 20 $\log_{10}$(16 kΩ/16 kΩ))になります．

▶動作波形

図3は 3 V_{P-P} の正弦波を入力した場合の各周波数における入出力波形です．減衰域の100 Hzでは，出力

は入力の約0.1倍(-20 dB)に低下し,位相が約270°進みます.カットオフ周波数の1 kHzでは,出力は約0.7倍(-3 dB)に低下し,位相が225°進みます.通過域の10 kHzでは,出力振幅の減衰はほとんどなく,位相が約180°進みます.

▶方形波応答

図4は1 V_{P-P}/300 Hzの方形波を入力した場合の入出力波形です.出力波形は,入力波形に対してプラス/マイナスの極性が反転します.ハイ・パス・フィルタに方形波を入力すると,入力の立ち上がり/立ち下がり部分がそのまま出力に現れて,その後GNDレベルに向かって減衰していきます.1次ハイ・パス・フィルタは,GNDレベルへ向かって減衰していく部分にオーバーシュートや振動が発生しないことが特徴です.

回路の素 026　2次ハイ・パス・フィルタ VCVS(サレン・キー)型

要点 ▶ 減衰率40 dB/decの高域通過型.数百kHz以下の帯域で使われる.OPアンプを使っているので増幅とフィルタリングを一度に実現できる.

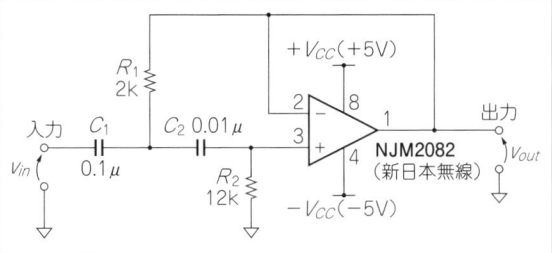

図1　回路図
この回路の定数はバターワース特性

計算式

- カットオフ周波数 $f_C = \dfrac{1}{2\pi\sqrt{C_1 C_2 R_1 R_2}}$ [Hz]
- 通過域の電圧ゲイン $A_{vp} = 1$ [倍]

参考文献

(1),(5),(6),(10),(14),(15),(16),(17),(23)

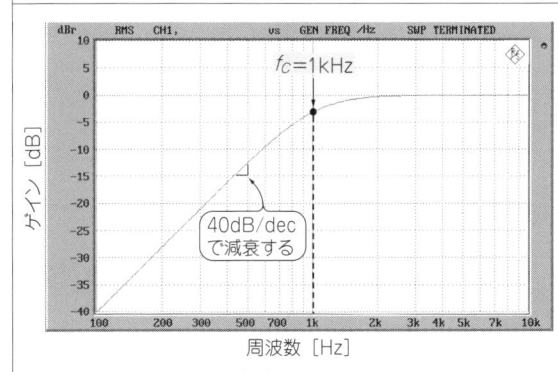

図2　電圧ゲインの周波数特性

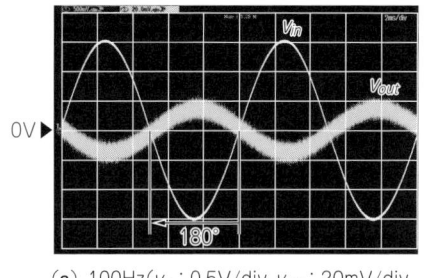

40 dB/decで減衰する

(a) 100Hz(v_{in}: 0.5V/div, v_{out}: 20mV/div, 2ms/div)

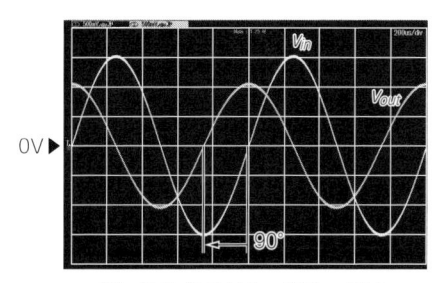

(b) 1kHz(0.5V/div, 200μs/div)

(c) 10kHz(0.5V/div, 20μs/div)

位相差はほとんどない

図3　入出力波形
入力は3 V_{P-P}の正弦波

小さなオーバーシュートが見える

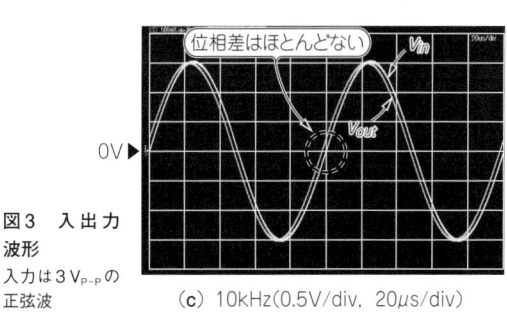

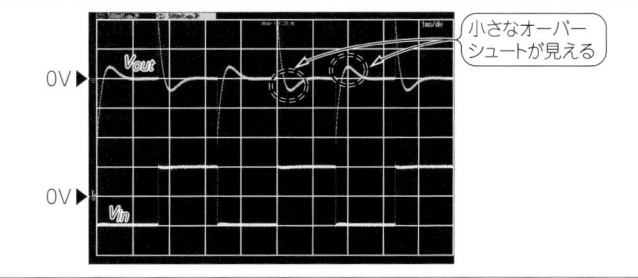

図4　方形波応答(0.5 V/div,1 ms/div)
入力は1 V_{P-P}/300Hzの方形波

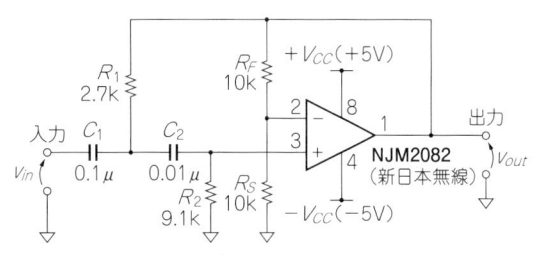

図5 改良またはアレンジされた回路の例
1倍以上のゲインを持たせた例

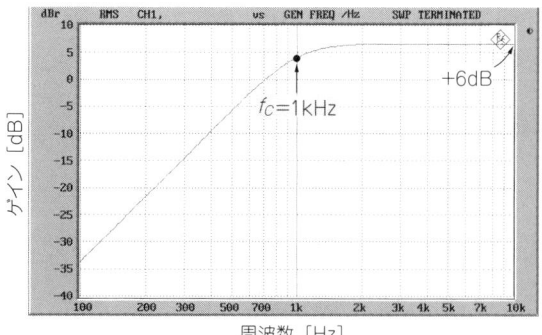

図6 図5における電圧ゲインの周波数特性

● 基本形

図1は，VCVS(Voltage Controlled Voltage Source：電圧制御電圧源)型やサレン・キー(Sallen-Key：人名)型，正帰還型などと呼ばれている2次ハイ・パス・フィルタです．カットオフ周波数f_CはC_1, C_2, R_1, R_2で決まります．f_Cを正確に設定しなければならない用途では，C_1, C_2, R_1, R_2に許容差の小さい高精度素子(例えば，±1%)を使うことがあります．

通過域の電圧ゲインA_{vp}は1倍(=0 dB)になります．

▶周波数特性

図2は出力振幅の周波数特性です．f_Cは1 kHz($\fallingdotseq 1/(2\pi \times \sqrt{0.1\ \mu F \times 0.01\ \mu F \times 2\ k\Omega \times 12\ k\Omega})$)です．$f_C$より低い周波数を40 dB/decの傾きで減衰(周波数が1/10になると振幅が1/100になる)させる2次ハイ・パス・フィルタ特性になります．

▶動作波形

図3は3 V_{P-P}の正弦波を入力した場合の各周波数における入出力波形です．**図3**(a)のv_{out}は他と縦軸が異なることに注意してください．減衰域の100 Hzでは，出力は入力の約0.01倍(−40 dB)に低下し，位相が約180°進みます．カットオフ周波数の1 kHzでは，出力は約0.7倍(−3 dB)に低下し，位相が90°進みます．通過域の10 kHzでは，出力振幅の減衰と，入出力の位相差はほとんどありません．

▶方形波応答

図4は1 V_{P-P}/300 Hzの方形波を入力した場合の入出力波形です．ハイ・パス・フィルタに方形波を入力すると，入力の立ち上がり/立ち下がり部分がそのまま出力に現れて，その後GNDレベルに向かって減衰していきます．このフィルタは，GNDレベルへ向かって減衰していく部分に小さなオーバーシュートが発生しています．遮断特性が急峻なハイ・パス・フィルタに方形波を入力すると，このように出力波形が減衰していく部分にオーバーシュートや振動が発生します．

● 改良またはアレンジされた回路の例

図5は増幅度を持たせた回路です．この回路は，フィルタとアンプの機能を一つの回路で実現できます．

f_Cの決まり方は基本形の回路とまったく同じです．A_{vp}は次のように決まります．

$$A_{vp} = 1 + \frac{R_F}{R_S}\ [倍]$$

▶周波数特性

図6は増幅度の周波数特性です．$A_{vp} = +6\ dB (\fallingdotseq 20\log_{10}(1 + 10\ k\Omega/10\ k\Omega))$，$f_C = 1\ kHz(\fallingdotseq 1/(2\pi \times \sqrt{0.1\ \mu F \times 0.01\ \mu F \times 2.7\ k\Omega \times 9.1\ k\Omega}))$となり，電圧ゲインを持たせながら，2次ハイ・パス・フィルタ特性を実現しています．

回路の素 027

3次ハイ・パス・フィルタ VCVS(サレン・キー)型

要点 ▶ 減衰率 60 dB/dec の高域通過型．OPアンプを使っているので増幅とフィルタリングを一度に実現できる．数百kHz以下の帯域で使われる．

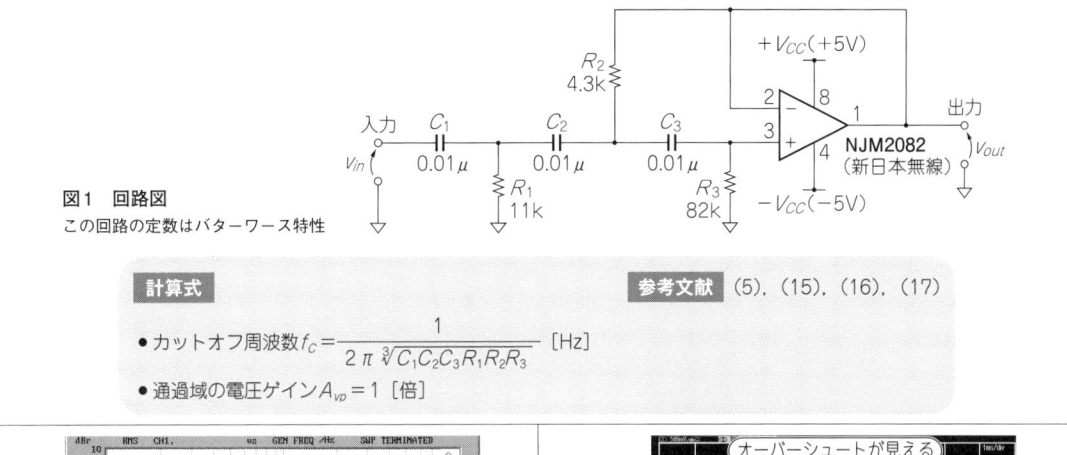

図1 回路図
この回路の定数はバターワース特性

計算式
参考文献 (5), (15), (16), (17)

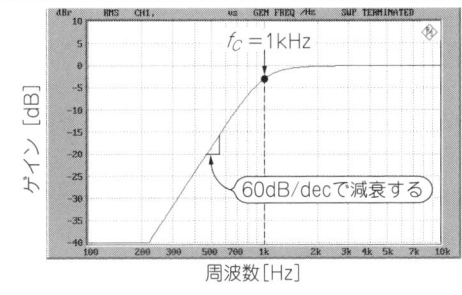

- カットオフ周波数 $f_C = \dfrac{1}{2\pi\sqrt[3]{C_1 C_2 C_3 R_1 R_2 R_3}}$ [Hz]
- 通過域の電圧ゲイン $A_{vp} = 1$ [倍]

図2 電圧ゲインの周波数特性

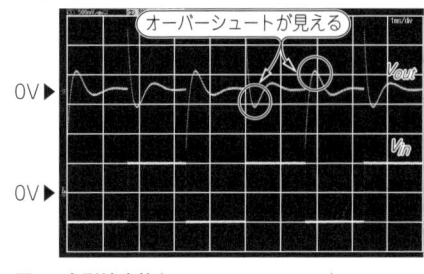

図4 方形波応答 (0.5 V/div，1 ms/div)
入力は 1 V$_{p-p}$/300 Hz の方形波

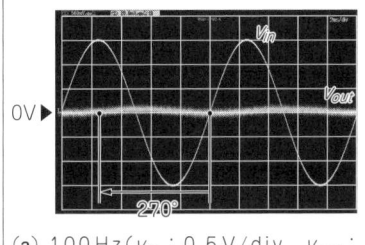

(a) 100 Hz (v_{in}: 0.5 V/div, v_{out}: 20 mV/div, 2 ms/div)
(b) 1 kHz (0.5 V/div, 200 μs/div)
(c) 10 kHz (0.5 V/div, 20 μs/div)

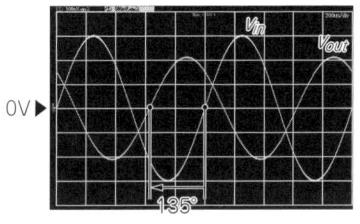

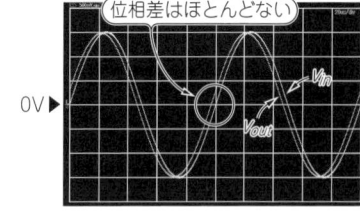

図3 入出力波形
入力は 3 V$_{p-p}$ の正弦波

● 基本形

図1はVCVS(Voltage Controlled Voltage Source：電圧制御電圧源)型やサレン・キー(Sallen-Key：人名)型，正帰還型などと呼ばれている3次ハイ・パス・フィルタです．カットオフ周波数 f_C は C_1, C_2, C_3, R_1, R_2, R_3 で決まります．f_C を正確に設定しなければならない用途では，C_1, C_2, C_3, R_1, R_2, R_3 に許容差の小さい高精度素子(例えば，±1%)を使用することがあります．

通過域の電圧ゲイン A_{vp} は，1倍(= 0 dB)になります．

▶ 周波数特性

図2は電圧ゲインの周波数特性です．f_C は 1 kHz ($\fallingdotseq 1/(2\pi \times \sqrt[3]{0.01\ \mu\text{F} \times 0.01\ \mu\text{F} \times 0.01\ \mu\text{F} \times 11\ \text{k}\Omega \times 4.3\ \text{k}\Omega \times 82\ \text{k}\Omega})$)です．$f_C$ より低い周波数を 60 dB/dec の傾きで減衰(周波数が1/10になると振幅が1/1000になる)させる3次ハイ・パス・フィルタ特性になります．

▶ 動作波形

図3は 3 V$_{p-p}$ の正弦波を入力した場合の各周波数における入出力波形です．図3(a)の v_{out} は他と縦軸が異なることに注意してください．減衰域の 100 Hz では，出力は約 0.001倍(−60 dB)に低下し，位相が約 270°

3次ハイ・パス・フィルタ VCVS(サレン・キー)型　77

進みます．カットオフ周波数の1 kHzでは，出力は入力の約0.7倍(－3 dB)に低下し，位相が135°進みます．通過域の10 kHzでは，出力振幅の減衰はほとんどなく，入出力の位相差もほとんどありません．

▶方形波応答

図4は1 V_{P-P}/300 Hzの方形波を入力した場合の入出力波形です．ハイ・パス・フィルタに方形波を入力すると，入力の立ち上がり/立ち下がり部分がそのまま出力に現れて，その後GNDレベルに向かって減衰していきます．このフィルタは，GNDレベルへ向かって減衰していく部分にオーバーシュートが発生しています．遮断特性が急峻なハイ・パス・フィルタに方形波を入力すると，このように出力波形が減衰していく部分にオーバーシュートや振動が発生します．

回路の素 028　**2次バンド・パス・フィルタVCVS(サレン・キー)型**

要点▶ 減衰率20 dB/decの帯域通過型．OPアンプを使っているので増幅とフィルタリングを一度に実現できる．数百kHz以下の帯域で使われる．

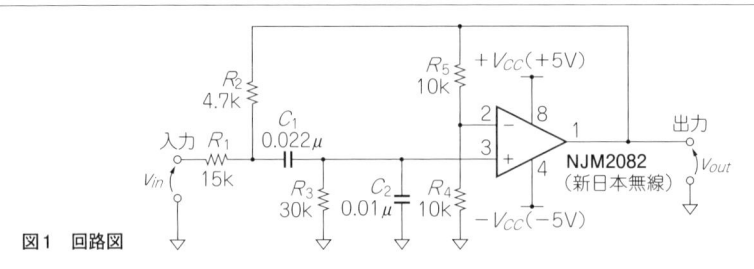

図1　回路図

計算式

- 中心周波数 $f_0 = \dfrac{1}{2\pi}\sqrt{\dfrac{1}{C_1 C_2 R_3}\left(\dfrac{1}{R_1}+\dfrac{1}{R_2}\right)}$ [Hz]

- f_0における電圧ゲイン $A_{v0} = -\dfrac{K}{1+\dfrac{R_1}{R_3}+\dfrac{C_2}{C_1}\left(1+\dfrac{R_1}{R_2}\right)+(1-K)\dfrac{R_1}{R_2}}$ [倍]， $K = 1+\dfrac{R_5}{R_4}$

参考文献

(6), (10), (15), (16), (17)

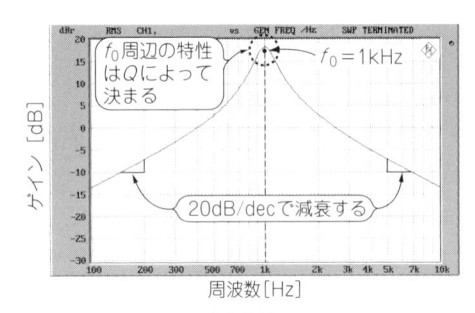

図2　電圧ゲインの周波数特性

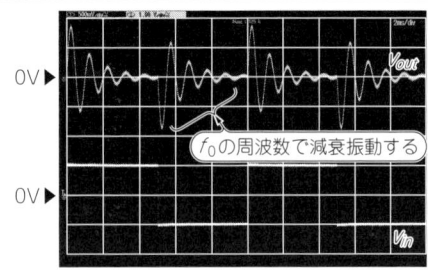

図4　方形波応答(v_{in}：0.5V/div, v_{out}：1V/div, 2ms/div)
入力は1V_{P-P}/100Hzの方形波

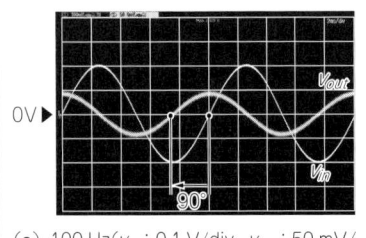

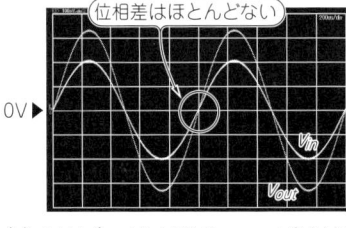

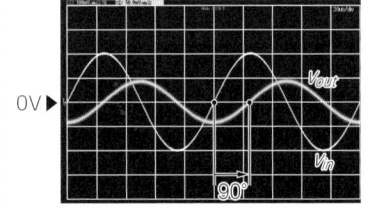

(a) 100 Hz(v_{in}：0.1 V/div, v_{out}：50 mV/div, 2 ms/div)
(b) 1 kHz(v_{in}：0.1 V/div, v_{out}：0.5 V/div, 200 μs/div)
(c) 10 kHz(v_{in}：0.1 V/div, v_{out}：50 mV/div, 20 μs/div)

図3　入出力波形
入力は0.4 V_{P-P}の正弦波

● 基本形

図1はVCVS(Voltage Controlled Voltage Source：電圧制御電圧源)やサレン・キー(Sallen-Key：人名)型，正帰還形などと呼ばれている2次バンド・パス・フィルタです．中心周波数f_0はC_1，C_2，R_1，R_2，R_3で決まります．f_0を正確に設定しなければならない用途では，抵抗とコンデンサに許容差の小さい高精度素子(例えば，±1％)を使用することがあります．

中心周波数における電圧ゲインA_{v0}の値は回路を構成するすべてのコンデンサと抵抗の影響を受けます．この回路は，A_{v0}とバンド・パス・フィルタの鋭さQ(Quality factor)を独立して設定することができません．

▶周波数特性

図2は電圧ゲインの周波数特性です．$f_0 = 1\,\mathrm{kHz}(\simeq 1/(2\pi) \times \sqrt{(1/(0.022\,\mu\mathrm{F} \times 0.01\,\mu\mathrm{F} \times 30\,\mathrm{k}\Omega) \times (1/15\,\mathrm{k}\Omega + 1/4.7\,\mathrm{k}\Omega))}$)を中心にして，低い周波数と高い周波数を減衰します．f_0周辺のカーブの形はQによって変わります．Qが高いほどカーブの山が鋭くなります．この回路は$Q \simeq 4$で，山の部分が少し鋭くなっています．A_{v0}は約18 dBです．

f_0から大きく離れたところの傾きは，低い周波数領域，高い周波数領域とも20 dB/dec(周波数が10倍変化すると振幅が10倍または1/10になる)となります．

▶動作波形

図3は0.4 $\mathrm{V_{P-P}}$の正弦波を入力した場合の各周波数における入出力波形です．図3(b)のv_{out}は他と縦軸が異なることに注意してください．減衰域の100 Hzでは，出力は入力の1/5(≒ 0.085 $\mathrm{V_{P-P}}$/0.4 $\mathrm{V_{P-P}}$)に低下し，位相が90°進みます．中心周波数の1 kHzでは，出力は入力の8倍(≒ 3.3 $\mathrm{V_{P-P}}$/0.4 $\mathrm{V_{P-P}}$)になり，位相差はほとんどありません．減衰域の10 kHzでは，入力の1/5(≒ 0.085 $\mathrm{V_{P-P}}$/0.4 $\mathrm{V_{P-P}}$)に低下し，位相が90°遅れます．

この回路の出力は，減衰域の100 Hzと10 kHzで中心周波数(1 kHz)に対して1/40(≒ 1/5 ÷ 8)に減衰しましたが，減衰度は回路のQによって異なります．

▶方形波応答

図4は1 $\mathrm{V_{P-P}}$/100 Hzの方形波を入力した場合の入出力波形です．バンドパス・フィルタに方形波を入力すると，出力には周波数がf_0の減衰振動が表れます．減衰振動は入力信号の立ち上がり/立ち下がりエッジでスタートします．Qが高いほど振動の持続時間が長くなります．

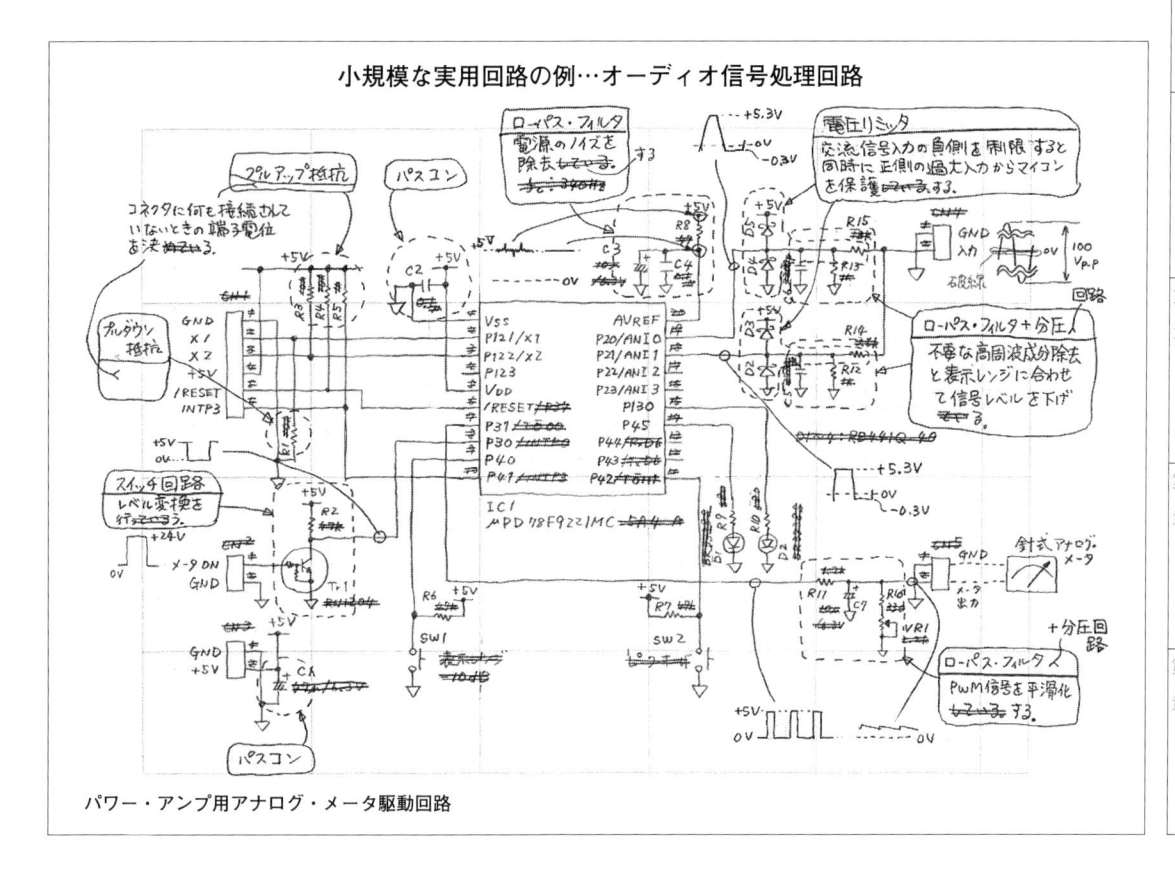

小規模な実用回路の例…オーディオ信号処理回路

パワー・アンプ用アナログ・メータ駆動回路

回路の素 029　**2次バンド・パス・フィルタ 多重帰還型**

要点▶減衰率20 dB/decの帯域通過型．通過域の位相が180°遅れる．OPアンプを使っているので増幅とフィルタリングを一度に実現できる．数百kHz以下の帯域で使われる．

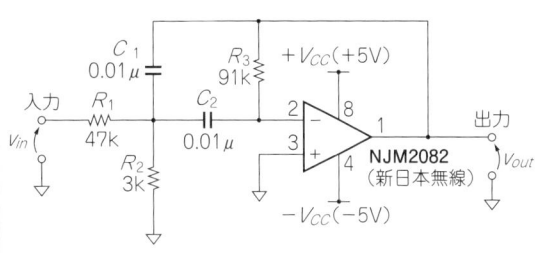

図1　回路図

計算式

- 中心周波数 $f_0 = \dfrac{1}{2\pi}\sqrt{(R_1+R_2)/(C_1 C_2 R_1 R_2 R_3)}$ [Hz]

- f_0における電圧ゲイン $A_{v0} = -\dfrac{C_2 R_3}{(C_1+C_2)R_1}$ [倍]

※式中のマイナス符号は極性の反転を意味する

参考文献

(5), (6), (10), (14), (15), (16), (17), (23)

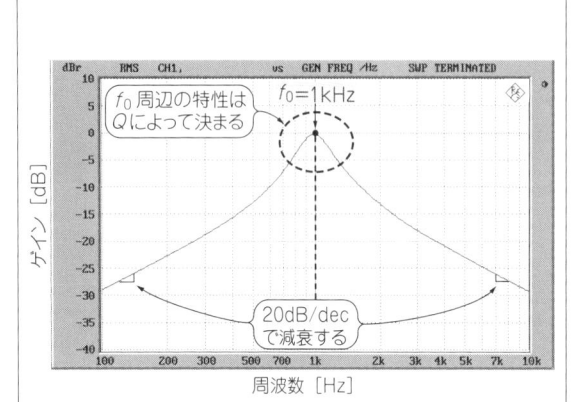

図2　電圧ゲインの周波数特性

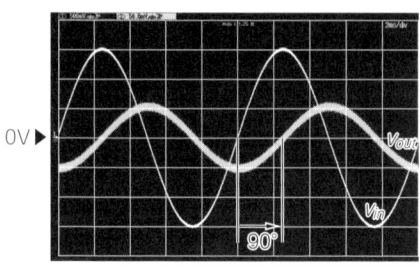

(a) 100Hz (v_{in}: 0.5V/div, v_{out}: 0.05V/div, 2ms/div)

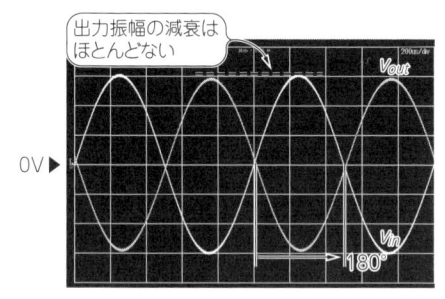

(b) 1kHz (0.5V/div, 200μs/div)

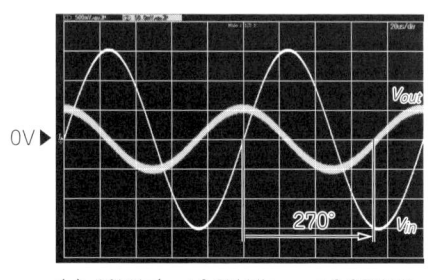

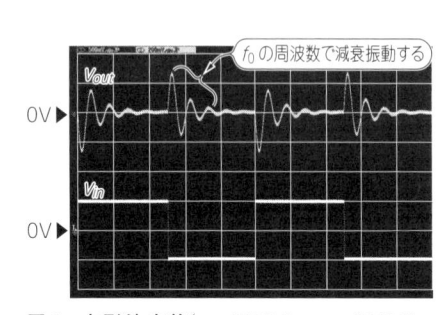

図4　方形波応答 (v_{in}: 0.5 V/div, v_{out}: 0.2 V/div, 2 ms/div)
入力は1 V_{P-P}/100Hzの方形波

(c) 10kHz (v_{in}: 0.5V/div, v_{out}: 0.05V/div, 20μs/div)

図3　入出力波形
入力は3 V_{P-P}の正弦波

● 基本形

図1は無限利得増幅器型や無限帰還型，多重帰還(Multiple Feedback)型などと呼ばれている2次バンド・パス・フィルタです．中心周波数f_0はC_1, C_2, R_1, R_2, R_3で決まります．f_0を正確に設定しなければならない用途では，抵抗とコンデンサに許容差の小さい高精度素子(例えば，±1％)を使うことがあります．

中心周波数における電圧ゲインA_{v0}はC_1, C_2, R_1,

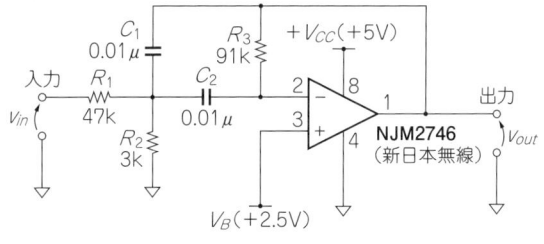

図5 改良またはアレンジされた回路の例
単電源でも使える回路に改良した例

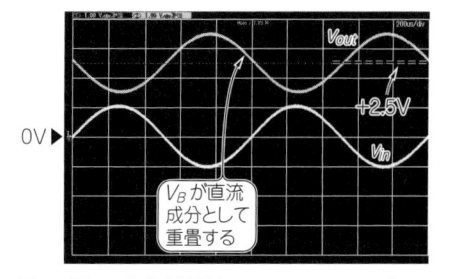

図6 図5の入出力波形(1 V/div, 200 μs/div)

R_3で決まります．$(C_1 + C_2)R_1 > C_2 R_3$にすると，A_{v0}を1倍未満(減衰)に設定できます．

▶周波数特性

図2は電圧ゲインの周波数特性です．$f_0 = 1\,\text{kHz}(\fallingdotseq 1/2\pi\sqrt{(47\,\text{k}\Omega \times 3\,\text{k}\Omega)/(0.01\,\mu\text{F} \times 0.01\,\mu\text{F} \times 47\,\text{k}\Omega \times 3\,\text{k}\Omega \times 91\,\text{k}\Omega)})$を中心にして，低い周波数と高い周波数を減衰します．f_0周辺のカーブの形は，バンド・パス・フィルタの鋭さQ(Quality factor)によって変わります．Qが高いほどカーブの山が鋭くなります．この回路は$Q \fallingdotseq 3$で，山の部分が少し鋭くなっています．

f_0から大きく離れたところの傾きは，低い周波数領域，高い周波数領域とも20 dB/dec(周波数が10倍変化すると振幅が10倍または1/10になる)となります．

A_{v0}は0 dB($= 20\log_{10}(0.01\,\mu\text{F} \times 91\,\text{k}\Omega / ((0.01\,\mu\text{F} + 0.01\,\mu\text{F}) \times 47\,\text{k}\Omega)))$になります．

▶動作波形

図3は3 V_{P-P}の正弦波を入力した場合の各周波数における入出力波形です．図3(b)のv_{out}は他と縦軸が異なることに注意してください．減衰域の100 Hzでは，出力は入力に対して1/30($= 0.1\,V_{P-P}/3\,V_{P-P}$)に低下し，位相が90°遅れます．中心周波数の1 kHzでは，出力振幅の減衰はほとんどありません．出力の位相は入力に対して180°遅れます．減衰域の10 kHzでは，出力は入力に対して1/30($= 0.1\,V_{P-P}/3\,V_{P-P}$)に低下し，位相が270°遅れます．

この回路は，減衰域の100 Hzと10 kHzで出力が入力の1/30に減衰しましたが，減衰度は回路のQによって異なります．

▶方形波応答

図4は1 V_{P-P}/100 Hzの方形波を入力した場合の入出力波形です．バンド・パス・フィルタに方形波を入力すると，出力には周波数がf_0の減衰振動が表れます．減衰振動は入力信号の立ち上がり/立ち下がりエッジでスタートします．Qが高いほど振動の持続時間が長くなります．

● 改良またはアレンジされた回路の例

図5は単電源で動作させた回路です．OPアンプの非反転入力端子(図5では3番ピン)に+5 V電源の中点電圧であるV_B(+2.5 V)を加えています．その他の回路定数は基本形の回路とまったく同じです．そのため，電圧ゲインの周波数特性も図2とまったく同じになります．

図6は2 V_{P-P}/1 kHzの正弦波を入力した場合の入出力波形です．信号周波数によるv_{out}の振幅と位相の変化は基本形の回路とまったく同じですが，v_{out}には直流成分としてV_Bが乗ります．

回路の素 030

2次バンド・パス・フィルタ 状態変数型

要点▶減衰率20 dB/decの帯域通過型．遮断特性の鋭い周波数特性を精密に設定できる．数十kHz以下の帯域で使われる．

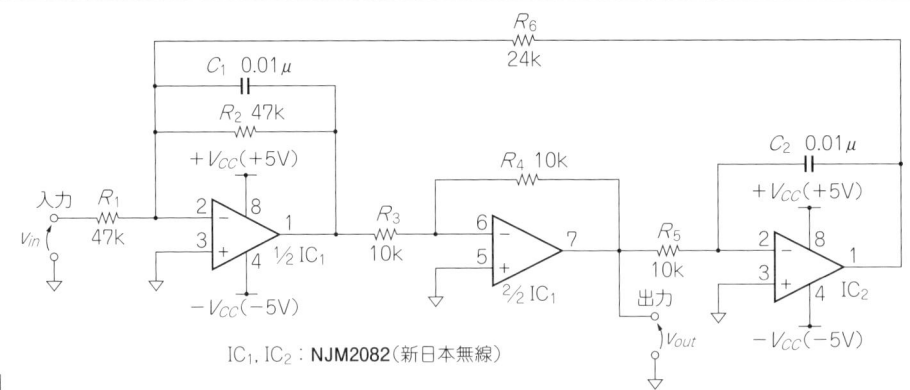

図1 回路図

計算式

- 中心周波数 $f_0 = \dfrac{1}{2\pi}\sqrt{\dfrac{R_4}{C_1 C_2 R_3 R_5 R_6}}$ [Hz]
- 通過域の電圧ゲイン $A_{v0} = \dfrac{R_2 R_4}{R_1 R_3}$ [倍]

参考文献

(3), (10), (14), (15), (16), (17)

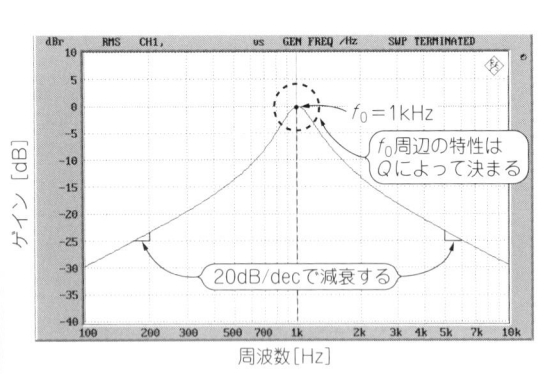

図2 電圧ゲインの周波数特性

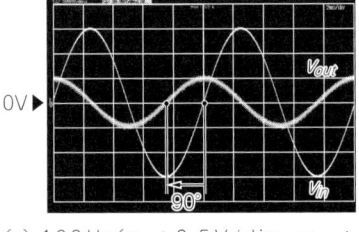

(a) 100 Hz (v_{in}: 0.5 V/div, v_{out}: 50 mV/div, 2 ms/div)

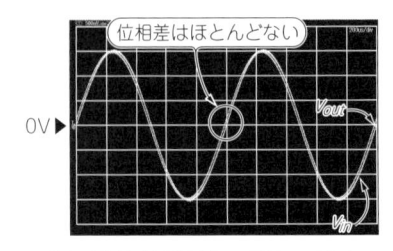

(b) 1 kHz (0.5 V/div, 200 μs/div)

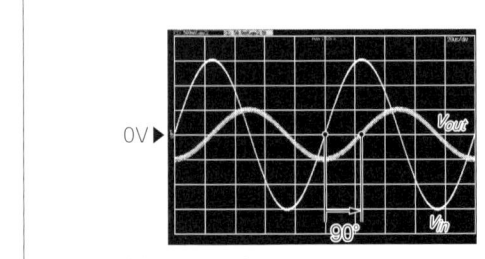

(c) 10 kHz (v_{in}: 0.5 V/div, v_{out}: 50 mV/div, 20 μs/div)

図3 入出力波形
入力は3 V_{P-P}の正弦波

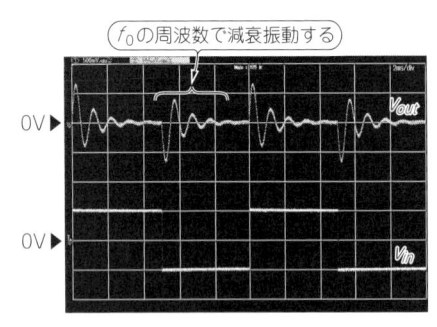

図4 方形波応答 (v_{in}: 0.5 V/div, v_{out}: 0.2 V/div, 2 ms/div)
入力は1 V_{P-P}/100 Hzの方形波

● 基本形

図1は状態変数(State Variable)型やバイカッド(Biquad)型などと呼ばれている2次バンド・パス・フィルタです．中心周波数f_0はC_1, C_2, R_3, R_4, R_5, R_6で決まります．f_0を正確に設定しなければならない用途では，抵抗とコンデンサに許容差の小さい高精度素子(例えば，±1%)を使用することがあります．

f_0における電圧ゲインA_{v0}は，R_1, R_2, R_3, R_4で決まります．この回路は，f_0やA_{v0}，バンド・パス・フィルタの鋭さQ(Quality factor)を独立して設定することができます．

▶周波数特性

図2は電圧ゲインの周波数特性です．$f_0 = 1 \text{ kHz}(\fallingdotseq 1/(2\pi) \times \sqrt{10 \text{ k}\Omega/(0.01 \mu\text{F} \times 0.01 \mu\text{F} \times 10 \text{ k}\Omega \times 10 \text{ k}\Omega \times 24 \text{ k}\Omega)})$を中心にして，低い周波数と高い周波数を減衰します．f_0周辺のカーブの形はQによって変わります．Qが高いほどカーブの山が鋭くなります．この回路は$Q \fallingdotseq 3$で，山の部分が少し鋭くなっています．

f_0から大きく離れたところの傾きは，低い周波数領域，高い周波数領域とも20 dB/dec(周波数が10倍変化すると振幅が10倍または1/10になる)となります．

A_{v0}は0 dB($= 20\log_{10}(47 \text{ k}\Omega \times 10 \text{ k}\Omega/47 \text{ k}\Omega/10 \text{ k}\Omega)$)になります．

▶動作波形

図3は3 $V_{\text{P-P}}$の正弦波を入力した場合の各周波数における入出力波形です．図3(b)のv_{out}は他と縦軸が異なることに注意してください．減衰域の100 Hzでは，出力は入力に対して約1/30($= 0.1 V_{\text{P-P}}/3 V_{\text{P-P}}$)に低下し，位相が90°進みます．中心周波数の1 kHzでは，出力振幅の減衰はほとんどありません．入出力の位相差もほとんどありません．減衰域の10 kHzでは，出力は入力に対して約1/30($= 0.1 V_{\text{P-P}}/3 V_{\text{P-P}}$)に低下し，位相が90°遅れます．

この回路は，減衰域の100 Hzと10 kHzで出力が入力の1/30に減衰しましたが，減衰度は回路のQによって異なります．

▶方形波応答

図4は1 $V_{\text{P-P}}$/100 Hzの方形波を入力した場合の入出力波形です．バンドパス・フィルタに方形波を入力すると，出力には周波数がf_0の減衰振動が表れます．減衰振動は入力信号の立ち上がり/立ち下がりエッジでスタートします．Qが高いほど振動の持続時間が長くなります．

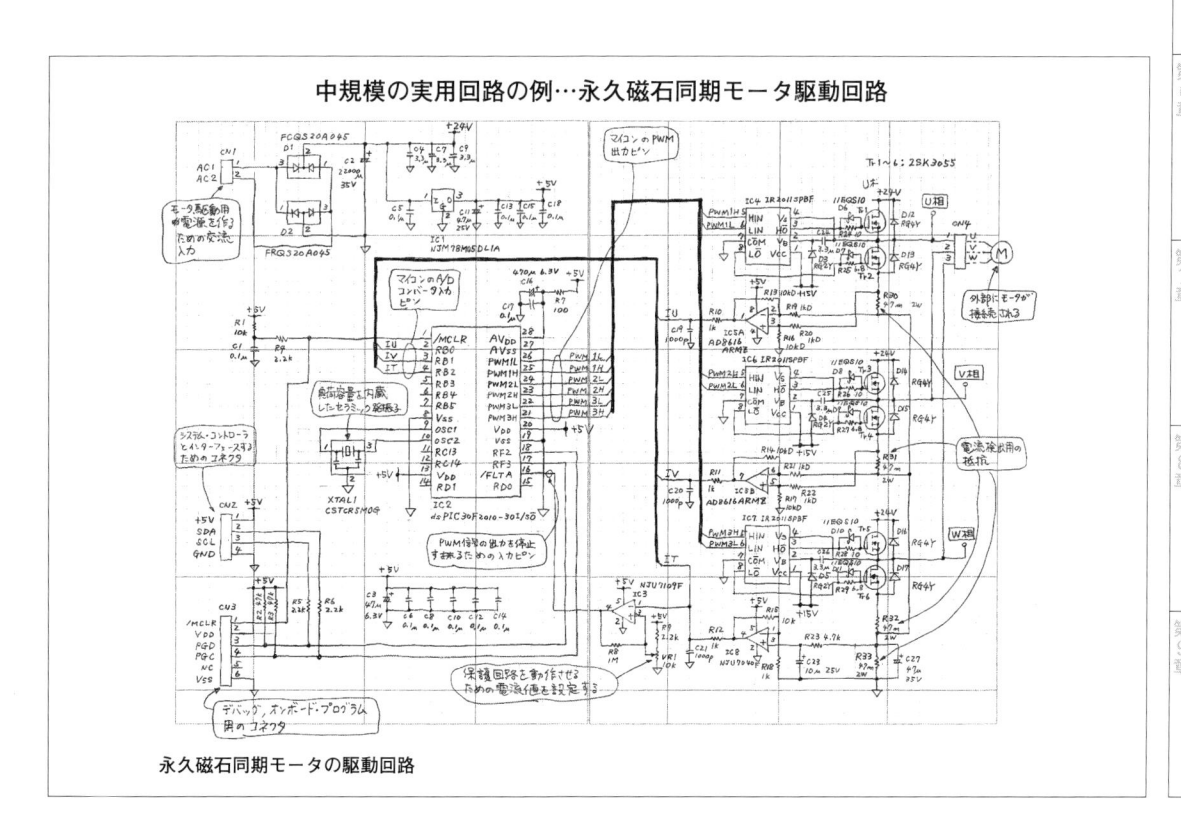

中規模の実用回路の例…永久磁石同期モータ駆動回路

永久磁石同期モータの駆動回路

回路の素 031　　**1次オール・パス・フィルタ 遅れ位相型**

要点▶ 周波数によって位相が 0 ～ -180° の間で変化する．フィルタや制御回路の位相補償などに使われる．

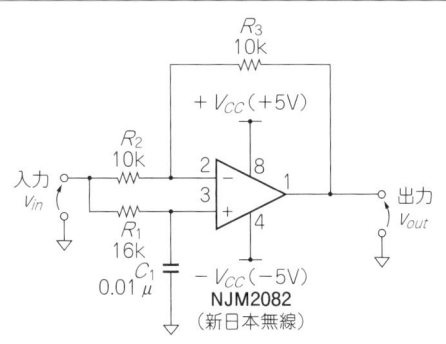

図1　回路図

計算式

- 位相が90°遅れる周波数 $f_0 = \dfrac{1}{2\pi C_1 R_1}$ [Hz]
- 電圧ゲイン $A_v = 1$ [倍]

参考文献　(5), (6), (10), (15), (16)

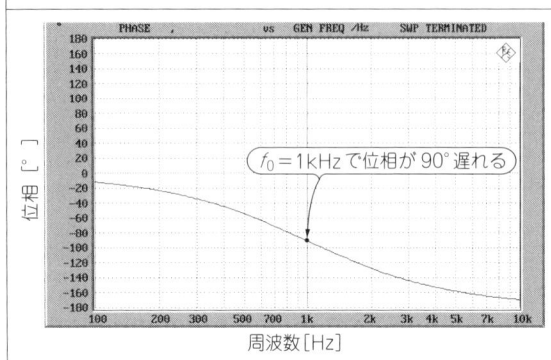

図2　位相の周波数特性

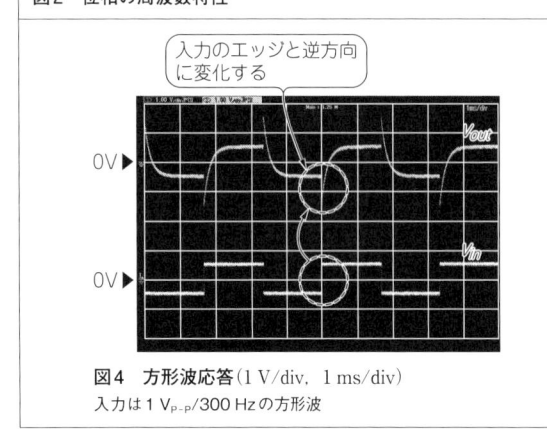

$f_0 = 1\,\mathrm{kHz}$ で位相が90°遅れる

図3　入出力波形
入力は 3 V_{P-P} の正弦波

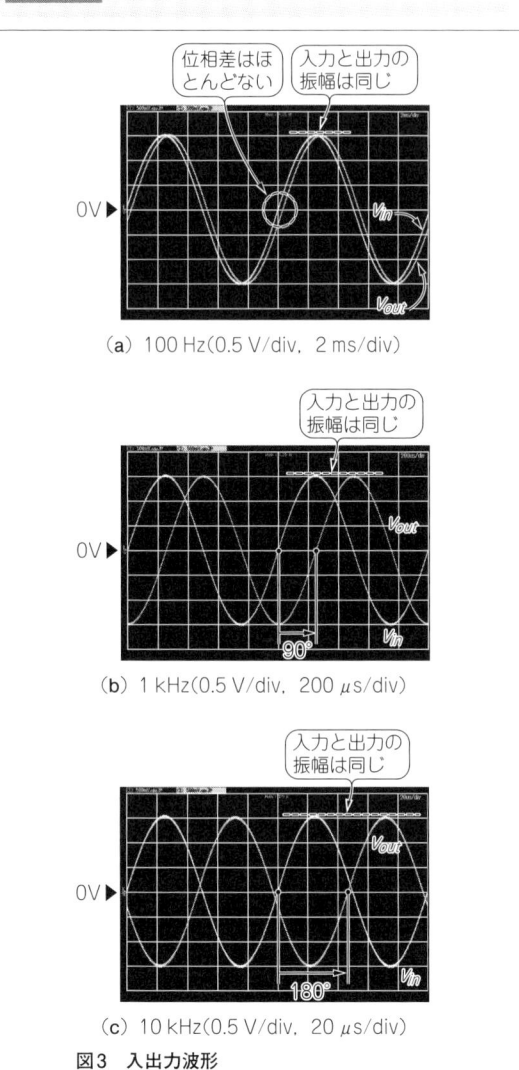

(a) 100 Hz (0.5 V/div, 2 ms/div)　位相差はほとんどない／入力と出力の振幅は同じ

(b) 1 kHz (0.5 V/div, 200 μs/div)　入力と出力の振幅は同じ　90°

(c) 10 kHz (0.5 V/div, 20 μs/div)　入力と出力の振幅は同じ　180°

図4　方形波応答（1 V/div, 1 ms/div）
入力は 1 V_{P-P}/300 Hz の方形波
入力のエッジと逆方向に変化する

● **基本形**

　図1は移相器やフェーズ・シフタとも呼ばれる遅れ位相型の1次オール・パス・フィルタです．電圧ゲイン A_v は周波数に関係なく一定で，出力 v_{out} の位相だけが周波数によって 0 ～ -180° の間で変化します．位相が 90° 遅れる周波数 f_0 は C_1 と R_1 で決まります．

▶ **周波数特性**

　図2は出力位相の周波数特性です．v_{out} の位相は，周波数が高くなるにつれて 0° から -180° に向かって緩やかに変化します．位相のマイナス符号は，v_{out} が入力 v_{in} に対して遅れることを意味します．f_0 は 1 kHz ($\fallingdotseq 1/(2\pi \times 0.01\,\mu\mathrm{F} \times 16\,\mathrm{k\Omega})$) です．

▶ **動作波形**

　図3は 3 V_{P-P} の正弦波を入力した場合の各周波数における入出力波形です．$A_v = 1$ なので，どの周波数でも v_{in} と v_{out} は同じ振幅になります．入出力の位相差は 100 Hz でほぼ 0°，f_0 の 1 kHz で 90°，10 kHz で約 180°

遅れます．
▶方形波応答

図4は1 V_{P-P}/300 Hzの方形波を入力した場合の入出力波形です．オール・パス・フィルタの方形波応答は，ロー・パス・フィルタとハイ・パス・フィルタの方形波応答を合成したような形になります．遅れ位相型のオール・パス・フィルタは，v_{in}のエッジに対して，v_{out}のエッジが逆方向に変化することが特徴です．

回路の素 032　　1次オール・パス・フィルタ　進み位相型

要点▶ 周波数によって位相が0～＋180°の間で変化する．フィルタや制御回路の位相補償などに使われる．

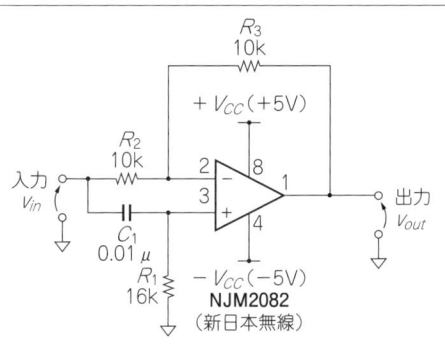

計算式

- 位相が90°進む周波数 $f_0 = \dfrac{1}{2\pi C_1 R_1}$ [Hz]
- 電圧ゲイン $A_v = 1$ [倍]

参考文献　(5)，(6)，(10)，(15)，(16)，(17)

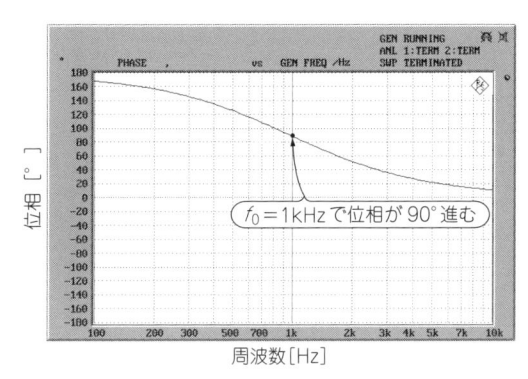

図1　回路図

図2　位相の周波数特性

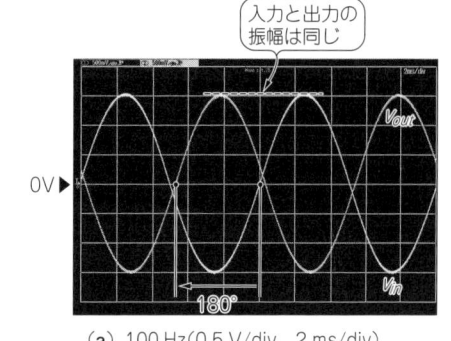

$f_0 = 1$kHzで位相が90°進む

図3　入出力波形
入力は3 V_{P-P}の正弦波

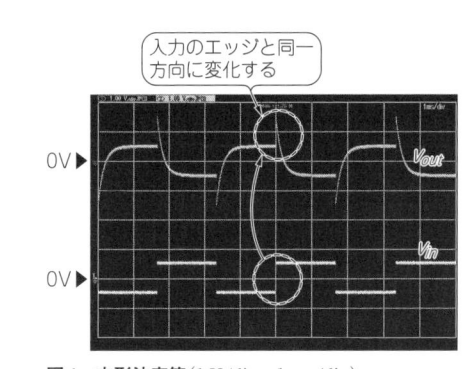

(a) 100 Hz（0.5 V/div, 2 ms/div）　入力と出力の振幅は同じ　180°

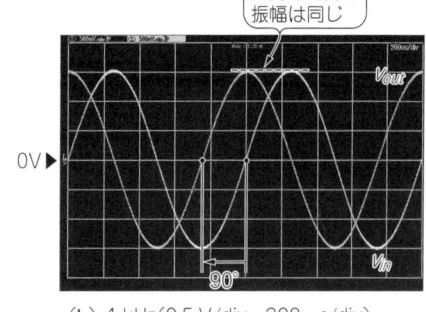

(b) 1 kHz（0.5 V/div, 200 μs/div）　入力と出力の振幅は同じ　90°

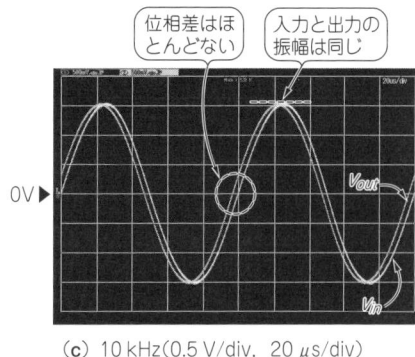

(c) 10 kHz（0.5 V/div, 20 μs/div）　位相差はほとんどない　入力と出力の振幅は同じ

図4　方形波応答（1 V/div, 1 ms/div）
入力は1 V_{P-P}/300Hzの方形波

入力のエッジと同一方向に変化する

1次オール・パス・フィルタ 進み位相型　　85

● 基本形

図1は移相器やフェーズ・シフタとも呼ばれる進み位相型の1次オール・パス・フィルタです．電圧ゲインA_vは周波数に関係なく一定で，出力v_{out}の位相だけが周波数によって0〜+180°の間で変化します．位相が90°進む周波数f_0はC_1とR_1で決まります．

▶周波数特性

図2は出力位相の周波数特性です．v_{out}の位相は，周波数が高くなるにつれて+180°から0°に向かって緩やかに変化します．位相のプラス符号は，v_{out}が入力v_{in}に対して進むことを意味します．f_0は1 kHz（≒$1/(2\pi \times 0.01\,\mu F \times 16\,k\Omega)$）です．

▶動作波形

図3は3 V_{P-P}の正弦波を入力した場合の各周波数における入出力波形です．$A_v = 1$なので，どの周波数でもv_{in}とv_{out}は同じ振幅になります．入出力の位相差は100 Hzで約180°，f_0の1 kHzで90°進みます．10 kHzの位相差はほぼ0°です．

▶方形波応答

図4は1 V_{P-P}/300 Hzの方形波を入力した場合の入出力波形です．オール・パス・フィルタの方形波応答は，ロー・パス・フィルタとハイ・パス・フィルタの方形波応答を合成したような形になります．進み位相型のオール・パス・フィルタは，v_{in}のエッジに対して，v_{out}のエッジが同一方向に変化することが特徴です．

第3章　演算回路
入出力が1対1に対応する波形変換を行う

　本章では，加算回路や減算回路，微分回路，積分回路といった計算用のアナログ回路を取り上げます．これらの信号処理にかかわる演算は，マイコンなどのディジタル領域で行うイメージがありますが，アナログ信号の段階で処理した方がコストや性能面でメリットを出せる場合があります．

　計算用アナログ回路の出力は，A-Dコンバータやコンパレータ，マイコンなどに接続されます．

回路の素033　減衰回路 抵抗分圧型

要点▶ 信号の電圧振幅を小さくすることができる．低周波から高周波まで広く使われている．

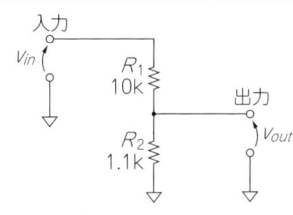

図1　回路図

計算式

- 電圧ゲイン $A_v = \dfrac{R_2}{R_1 + R_2}$ [倍]
- 出力インピーダンス $Z_{out} = \dfrac{R_1 R_2}{R_1 + R_2}$ [Ω]

参考文献 (23), (24)

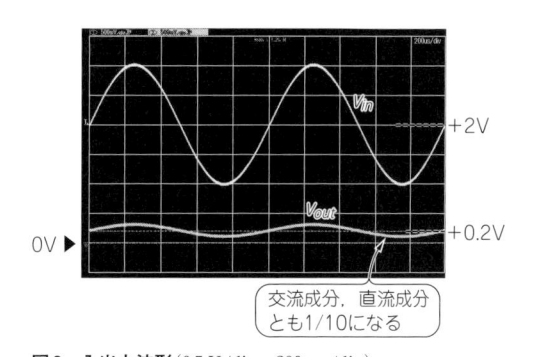

図2　入出力波形 (0.5 V/div, 200 μs/div)
入力は 2 V_{P-P}/1 kHz の正弦波 + 2 V_{DC}

交流成分，直流成分とも1/10になる

● 基本形
　図1は，抵抗に発生する電圧降下を利用したシンプルな減衰回路です．電圧ゲイン A_v は，R_1，R_2 の比で決まります．電圧ゲインといっても，減衰回路なので A_v は1倍未満の値になります．

　この回路は，出力インピーダンス Z_{out} を低くできないので，出力を高入力インピーダンスの回路(例えば，ボルテージ・フォロワや非反転アンプなど)で受ける必要があります．

▶動作波形
　図2は，2 V_{P-P}/1 kHz の正弦波に直流電圧 2 V_{DC} を加えた信号 (v_{in} = 2 V_{P-P} + 2 V_{DC}) を入力した場合の入出力波形です．この回路は A_v = 0.1 (≒ 1.1 kΩ /(10 kΩ + 1.1 kΩ)) なので，出力 v_{out} は交流成分，直流成分とも v_{in} の1/10の 0.2 V_{P-P} + 0.2 V_{DC} になります．

▶周波数特性
　図3は A_v の周波数特性です．理論的には，抵抗器のインピーダンスは周波数によって変化しないので，抵抗分圧型減衰器の A_v も周波数によって変化しません(周波数特性は水平な直線になる)．しかし，実際の回路では，抵抗器内部の容量成分やプリント基板上の浮遊容量などが R_1 とロー・パス・フィルタを形成するため，高い周波数領域でレスポンス(振幅)が低下します．このロー・パス・フィルタのカットオフ周波数 f_C は，R_1 の抵抗値が高い回路ほど低い周波数になります．

カットオフ周波数 6058.73 kHz

抵抗内部の容量成分や浮遊容量が R_1 とロー・パス・フィルタを形成する

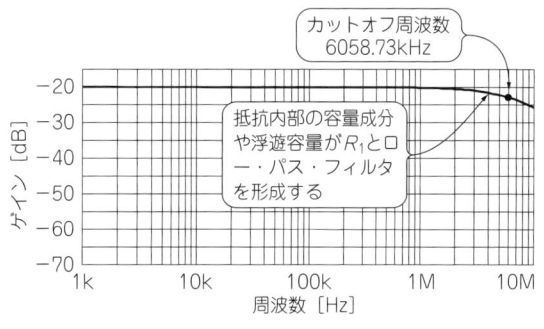

図3　図1の電圧ゲイン A_v の周波数特性

回路の素 034 　　加算回路 反転アンプ型

要点▶ 複数の入力信号を足し合わせ，反転して出力する．入力チャネルごとに電圧ゲインを設定できる．直流から数十MHzまでの回路に使われる．

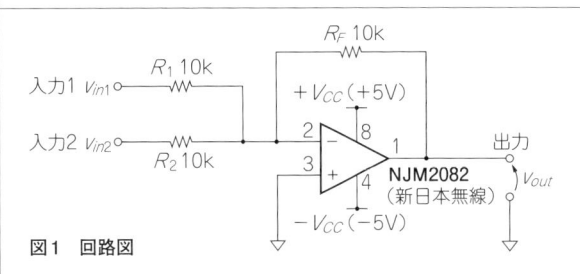

図1　回路図

計算式

出力電圧 $v_{out} = A_{v1}v_{in1} + A_{v2}v_{in2}$ [V]

- 入力1に対する電圧ゲイン $A_{v1} = -\dfrac{R_F}{R_1}$ [倍]
- 入力2に対する電圧ゲイン $A_{v2} = -\dfrac{R_F}{R_2}$ [倍]

※式中のマイナス符号は極性の反転を意味する

参考文献 (3), (5), (6), (17), (23)

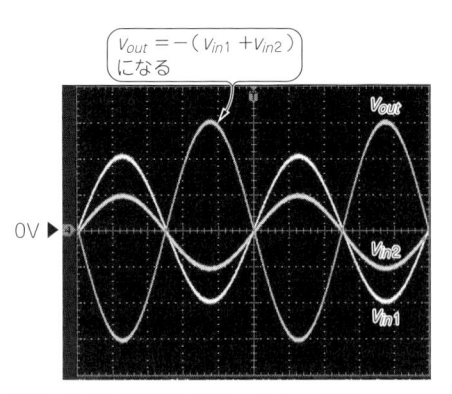

図2　入出力波形 (0.5 V/div, 200 μs/div)
v_{in1}：2 V_{P-P}/1 kHzの正弦波，v_{in2}：1 V_{P-P}/1 kHzの正弦波

● 基本形

図1は，OPアンプによる反転アンプ回路に，入力直列抵抗を介して二つ目の入力端子を追加した回路です．したがって，基本的な動作や特性は反転アンプ回路と同じです．各入力に対する電圧ゲイン A_{v1}，A_{v2} は，R_1，R_2，R_F で決まります．R_1，$R_2 > R_F$ にすると，各電圧ゲインを1倍未満(減衰)に設定できます．

▶動作波形

図2は，v_{in1} に2 V_{P-P}/1 kHzの正弦波，v_{in2} に1 V_{P-P}/1 kHzの正弦波(v_{in1} と v_{in2} は同じ極性)を入力した場合の入出力波形です．加算結果として，入力信号と極性が逆の3 V_{P-P} (=(-10 kΩ/10 kΩ)×2 V_{P-P} + (-10 kΩ/10 kΩ)×1 V_{P-P}) の出力が得られます．

▶周波数特性

図3は A_{v1} の周波数特性です($v_{in2} = 0$ Vとして測定した)．OPアンプ単体のゲインは，周波数が高い領域で低下するので，回路全体の周波数特性も高域が減衰するロー・パス・フィルタのような特性になります．高い周波数領域の特性は，使用するOPアンプで決まります．

低い周波数領域では，$A_{v1} = 0$ dB(=$20\log_{10}(10\,\text{k}\Omega/10\,\text{k}\Omega)$)になります．

● 改良またはアレンジされた回路の例①

図4は入力端子を三つ以上備える多入力加算回路です．基本形の回路に直列抵抗を増やせば多入力加算回路になります．

入出力の関係と各入力に対する電圧ゲインは以下のようになります．

$$v_{out} = A_{v1}v_{in1} + A_{v2}v_{in2} + \cdots + A_{vN}v_{inN} \text{ [V]}$$

入力1に対する電圧ゲイン $A_{v1} = -\dfrac{R_F}{R_1}$ [倍]

入力2に対する電圧ゲイン $A_{v2} = -\dfrac{R_F}{R_2}$ [倍]

︙

入力Nに対する電圧ゲイン $A_{vN} = -\dfrac{R_F}{R_N}$ [倍]

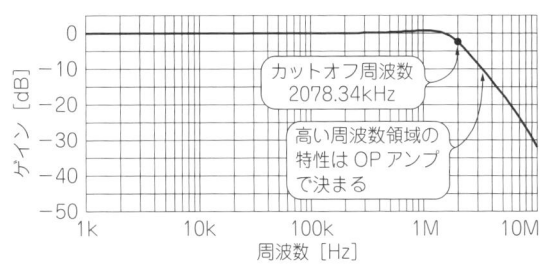

図3　図1の電圧ゲイン A_{v1} の周波数特性
A_{v1} は入力1の電圧ゲイン
(カットオフ周波数 2078.34kHz，高い周波数領域の特性はOPアンプで決まる)

● 改良またはアレンジされた回路の例②

図5は単電源で動作させた回路です．OPアンプの非反転入力端子（図5では3番ピン）に+5V電源の中点電圧である$V_B = +2.5$Vを加え，C_1，C_2で入力信号の直流成分をカットしています．その他の回路定数は基本形の回路とまったく同じです．

▶動作波形

図6は図2とまったく同じ信号（v_{in1}：2V_{P-P}/1kHzの正弦波，v_{in2}：1V_{P-P}/1kHzの正弦波）を入力した場合の入出力波形です．図2とは縦軸が異なることに注意してください．v_{out}は，加算結果の3V_{P-P}に$V_B = +2.5$Vの直流成分がそのまま乗った波形になります．

▶周波数特性

図7は低い周波数領域におけるA_{v1}の周波数特性です（$v_{in2} = 0$Vとして測定した）．高域側の周波数特性はOPアンプで決まりますが，低域側は1次ハイ・パス・フィルタの特性（低域に向かって20dB/decの傾きで減衰する）になります．ハイ・パス・フィルタのカットオフ周波数f_{C1}は以下のように決まります．

$$f_{C1} = \frac{1}{2\pi C_1 R_1} \text{ [Hz]}$$

この回路は，$f_{C1} = 16$Hz$(\fallingdotseq 1/(2\pi \times 1\mu\text{F} \times 10\text{k}\Omega))$です．

同じく，A_{v2}の周波数特性も低域側が1次ハイ・パス・フィルタ特性になります．カットオフ周波数f_{C2}は以下のように決まります．

$$f_{C2} = \frac{1}{2\pi C_2 R_2} \text{ [Hz]}$$

● 改良またはアレンジされた回路の例③

図8はロー・パス・フィルタ特性を持たせた回路です．帰還抵抗R_FにコンデンサCを並列接続することで，ロー・パス・フィルタ特性を持たせています．カットオフ周波数f_CはA_{v1}，A_{v2}とも同じで，以下のように決まります．

$$f_C = \frac{1}{2\pi C R_F} \text{ [Hz]}$$

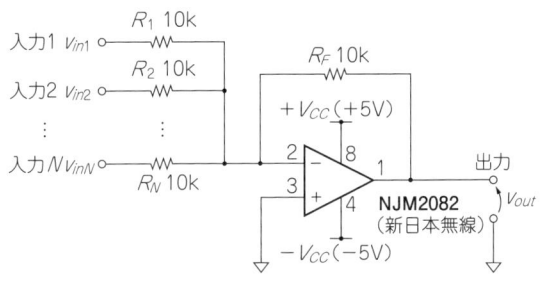

図4　アレンジまたは改良された回路の例①
多入力加算回路

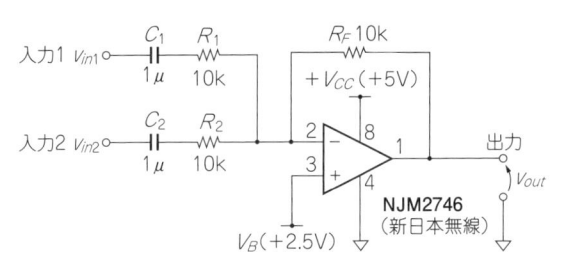

図5　改良またはアレンジされた回路の例②
単電源で動作させた回路

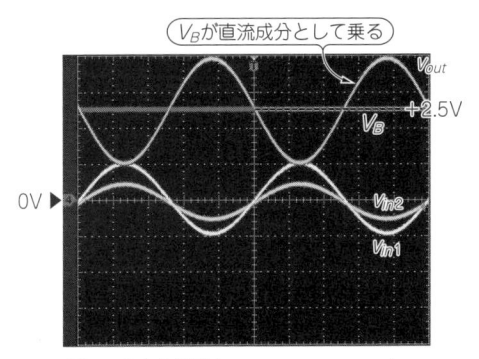

図6　図5の入出力波形（1V/div，200μs/div）
v_{in1}：2V_{P-P}/1kHzの正弦波，v_{in2}：1V_{P-P}/1kHzの正弦波

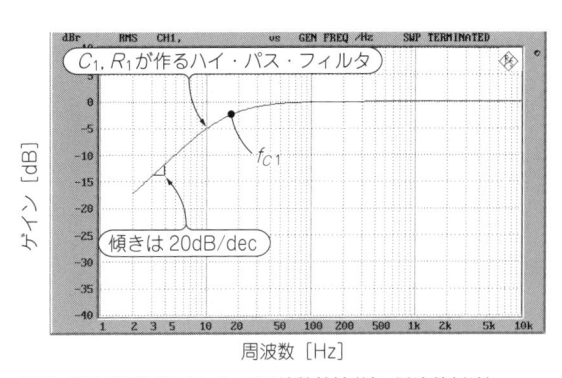

図7　図5の電圧ゲインA_{v1}の周波数特性（低い周波数領域）
A_{v1}は入力1の電圧ゲイン

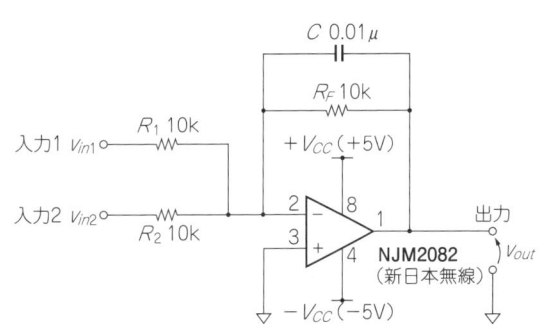

図8　改良またはアレンジされた回路の例③
ロー・パス・フィルタ特性を持たせた回路

加算回路 反転アンプ型

▶周波数特性

図9はA_{v1}の周波数特性です($v_{in2} = 0\,\text{V}$として測定した).f_Cは$1.6\,\text{kHz}(\fallingdotseq 1/(2\pi \times 0.01\,\mu\text{F} \times 10\,\text{k}\Omega))$です.$f_C$より高い周波数を$20\,\text{dB/dec}$の傾きで減衰(周波数が10倍になると振幅が1/10になる)させる1次ロー・パス・フィルタ特性になります.

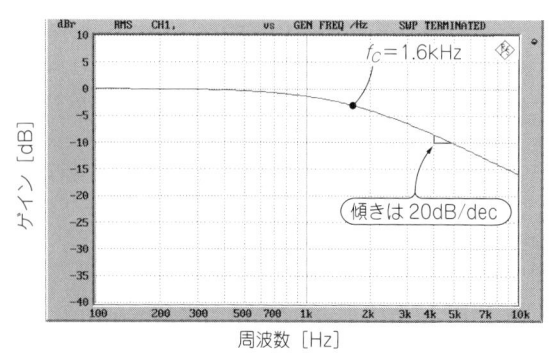

図9 図8の電圧ゲインA_{v1}の周波数特性
A_{v1}は入力1の電圧ゲイン

回路の素 035 　加算回路 非反転アンプ型

要点▶ 複数の入力信号を足し合わせることができる.入力信号は反転されずに出力される.入力チャネルごとに電圧ゲインを設定できる.直流から数十MHzまでの回路に使われる.

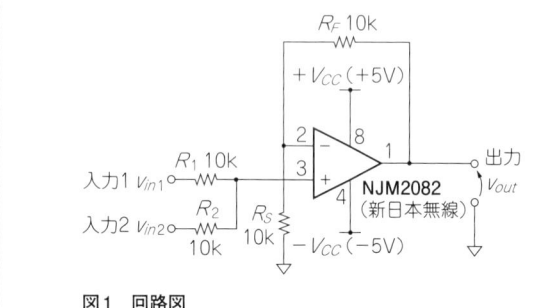

図1　回路図

計算式

出力電圧 $v_{out} = A_{v1} v_{in1} + A_{v2} v_{in2}$ [V]

入力1に対する電圧ゲイン $A_{v1} = \dfrac{R_2}{R_1 + R_2}\left(1 + \dfrac{R_F}{R_S}\right)$ [倍]

入力2に対する電圧ゲイン $A_{v2} = \dfrac{R_1}{R_1 + R_2}\left(1 + \dfrac{R_F}{R_S}\right)$ [倍]

参考文献 (5), (6), (23)

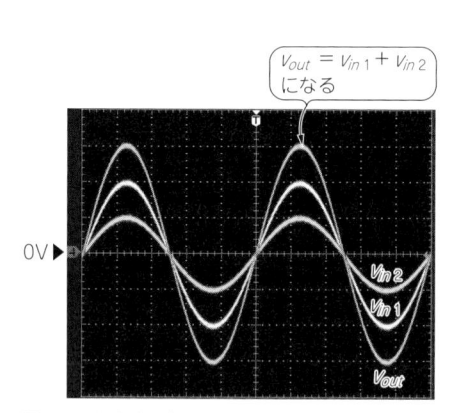

図2　入出力波形 ($0.5\,\text{V/div}$, $200\,\mu\text{s/div}$)
v_{in1}: $2\,\text{V}_{P-P}$/1 kHzの正弦波, v_{in2}: $1\,\text{V}_{P-P}$/1 kHzの正弦波

● 基本形

図1は,OPアンプによる非反転アンプ回路に,入力直列抵抗を介して二つ目の入力端子を追加した回路です.したがって,基本的な動作や特性は非反転アンプ回路と同じです.各入力に対する電圧ゲインA_{v1}, A_{v2}は,R_1, R_2, R_F, R_Sで決まります.

▶動作波形

図2は,v_{in1}に$2\,\text{V}_{P-P}$/1 kHzの正弦波,v_{in2}に$1\,\text{V}_{P-P}$/1 kHzの正弦波(v_{in1}とv_{in2}は同じ極性)を入力した場合の入出力波形です.加算結果として,入力信号と極性が同じ$3\,\text{V}_{P-P}(=10\,\text{k}\Omega/(10\,\text{k}\Omega + 10\,\text{k}\Omega) \times (1 + 10\,\text{k}\Omega/10\,\text{k}\Omega) \times 2\,\text{V}_{P-P} + 10\,\text{k}\Omega/(10\,\text{k}\Omega + 10\,\text{k}\Omega) \times (1 + 10\,\text{k}\Omega/10\,\text{k}\Omega) \times 1\,\text{V}_{P-P})$の出力が得られます.

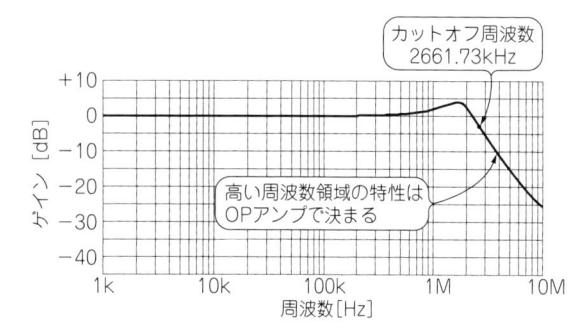

図3　図1の電圧ゲインA_{v1}の周波数特性

▶周波数特性

図3はA_{v1}の周波数特性です($v_{in2}=0$として測定した)．高い周波数領域の特性は，使用するOPアンプで決まります．

低い周波数領域では，$A_{v1}=0\,\text{dB}(=20\log_{10}(10\,\text{k}\Omega/(10\,\text{k}\Omega+10\,\text{k}\Omega)\times(1+10\,\text{k}\Omega/10\,\text{k}\Omega)))$になります．

● 改良またはアレンジされた回路の例

図4は入力端子を三つ以上備える多入力加算回路です．基本形の回路に直列抵抗を増やせば多入力加算回路になります．

$R_1=R_2=\cdots=R_N=R$とした場合の入出力の関係と各入力に対する電圧ゲインA_vは以下のようになります．

$$v_{out}=A_v(v_{in1}+v_{in2}+\cdots+v_{inN})$$
$$A_v=\frac{R/(N-1)}{R+R/(N-1)}$$

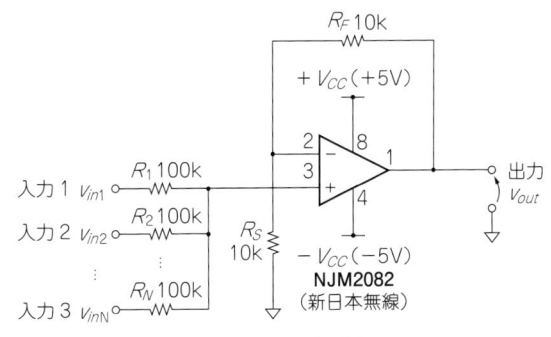

図4 アレンジまたは改良された回路の例
多入力加算回路

回路の素 036　加減算回路 差動アンプ型

要点▶ 複数の入力信号を足し合わせたり，差し引いたりすることができる．直流から数十MHzまでの回路に使われる．

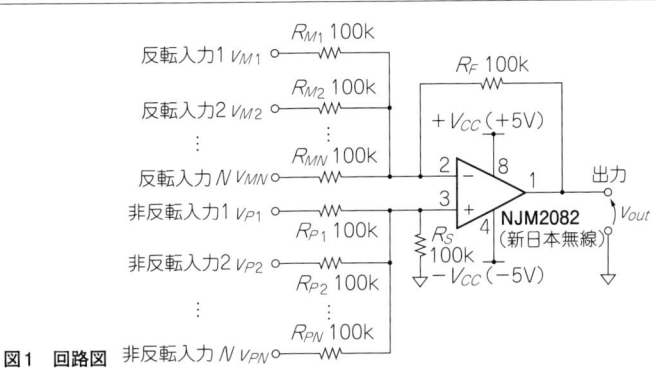

図1 回路図

計算式

出力電圧 $v_{out}=\dfrac{R_P}{R_M}R_F\left(\dfrac{v_{P1}}{R_{P1}}+\dfrac{v_{P2}}{R_{P2}}+\cdots+\dfrac{v_{PN}}{R_{PN}}\right)-R_F\left(\dfrac{v_{M1}}{R_{M1}}+\dfrac{v_{M2}}{R_{M2}}+\cdots+\dfrac{v_{MN}}{R_{MN}}\right)$ ［V］

R_P：R_{P1}, R_{P2}, …, R_{PN}, R_Sのすべてを並列接続した抵抗値［Ω］
R_M：R_{M1}, R_{M2}, …, R_{MN}, R_Fのすべてを並列接続した抵抗値［Ω］

参考文献 (5), (6), (23)

回路の素 037　微分回路 反転アンプ型

要点▶ 入力信号を時間で微分して出力する. 制御回路などで使われる.

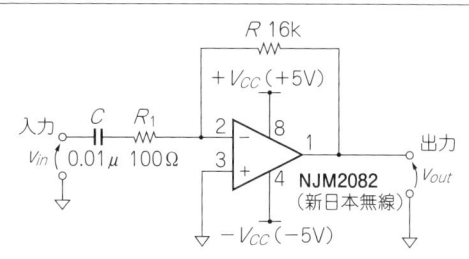

図1　回路図

計算式

電圧ゲインA_vが1倍になる周波数

$$f_1 = \frac{1}{2\pi CR} \text{ [Hz]}$$

参考文献 (3), (5), (6), (23)

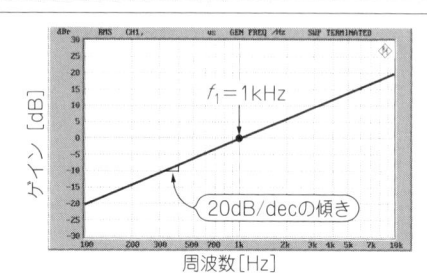

図2　電圧ゲインA_vの周波数特性

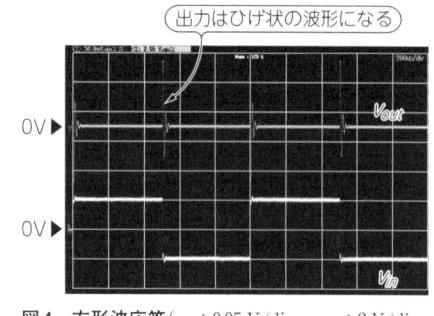

図4　方形波応答(v_{in}: 0.05 V/div, v_{out}: 2 V/div, 200 μs/div)
入力は0.1 V$_{p-p}$/1 kHzの方形波

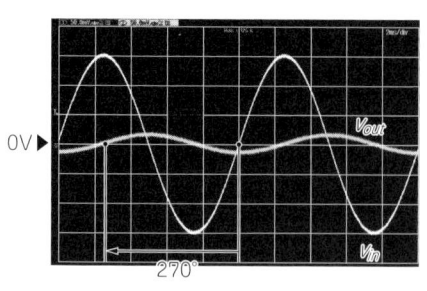

(a) 100 Hz (0.05 V/div, 2 ms/div)

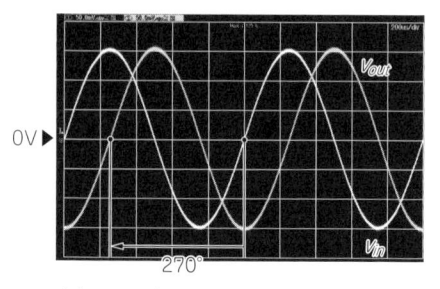

(b) 1 kHz (0.05 V/div, 200 μs/div)

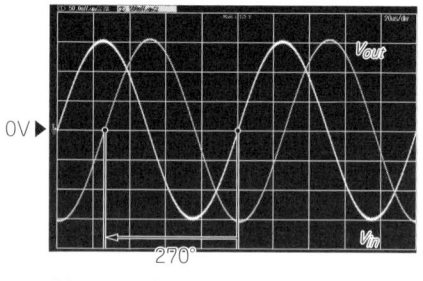

(c) 10 kHz (v_{in}: 0.05 V/div, v_{out}: 0.5 V/div, 20 μs/div)

図3　入出力波形
入力は0.3 V$_{p-p}$の正弦波

● 基本形

図1は, OPアンプの反転入力端子に直列に挿入したコンデンサCで入力信号v_iの変化分を取り出すことで微分機能を実現した回路です. 電圧ゲインが1倍になる周波数f_1は, CとRによって決まります. R_1は高い周波数領域の電圧ゲインを下げて動作を安定させるための抵抗です. 用途によってはR_1が省略される場合があります.

この回路の形は, 反転アンプ型1次ハイ・パス・フィルタとまったく同じです. 微分回路は, R_1が低抵抗(数Ω～百Ω程度)になっていることが特徴です. このようなことから, この回路はカットオフ周波数がたいへん高い反転アンプ型1次ハイ・パス・フィルタとも考えられます.

▶周波数特性

図2は電圧ゲインA_vの周波数特性です. $f_1 = 1$ kHz ($≒ 1/(2\pi \times 0.01$ μF $\times 16$ kΩ$))$で電圧ゲインが0 dBになる点を通過し, 20 dB/decの傾き(周波数が10倍にな

ると振幅が10倍になる)で一様に増加する特性になります．

▶動作波形

図3は0.3 V$_{P-P}$の正弦波を入力した場合の各周波数における入出力波形です．図3(c)のv_{out}は他と縦軸が異なるのことに注意してください．100 Hzでは出力が入力の1/10(−20 dB)になります．1 kHzでは入出力が同じ振幅になり，10 kHzでは出力が入力の10倍(+20 dB)になります．出力の位相は周波数に関係なく，入力よりも常に270°進みます．

▶方形波応答

図4は0.1 V$_{P-P}$/1 kHzの方形波を入力した場合の入出力波形です．微分回路に方形波を入力すると出力は入力信号の変化分だけが取り出されたひげ状の波形になります．OPアンプを反転アンプで動作させているので，v_{in}の正方向の変化はv_{out}の負方向の変化として出力されます．

回路の素 038　　積分回路 反転アンプ型

要点▶ 入力信号を時間で積分して出力する．制御回路などで使われる．

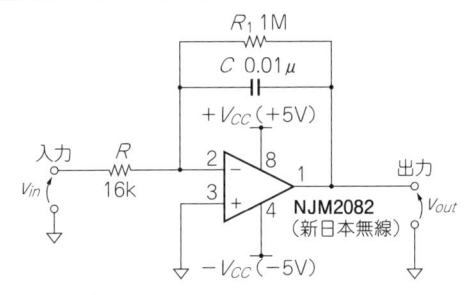

図1　回路図

計算式

電圧ゲインA_vが1倍になる周波数

$$f_1 = \frac{1}{2\pi CR} \text{ [Hz]}$$

参考文献 (3), (5), (6), (23)

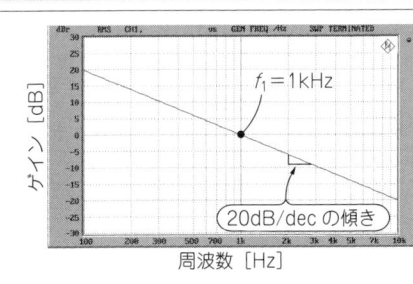

図2　電圧ゲインA_vの周波数特性

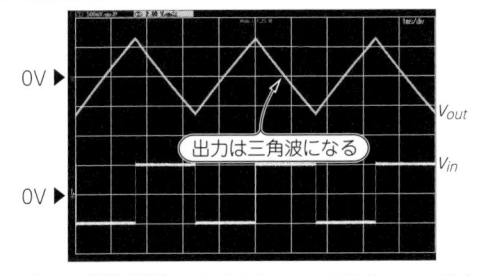

$f_1 = 1\text{kHz}$
20dB/decの傾き

図4　方形波応答(v_{in}: 0.5 V/div, v_{out}: 2 V/div, 1 ms/div)
入力は1 V$_{P-P}$/300 Hzの方形波
出力は三角波になる

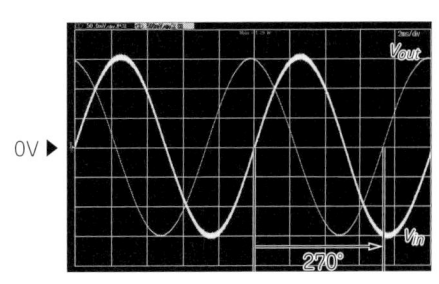

(a) 100Hz(v_{in}: 0.05V/div, v_{out}: 0.5V/div, 2ms/div)

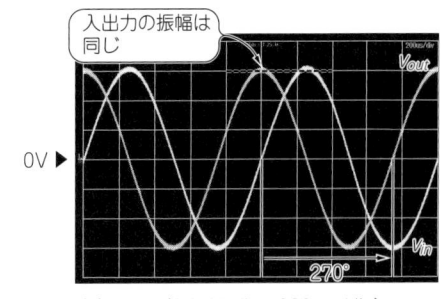

入出力の振幅は同じ

(b) 1kHz(0.05V/div, 200μs/div)

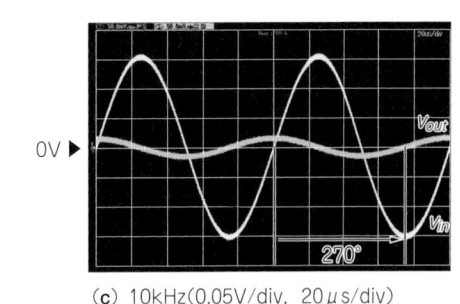

(c) 10kHz(0.05V/div, 20μs/div)

図3　入出力波形
入力は0.3 V$_{P-P}$の正弦波

● 基本形

図1は，帰還ループに挿入したコンデンサCで入力信号v_{in}を電荷の形で蓄積することによって，積分機能を実現した回路です．電圧ゲインが1倍になる周波数f_1は，CとRによって決まります．R_1は直流領域の電圧ゲインを下げて出力端子に発生する直流オフセット電圧を抑えるための抵抗です．用途によってR_1が省略されることがあります．

この回路の形は，反転アンプ型1次ロー・パス・フィルタとまったく同じです．積分回路は，R_1が高抵抗（数百k～数MΩ）になっていることが特徴です．このようなことから，この回路はカットオフ周波数がたいへん低い1次ロー・パス・フィルタ反転アンプ型（回路の素020）とも考えられます．

▶周波数特性

図2は電圧ゲインA_vの周波数特性です．$f_1 = 1\,\text{kHz}(\fallingdotseq 1/(2\pi \times 0.01\,\mu\text{F} \times 16\,\text{k}\Omega))$で電圧ゲインが0 dBになる点を通過し，20 dB/decの傾き（周波数が10倍になると振幅が1/10になる）で一様に減衰する特性になります．

▶動作波形

図3は0.3 $\text{V}_{\text{P-P}}$の正弦波を入力した場合の各周波数における入出力波形です．図3(a)のv_{out}は他と縦軸が異なることに注意してください．100 Hzでは出力が入力の10倍（+20 dB）になります．1 kHzでは入出力が同じ振幅になり，10 kHzでは出力が入力の1/10（−20 dB）になります．出力の位相は周波数に関係なく，入力よりも常に270°遅れます．

▶方形波応答

図4は1 $\text{V}_{\text{P-P}}$/300 Hzの方形波を入力した場合の入出力波形です．積分回路に方形波を入力すると出力は三角波になります．三角波の変化点は方形波の立ち上がり/立ち下がりエッジと一致します．

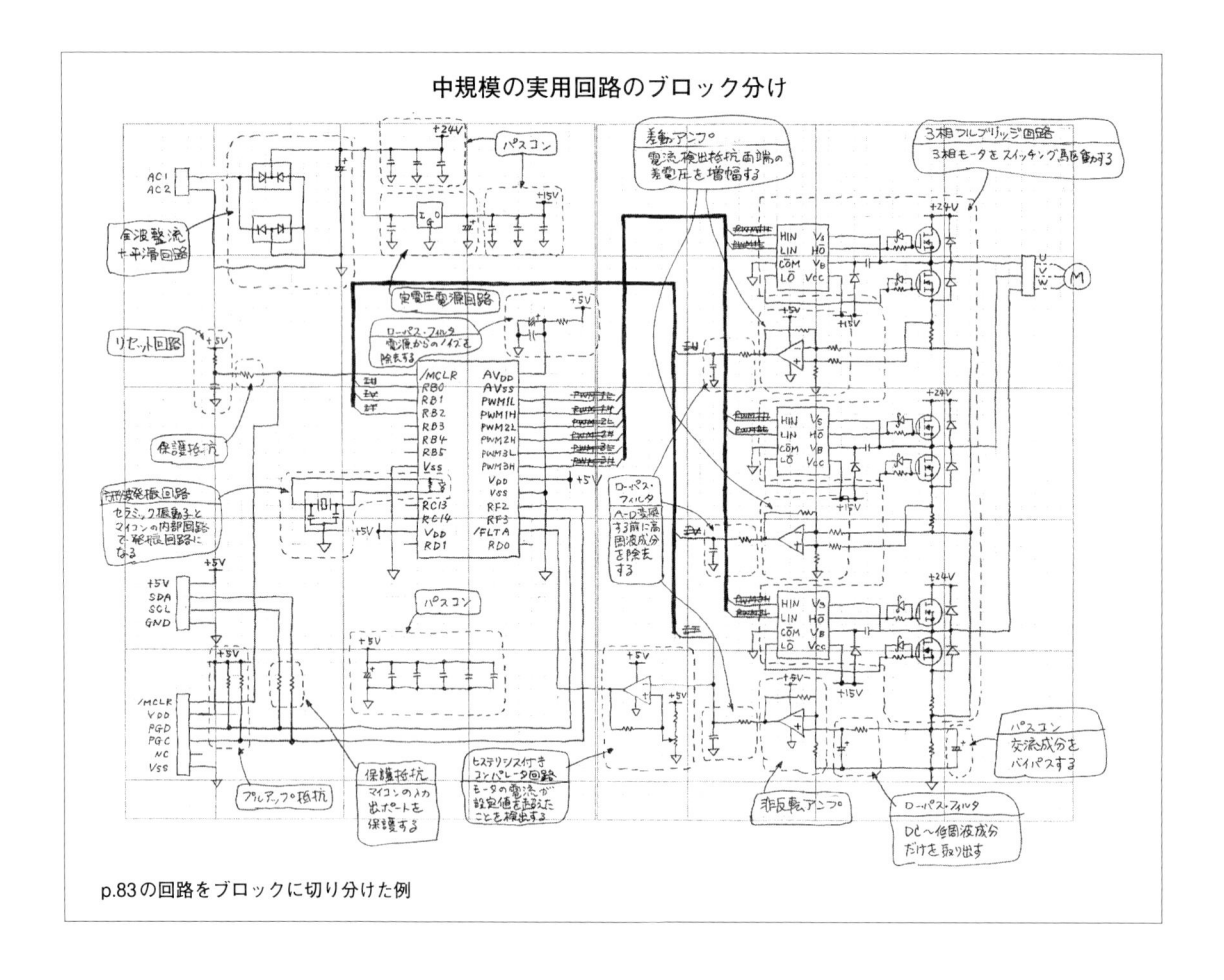

回路の素039　積分回路 非反転アンプ型

要点▶ 入力信号を時間で積分して出力する．制御回路などで使われる．

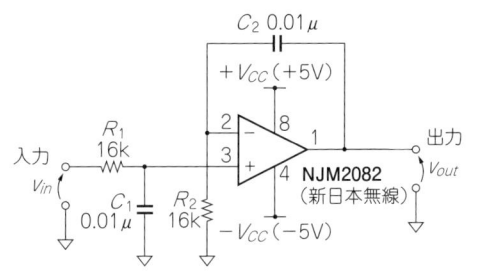

図1　回路図

計算式

電圧ゲインが1倍になる周波数 $f_1 = \dfrac{1}{2\pi CR}$ [Hz]

ただし，$C = C_1 = C_2$，$R = R_1 = R_2$ とする

参考文献 (3)，(5)，(6)，(23)

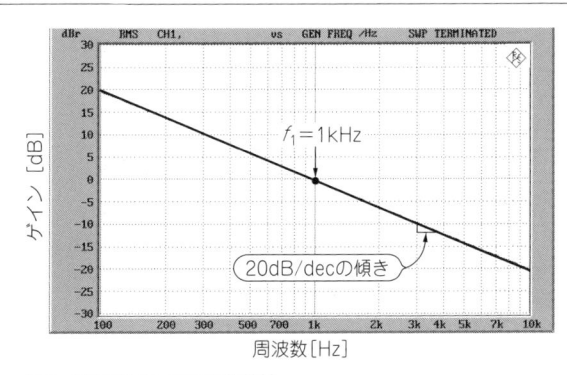

図2　電圧ゲインの周波数特性

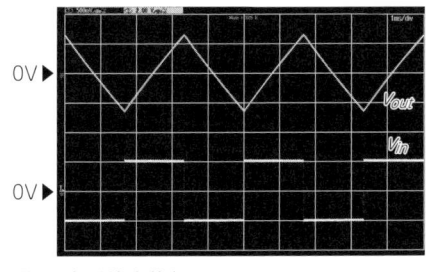

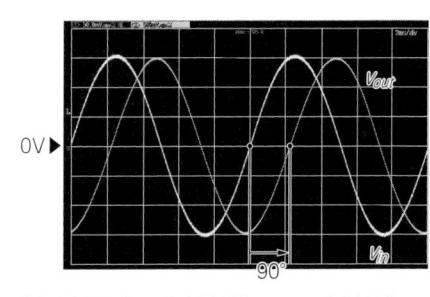

(a) 100 Hz（v_{in}：0.05 V/div，v_{out}：0.5 V/div，2 ms/div）

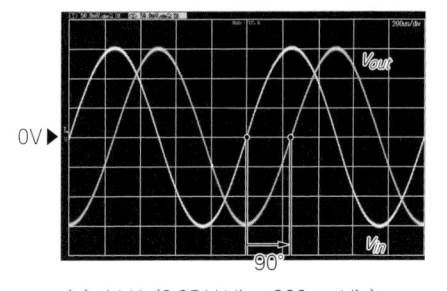

(b) 1 kHz（0.05 V/div，200 μs/div）

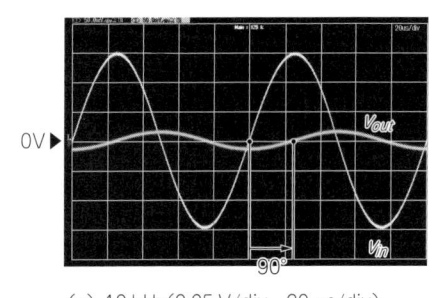

(c) 10 kHz（0.05 V/div，20 μs/div）

図3　入出力波形
入力は0.3 V$_{P-P}$の正弦波

図4　方形波応答（v_{in}：0.5 V/div，v_{out}：2 V/div，1 ms/div）
入力は1 V$_{P-P}$/300 Hzの方形波

● 基本形

図1は，OPアンプの非反転入力端子と帰還ループのコンデンサで入力信号 v_{in} を電荷の形で蓄積することによって，積分機能を実現した回路です．電圧ゲインが1倍になる周波数 f_1 は，C_1 と C_2，R_1，R_2 によって決まります．

▶周波数特性

図2は電圧ゲイン A_v の周波数特性です．$f_1 = 1$ kHz（≒ $1/(2\pi \times 0.01\,\mu\mathrm{F} \times 16\,\mathrm{k}\Omega)$）で電圧ゲインが0 dBになる点を通過し，20 dB/decの傾き（周波数が10倍になると振幅が1/10になる）で一様に減衰する特性になります．

積分回路 非反転アンプ型

▶動作波形

　図3は0.3 V_{P-P}の正弦波を入力した場合の各周波数における入出力波形です．図3(a)のv_{out}は他と縦軸が異なることに注意してください．100 Hzでは出力が入力の10倍（+20 dB）になります．1 kHzでは入出力が同じ振幅になり，10 kHzでは出力が入力の1/10（－20 dB）になります．出力の位相は周波数に関係なく，入力よりも常に90°遅れます．

▶方形波応答

　図4は1 V_{P-P}/300 Hzの方形波を入力した場合の入出力波形です．積分回路に方形波を入力すると出力は三角波になります．三角波の変化点は方形波の立ち上がり/立ち下がりエッジと一致します．

第4章　電圧-電流/電流-電圧変換
電圧から電流,電流から電圧へ信号の形を変える

　一般的な電子回路では,扱う信号をオシロスコープで観測できるような電圧のカタチで扱います.しかし,一部の用途ではオシロスコープの電流プローブやテスタの電流レンジでなければ観測できない電流のカタチで信号を扱う場合があります.電圧-電流/電流-電圧変換回路は,信号のカタチを相互に変換する回路です.

　電圧-電流変換回路はセンサやアクチュエータの駆動などに使われます.電流-電圧変換回路はフォト・ダイオードのような電流出力型センサや電流出力型D-Aコンバータなどの出力を受ける回路として使われます.

回路の素040　電圧-電流変換 反転アンプ型

要点▶ アクチュエータやセンサなど接地した負荷を電流駆動できる.入力電圧が正のとき出力電流を負荷から吸い込む.

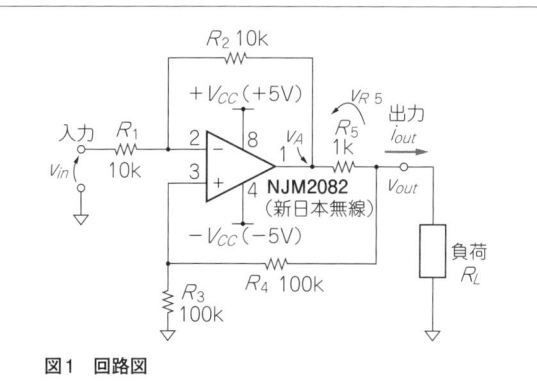

図1　回路図

計算式

出力電流 $i_{out} = -\dfrac{R_2}{R_1 R_5} v_{in}$ [A]

ただし,$\dfrac{R_4}{R_3} = \dfrac{R_2}{R_1}$ とする

※ i_{out} の極性は負荷へ流出する方向をプラスとする

参考文献 (5),(6),(23)

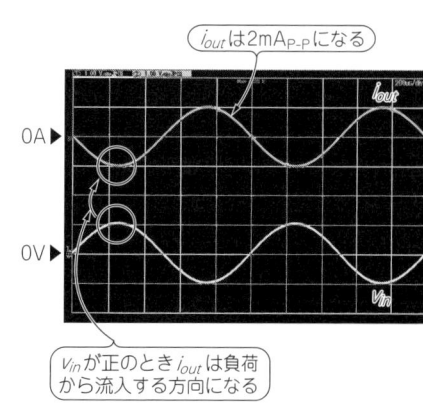

図2　入出力波形 (v_{in}:1 V/div, i_{out}:1 mA/div, 200 μs/div)
入力は2V$_{P-P}$/1kHzの正弦波

- i_{out}は2mA$_{P-P}$になる
- v_{in}が正のときi_{out}は負荷から流入する方向になる

● 基本形

　図1は入力電圧に比例した電流を出力する電圧-電流変換回路です.OPアンプを反転アンプの形で使っているので,入力v_{in}が正電位のとき出力i_{out}は負荷から流入する方向になります.

　この回路は,OPアンプ出力の直列抵抗R_5にv_{in}に比例した電圧を発生させることでi_{out}の大きさが決まります.そのため,i_{out}は出力端子に接続した負荷の影響をまったく受けません.i_{out}の大きさは$R_4/R_3 = R_2/R_1$とすると,v_{in}とR_1,R_2,R_5によって決まります.

▶動作波形

　図2は2V$_{P-P}$/1kHzの正弦波を入力し,負荷R_Lを1kΩとした場合の入出力波形です.i_{out}は2mA$_{P-P}$(=10kΩ/(10kΩ×1kΩ)×2V$_{P-P}$)で,v_{in}が正のときに負荷から流入する方向になります.

　図3は2V$_{P-P}$/1kHzの正弦波を入力し,R_Lを変えた場合の各部の動作波形です.負荷の大きさが変わってもOPアンプの出力電圧v_Aと回路の出力電圧v_{out}が変化して,R_5両端の電圧v_{R5}を一定にするように動作します.このため,i_{out}はR_Lの影響をまったく受けません.

(a) $R_L=1k\Omega$

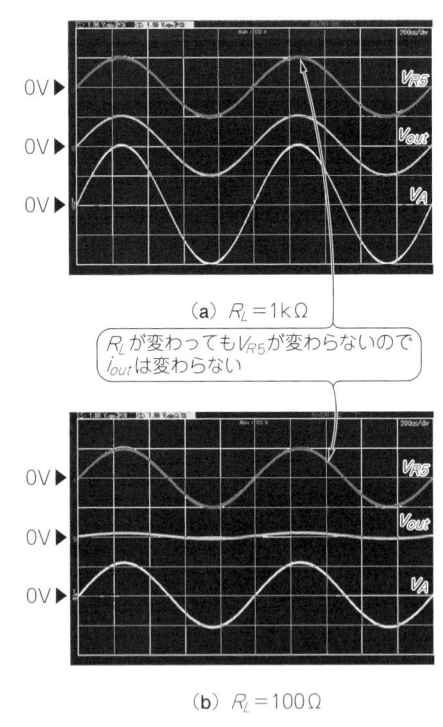

R_Lが変わってもV_{R5}が変わらないのでi_{out}は変わらない

(b) $R_L=100\Omega$

図3 図1の各部の動作波形（1 V/div, 200 μs/div）
$v_{in}=2V_{P-P}/1kHz$としてR_Lを変化させた

● 改良またはアレンジされた回路の例

図1の回路はR_5に流れる電流の一部がR_4に流れてしまうため，i_{out}は設定した値よりも小さくなってしまいます．図4はこの点を改良し，i_{out}を高精度に設定できるようにした回路です．この回路は，出力端子に接続したボルテージ・フォロワからR_4へ電流を供給するので，R_5に流れる電流がすべてi_{out}となります．回路の動作や計算式は図1の回路とまったく同じです．

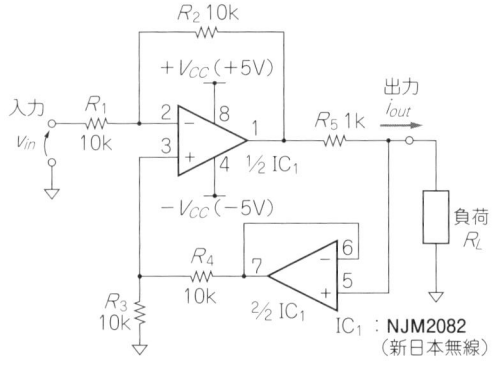

図4 改良またはアレンジされた回路の例
出力電流を高精度に設定できる回路

回路の素 041　電圧 - 電流変換 非反転アンプ型

要点▶アクチュエータやセンサなど接地した負荷を電流駆動できる．入力電圧が正のとき出力電流を負荷へはき出す．

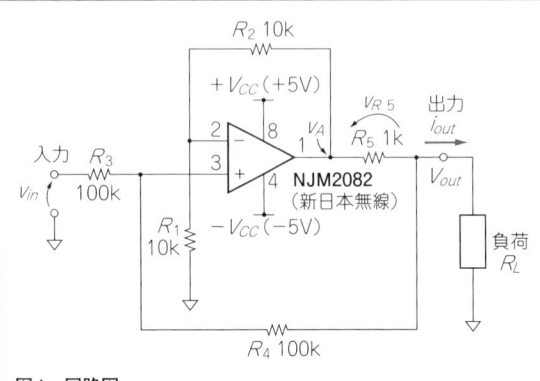

図1 回路図

計算式

出力電流 $i_{out}=\dfrac{R_2}{R_1 R_5}v_{in}$ [A]

ただし，$\dfrac{R_4}{R_3}=\dfrac{R_2}{R_1}$とする

※i_{out}の極性は負荷へ流出する方向をプラスとする

参考文献 (5), (6), (23)

i_{out}は2mA$_{P-P}$になる

v_{in}が正のときi_{out}は負荷へ流出する方向になる

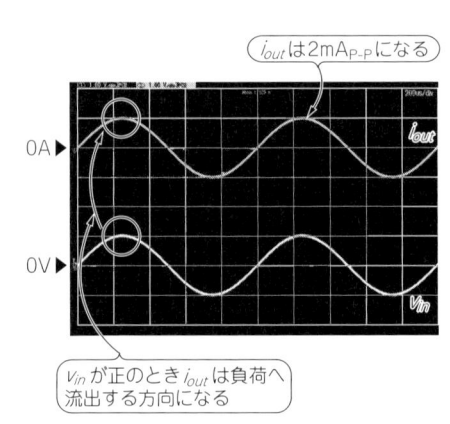

図2 入出力波形（v_{in}：1 V/div, i_{out}：1 mA/div, 200 μs/div）
入力は2V$_{P-P}$/1kHzの正弦波

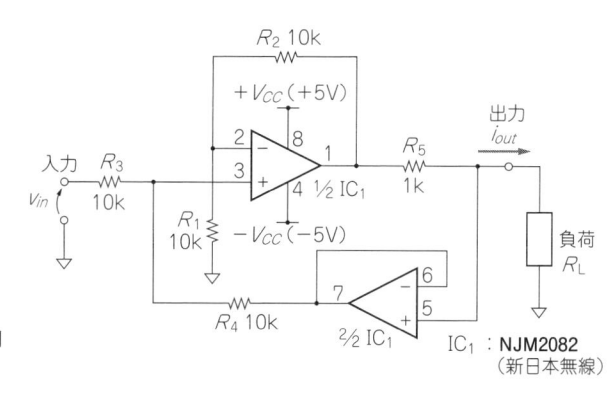

図4 改良またはアレンジされた回路の例
出力電流を高精度に設定できる回路

● 基本形

図1は入力電圧に比例した電流を出力する電圧-電流変換回路です．OPアンプを非反転アンプの形で使っているので，入力v_{in}が正電位のとき出力i_{out}は負荷へ流出する方向になります．

この回路は，OPアンプ出力の直列抵抗R_5にv_{in}に比例した電圧を発生させることでi_{out}の大きさが決まります．そのため，i_{out}は出力端子に接続した負荷の影響をまったく受けません．i_{out}の大きさは$R_4/R_3 = R_2/R_1$とすると，v_{in}とR_1，R_2，R_5によって決まります．

▶動作波形

図2は$2 V_{P-P}/1$ kHzの正弦波を入力し，負荷R_Lを$1 k\Omega$とした場合の入出力波形です．i_{out}は$2 mA_{P-P} (= 10 k\Omega /(10 k\Omega \times 1 k\Omega) \times 2 V_{P-P})$で，$v_{in}$が正のときに負荷へ流出する方向になります．

図3は$2 V_{P-P}/1$ kHzの正弦波を入力し，R_Lを変えた場合の各部の動作波形です．負荷の大きさが変わってもOPアンプの出力電圧v_Aと回路の出力電圧v_{out}が変化して，R_5両端の電圧v_{R5}を一定にするように動作します．このため，i_{out}はR_Lの影響をまったく受けません．

● 改良またはアレンジされた回路の例

図1の回路はR_5に流れる電流の一部がR_4に流れてしまうため，i_{out}は設定した値よりも小さくなってしまいます．

図4はこの点を改良し，i_{out}を高精度に設定できるようにした回路です．この回路は，出力端子に接続したボルテージ・フォロワからR_4へ電流を供給するので，R_5に流れる電流がすべてi_{out}となります．回路の動作や計算式は図1の回路とまったく同じです．

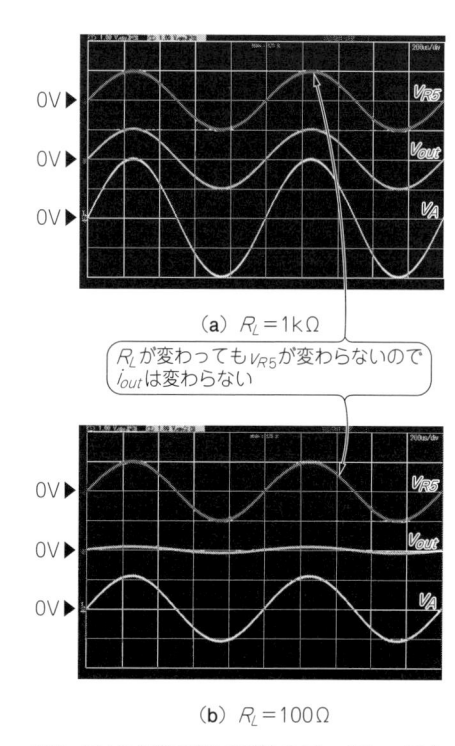

(a) $R_L = 1 k\Omega$

R_Lが変わってもv_{R5}が変わらないのでi_{out}は変わらない

(b) $R_L = 100 \Omega$

図3 図1の各部の動作波形（1 V/div，200 μs/div）
$v_{in} = 2 V_{P-P}/1$ kHzとしてR_Lを変化させた

電圧-電流変換 非反転アンプ型

回路の素 042　電流-電圧変換 反転アンプ型

要点▶ フォト・ダイオードや電流出力型センサ，電流出力型D-Aコンバータなどの出力電流を電圧に変換する．

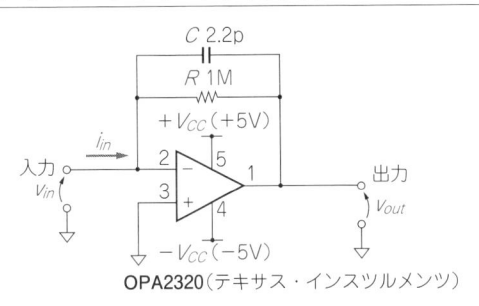

図1　回路図

OPA2320（テキサス・インスツルメンツ）

計算式

出力電圧 $v_{out} = -i_{in}R$ [V]

※ i_{out} の極性は回路に流入する方向をプラスとする

v_{out} のカットオフ周波数 f_C

$$f_C = \frac{1}{2\pi CR} \text{ [Hz]}$$

参考文献 (3), (5), (6), (9), (13), (23)

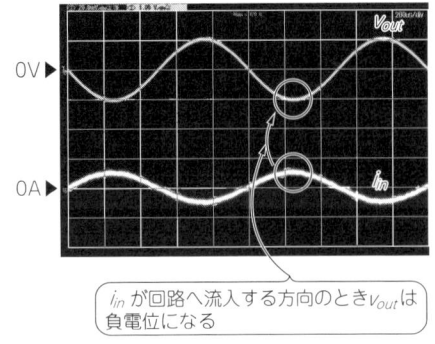

図2　入出力波形（i_{in} : 2 μA/div, v_{out} : 1 V/div, 200 μs/div）
入力は 2 μA$_{p-p}$/1 kHz の正弦波

i_{in} が回路へ流入する方向のとき v_{out} は負電位になる

● 基本形

図1は入力電流に比例した電圧を出力する電流-電圧変換回路です．電流を電圧に変換したときの変換ゲインの単位が［Ω］になることから，トランス・インピーダンス回路とも呼ばれます．

この回路は，OPアンプの帰還抵抗Rに i_{in} を流すことで v_{out} を作ります．v_{out} の大きさはRによって決まります．帰還容量Cは，回路の動作を安定化したり（位相補償）ロー・パス・フィルタ特性を持たせるためのコンデンサです．回路によっては省略されることがあります．

▶ 動作波形

図2は 2 μA$_{p-p}$/1 kHz の正弦波電流を入力した場合の入出力波形です．v_{out} は 2 V$_{p-p}$（= 2 μA$_{p-p}$ × 1 MΩ）で，i_{in} が回路へ流入する方向のときに負電位になります．

▶ 周波数特性

図3は $i_{in} = 0.1$ μA$_{rms}$（実効値）として測定した出力振幅の周波数特性です．縦軸は1kHzのときの v_{out} を 0 dB としています．カットオフ周波数 $f_C = 70.83$ kHz（≒ $1/(2\pi \times 2.2 \text{pF} \times 1 \text{MΩ})$）の1次ロー・パス・フィルタの形になります．実際の回路でフォト・センサなどを接続した場合は，センサ自体の周波数特性が合成されて2次ロー・パス・フィルタ特性になる場合があります．

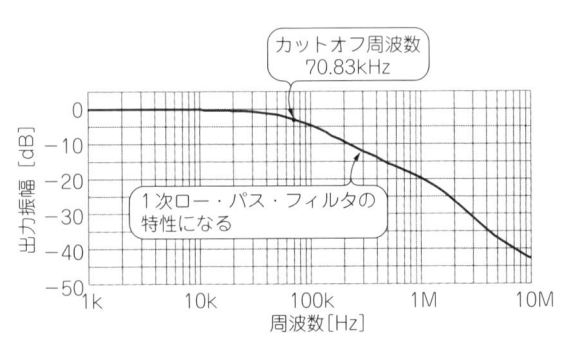

図3　図1の出力振幅の周波数特性
1kHzの出力振幅を0 dBとして測定した v_{out} の周波数特性

回路の素 043　電流-電圧変換 差動アンプ型

要点▶二つの入力電流の差分を電圧に変換する．差動電流出力型のセンサやD-Aコンバータの出力電流を電圧に変換する．

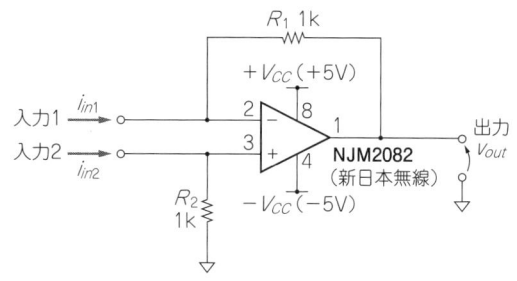

図1　回路図

計算式

出力電圧 $v_{out} = (i_{in2} - i_{in1})R_1$ [V]

ただし，$R_2 = R_1$ とする

※ i_{in1}，i_{in2} の極性は回路に流入する方向をプラスとする

参考文献（9）

第5章　信号処理
信号の振幅があるレベルに達すると動作する回路

本章では，信号の大きさがあるレベルに達したときに動作する回路を取り上げました．

リミッタは，入力信号の振幅を制限する回路です．OPアンプやマイコンなどの入力保護や後段の回路への振幅制限をする目的で使われます．

コンパレータは，回路内部の基準レベルと入力信号の大きさを比較する回路です．信号の大きさを検知する目的で使われます．

回路の素 044　負電圧リミッタ

要点▶ 前段の回路やセンサなどが出力する，負側の電圧を制限する．ICの入力端子に負電圧が加わらないようにする保護回路に使われる．

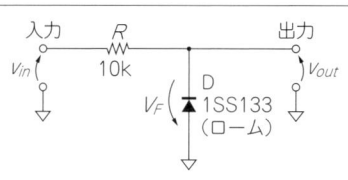

図1　回路図

計算式
制限電圧　$V_L = \text{GND} - V_F$ [V]
ただし，V_F：Dの順方向電圧降下

参考文献　(4)，(5)，(6)，(7)，(12)

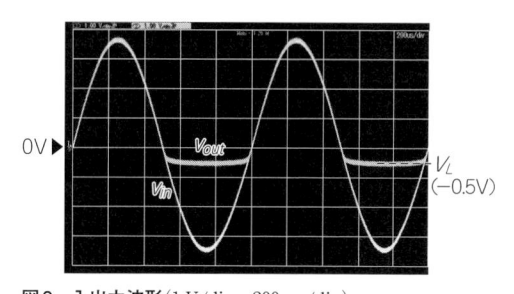

図2　入出力波形（1 V/div, 200 μs/div）
入力は7 V_{P-P}/1 kHzの正弦波

● 基本形

図1は，制限電圧V_Lより低い信号が入力されるとダイオードDがONして，出力信号の電圧振幅を制限するリミッタ回路です．

▶動作波形

図2は7 V_{P-P}/1 kHzの正弦波を入力した場合の入出力波形です．ここで使用した小信号シリコン・ダイオード1SS133の順方向電圧降下V_Fは約0.5 Vです．出力信号v_{out}は，$V_L ≒ -0.5$ V（= 0 V − 0.5 V）で振幅が制限されます．

● 改良またはアレンジされた回路の例①

図3はDを小信号ショットキー・バリア・ダイオードRB751G-40に置き換えた回路です．

▶動作波形

図4は7 V_{P-P}/1 kHzの正弦波を入力した場合の入出力波形です．ここで使用したショットキー・バリア・ダイオードRB751G-40のV_Fは約0.2 Vになります．v_{out}は，$V_L ≒ -0.2$ V（= 0 V − 0.2 V）で振幅が制限されます．図3の回路は，基本形の回路よりも制限する電圧をGND電位に近づけることができるので，許容入力電圧範囲の狭いマイコンやOPアンプなどの入力保護回路に使われます．

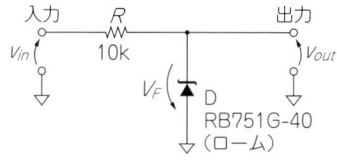

図3　改良またはアレンジされた回路の例①
許容入力電圧範囲の狭いマイコンやOPアンプなどの入力保護回路

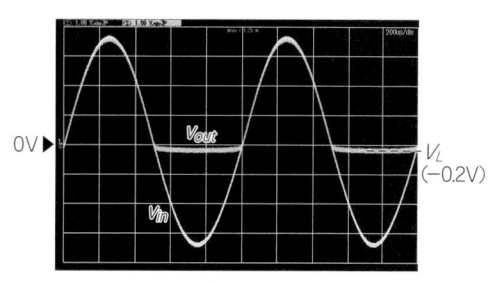

図4　図3の入出力波形（1 V/div, 200 μs/div）

負電圧リミッタ

図5 改良またはアレンジされた回路の例②
負側だけでなく正側の振幅も制限できる

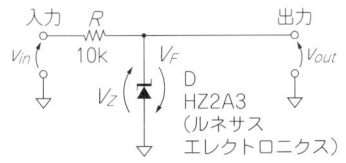

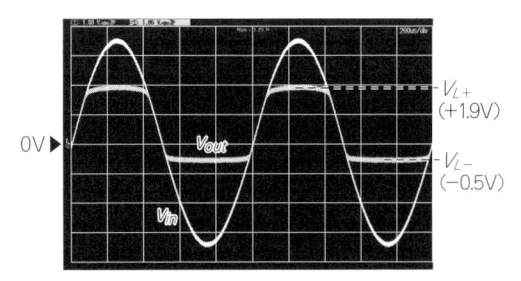

図6 図5の入出力波形（1 V/div，200 μs/div）

● 改良またはアレンジされた回路の例②

図5はDをツェナー・ダイオードHZ2A3に置き換えた回路です．ツェナー・ダイオードを使うと，負側の電圧振幅だけでなく，正側の電圧振幅も制限できます．正側制限電圧V_{L+}と負側制限電圧V_{L-}は以下のように決まります．

$V_{L+} = +V_Z$ [V]
$V_{L-} = GND - V_F$ [V]

ただし，V_Z：Dのツェナー電圧，V_F：Dの順方向電圧降下

▶動作波形

図6は7 V_{P-P}/1 kHzの正弦波を入力した場合の入出力波形です．ここで使用したHZ2A3は，$V_Z \fallingdotseq 1.9$ V，$V_F \fallingdotseq 0.5$ Vになります．v_{out}は，$V_{L+} \fallingdotseq +1.9$ V（$= +V_Z$）と$V_{L-} \fallingdotseq -0.5$ V（$= 0$ V $- 0.5$ V）で振幅が制限されます．

回路の素 045　電圧リミッタ ダイオード2個使用

要点 ▶ 前段の回路が出力する0 V～V_{CC}範囲外の電圧を制限する．ICの入力端子に過電圧が加わらないようにする保護回路に使われる．

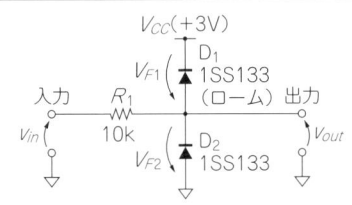

図1 回路図

計算式
- 正側制限電圧 $V_{L+} = V_{CC} + V_{F1}$ [V]
- 負側制限電圧 $V_{L-} = GND - V_{F2}$ [V]

ただし，V_{F1}：D_1の順方向電圧降下，V_{F2}：D_2の順方向電圧降下

参考文献 (4)，(5)，(6)，(7)，(12)

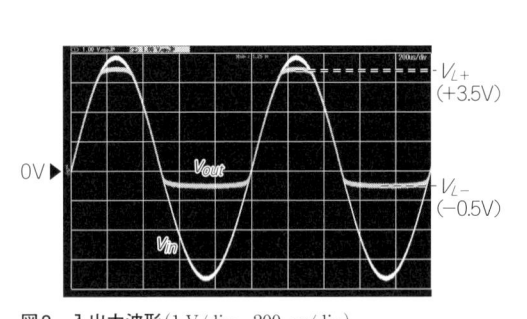

図2 入出力波形（1 V/div，200 μs/div）
入力は7 V_{P-P}/1 kHzの正弦波

● 基本形

図1は，入力信号が正側制限電圧V_{L+}より高くなるとダイオードD_1がONし，負側制限電圧V_{L-}より低くなるとダイオードD_2がONして，出力信号の正負の両電圧振幅を制限するリミッタ回路です．

▶動作波形

図2は7 V_{P-P}/1 kHzの正弦波を入力した場合の入出力波形です．D_1，D_2に使用した小信号シリコン・ダイオード1SS133の順方向電圧降下V_{F1}，V_{F2}は約0.5 Vになります．出力信号v_{out}は，$V_{L+} \fallingdotseq +3.5$ V（$= +3$ V $+ 0.5$ V）と$V_{L-} \fallingdotseq -0.5$ V（$= 0$ V $- 0.5$ V）で振幅が制限されます．

● 改良またはアレンジされた回路の例①

図3はD_1，D_2を小信号ショットキー・バリア・ダイオードRB751G-40に置き換えた回路です．

図3 改良またはアレンジされた回路の例①
許容入力電圧範囲の狭いマイコンやOPアンプなどの入力保護回路に使われる

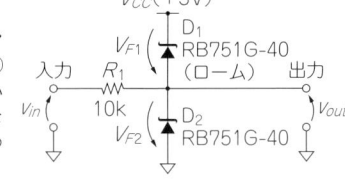

▶動作波形

図4は7 V_{p-p}/1 kHzの正弦波を入力した場合の入出力波形です．D_1，D_2に使用したショットキー・バリア・ダイオードRB751G-40の順方向電圧降下は約0.2 Vになります．

v_{out}は，$V_{L+} \fallingdotseq +3.2\,\text{V}(=+3\,\text{V}+0.2\,\text{V})$と$V_{L-} \fallingdotseq -0.2\,\text{V}(=0\,\text{V}-0.2\,\text{V})$で振幅が制限されます．図3の回路は，基本形の回路よりも通過する電圧範囲を狭くできるので，許容入力電圧範囲の狭いマイコンやOPアンプなどの入力保護回路に使われます．

● 改良またはアレンジされた回路の例②

図5は接合型FETに内在するダイオードを利用したリミッタ回路です．接合型FET内のダイオードは，一般的な小信号ダイオードやショットキー・バリア・ダイオードに比べてOFF時の漏れ電流が少ないことが特徴です．この回路は，ダイオードの漏れ電流が動作に影響するような高インピーダンス回路に用いられます．回路の動作は図1とまったく同じです．

▶動作波形

図6は7 V_{p-p}/1 kHzの正弦波を入力した場合の入出力波形です．v_{out}の波形は図2とほぼ同じですが，ここで使用した接合型FET内のダイオードの順方向電圧降下が大きいので($V_{F1}=V_{F2} \fallingdotseq 0.7\,\text{V}$)，$V_{L+} \fallingdotseq 3.7\,\text{V}(=+3\,\text{V}+0.7\,\text{V})$，$V_{L-} \fallingdotseq -0.7\,\text{V}(=0\,\text{V}-0.7\,\text{V})$になります．

● 改良またはアレンジされた回路の例③

図7はD_2を負電源に接続した回路です．V_{L+}，V_{L-}は以下のように決まります．

$V_{L+} = +V_{CC} + V_{F1}\,[\text{V}]$
$V_{L-} = -V_{CC} - V_{F2}\,[\text{V}]$

▶動作波形

図8は7 V_{p-p}/1 kHzの正弦波を入力した場合の入出力波形です．v_{out}は，$V_{L+} \fallingdotseq +2.5\,\text{V}(=+2\,\text{V}+0.5\,\text{V})$と$V_{L-} \fallingdotseq -2.5\,\text{V}(=-2\,\text{V}-0.5\,\text{V})$で振幅が制限されます．

● 改良またはアレンジされた回路の例④

図9は，2個のダイオードを逆接続でGNDに接続した回路です．許容入力電圧範囲の狭いマイコンやOPアンプなどの入力を保護できる回路です．V_{L+}，V_{L-}は以下のように決まります．

$V_{L+} = \text{GND} + V_{F1}\,[\text{V}]$
$V_{L-} = \text{GND} - V_{F2}\,[\text{V}]$

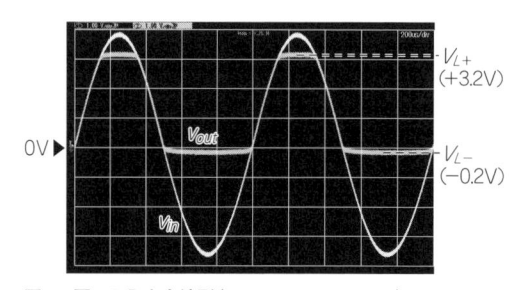

図4　図3の入出力波形(1 V/div，200 μs/div)

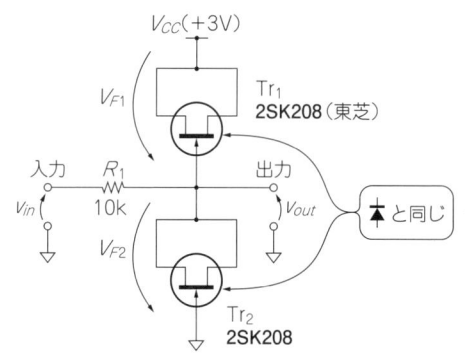

図5　改良またはアレンジされた回路の例②
動作は図1とほぼ同じだが漏れ電流が小さい

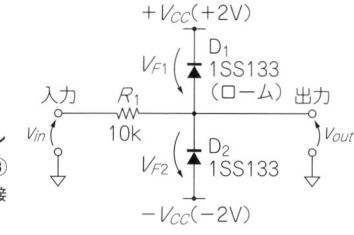

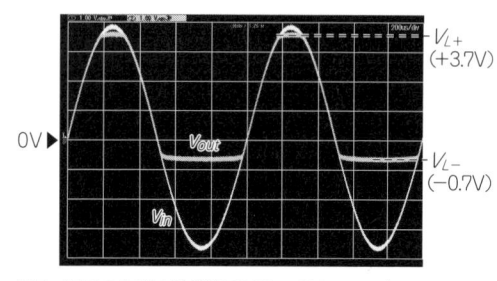

図6　図5の入出力波形(1 V/div，200 μs/div)

図7　改良またはアレンジされた回路の例③
図1のD_2を負電源に接続した電圧リミッタ

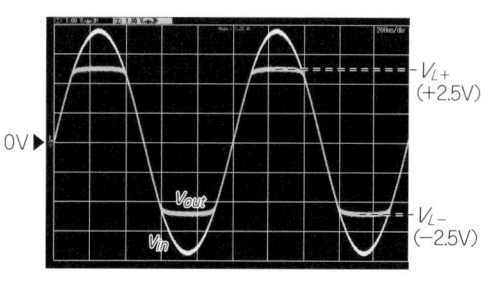

図8　図7の入出力波形(1 V/div，200 μs/div)

電圧リミッタ ダイオード2個使用　105

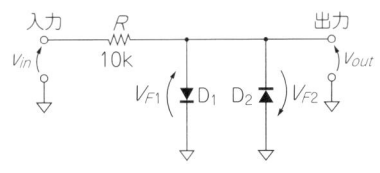

D₁, D₂ : 1SS133（ローム）

図9　改良またはアレンジされた回路の例④
2個のダイオードをGNDに接続した電圧リミッタ．許容入力電圧範囲の狭いマイコンやOPアンプなどの入力保護回路

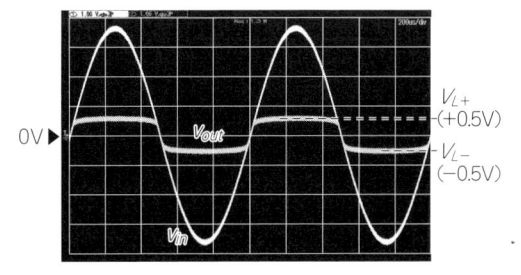

図10　図9の入出力波形（1 V/div，200 µs/div）

▶ 動作波形

図10は7 V_{P-P}/1 kHzの正弦波を入力した場合の入出力波形です．v_{out}は，$V_{L+} ≒ +0.5\,V(= 0\,V + 0.5\,V)$と$V_{L-} ≒ -0.5\,V(= 0\,V - 0.5\,V)$で振幅が制限されます．

D₁，D₂に順方向電圧降下の低いショットキー・バリア・ダイオードを使うと，正負の制限電圧をより低く設定することができます．

回路の素 046　電圧リミッタ ツェナー・ダイオード2個使用

要点 ▶ 前段の回路が出力する，正側と負側の過大な電圧を制限する．ICの入力端子に過電圧が加わらないようにする保護回路に使われる．

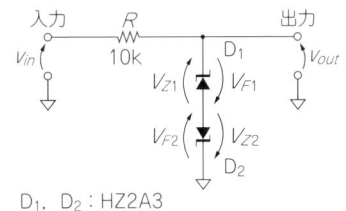

D₁，D₂ : HZ2A3（ルネサス エレクトロニクス）

図1　回路図

計算式
- 正側制限電圧 $V_{L+} = +V_{Z1} + V_{F2}$ [V]
- 負側制限電圧 $V_{L-} = -V_{Z2} - V_{F1}$ [V]

ただし，V_{Z1}：D₁のツェナー電圧，V_{Z2}：D₂のツェナー電圧．V_{F1}：D₁の順方向電圧降下，V_{F2}：D₂の順方向電圧降下

参考文献 (4), (5), (6), (7), (12)

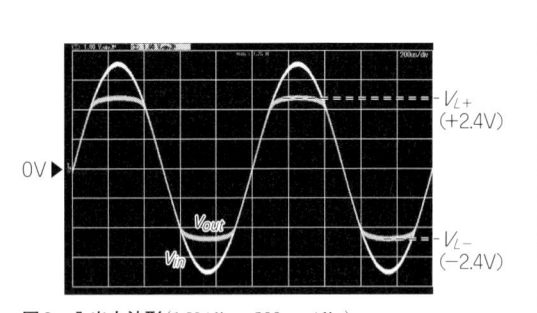

図2　入出力波形（1 V/div，200 µs/div）
入力は7 V_{P-P}/1 kHzの正弦波

● 基本形

図1は入力信号の電圧振幅をある範囲に制限するリミッタ回路です．正側制限電圧V_{L+}より高い信号が入力されると，D₁がブレークダウンすると同時にD₂がONして正側の出力振幅を制限します．入力信号が負側制限電圧V_{L-}より低くなると，D₂がブレークダウンすると同時にD₁がONして，負側の出力振幅を制限します．

▶ 動作波形

図2は7 V_{P-P}/1 kHzの正弦波を入力した場合の入出力波形です．D₁とD₂に使用したツェナー・ダイオードHZ2A3のツェナー電圧V_{Z1}，V_{Z2}は約1.9 V，順方向電圧降下V_{F1}，V_{F2}は約0.5 Vです．出力信号v_{out}は，$V_{L+} ≒ +2.4\,V(= +1.9\,V + 0.5\,V)$と$V_{L-} ≒ -2.4\,V(= -1.9\,V - 0.5\,V)$で振幅が制限されます．

この回路はD₁とD₂に同じツェナー・ダイオードを使っていますが，D₁とD₂で異なるツェナー電圧の素子を使えばV_{L+}とV_{L-}を異なる値に設定できます．

回路の素 047　電圧リミッタ OPアンプとダイオード使用

要点▶ OPアンプの出力電圧範囲を制限する回路.

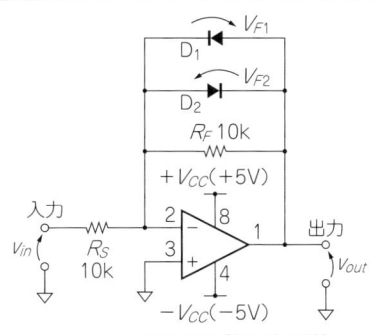

図1　回路図　NJM2082（新日本無線）　D₁, D₂：1SS133

計算式
- 正側制限電圧 $V_{L+} = +V_{F1}$ [V]
- 負側制限電圧 $V_{L-} = -V_{F2}$ [V]
  ただし，V_{F1}：D₁の順方向電圧降下，V_{F2}：D₂の順方向電圧降下
- 振幅制限がかかっていないときの電圧ゲイン

$$A_v = -\frac{R_F}{R_S} \text{ [倍]}$$

参考文献 (6)

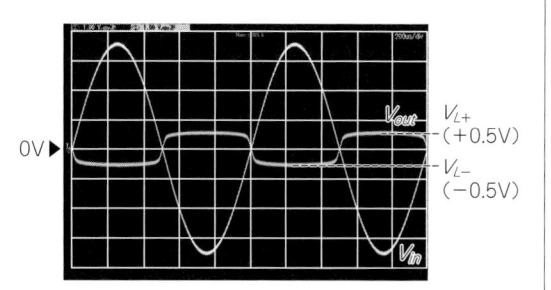

図2　図1の入出力波形（1 V/div, 200 μs/div）
入力は 7 V_{P-P}/1 kHzの正弦波

● 基本形

図1は反転型アンプの帰還抵抗にダイオードを並列接続することで出力振幅を制限する電圧リミッタ回路です．出力v_{out}が正側制限電圧V_{L+}よりも高くなるとダイオード D₁ が ON し，負側制限電圧V_{L-}よりも低くなると D₂ が ON してv_{out}の電圧振幅を制限します．v_{out}に振幅制限がかからない範囲では，反転型アンプとして動作します．

▶動作波形

図2は 7 V_{P-P}/1 kHzの正弦波を入力した場合の入出力波形です．D₁, D₂ に使用した小信号シリコン・ダイオード 1SS133 の順方向電圧降下 V_{F1}, V_{F2} は約0.5 V になります．v_{out} は $V_{L+} \fallingdotseq +0.5$ V と $V_{L-} \fallingdotseq -0.5$ V で振幅が制限されます．

▶周波数特性

図3は$v_{in} = 0.1$ V_{rms}（実効値）として測定した電圧ゲインA_vの周波数特性です．v_{out}に振幅制限がかからないときは電圧利得$A_v = -1 (= -10\, \mathrm{k\Omega}/10\, \mathrm{k\Omega})$の反転アンプとして動作します．周波数特性も一般的な反転アンプの特性になります．

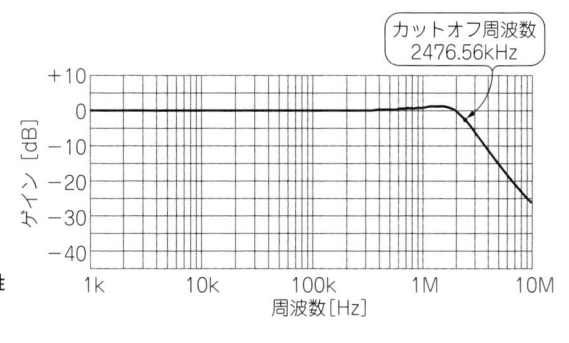

図3　図1の電圧ゲインA_vの周波数特性
v_{out}に振幅制限がかからないときの特性

カットオフ周波数 2476.56kHz

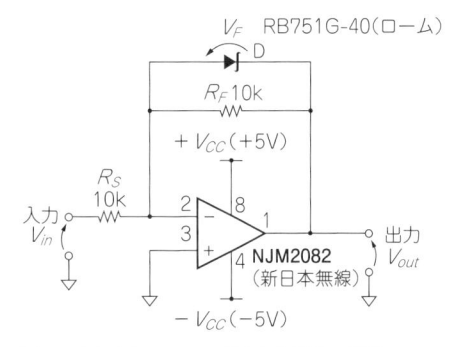

図4 改良またはアレンジされた回路の例①
出力の負側だけを制限する回路

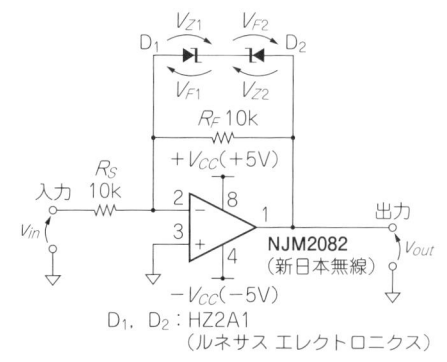

図6 改良またはアレンジされた回路の例②
ツェナー・ダイオードを使った回路

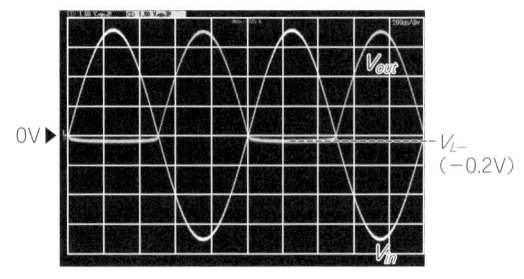

図5 図4の入出力波形（1 V/div，200 μs/div）
v_{out}は−0.2 Vで振幅が制限される

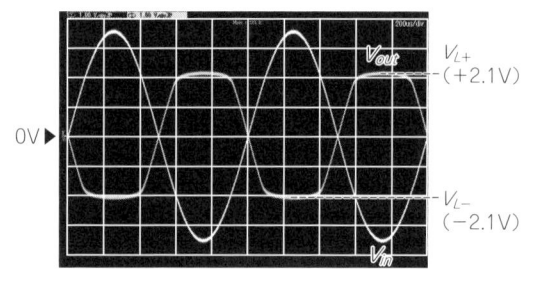

図7 図6の入出力波形（1 V/div，200 μs/div）
v_{out}は＋2.1 Vと−2.1 Vで振幅が制限される

● 改良またはアレンジされた回路の例①

図4は図1の回路のD_1を削除した回路です．v_{out}の負側の振幅だけを制限します．単電源の回路と接続するときに用います．

▶動作波形

図5は7 V_{P-P}/1 kHzの正弦波を入力した場合の入出力波形です．Dに使用したショットキー・バリア・ダイオードRB751G-40のV_Fは0.2 Vになります．v_{out}はV_{L-} ≒ −0.2 Vで負側の振幅だけが制限されます．

● 改良またはアレンジされた回路の例②

図6はツェナー・ダイオードを使った電圧リミッタ回路です．ツェナー・ダイオードを選択することで制限電圧を設定することができます．制限電圧は以下のように決まります．

正側制限電圧 V_{L+} ＝ ＋V_{Z1}＋V_{F2} [V]
負側制限電圧 V_{L-} ＝ −V_{Z2}−V_{F1} [V]

ただし，V_{Z1}：D_1のツェナー電圧，V_{Z2}：D_2のツェナー電圧，V_{F1}：D_1の順方向電圧降下，V_{F2}：D_2の順方向電圧降下

▶動作波形

図7は7 V_{P-P}/1 kHzの正弦波を入力した場合の入出力波形です．D_1とD_2に使用したツェナー・ダイオードHZ2A1のツェナー電圧V_{Z1}，V_{Z2}は約1.6 V，順方向電圧降下V_{F1}，V_{F2}は約0.5 Vです．v_{out}はV_{L+} ≒ ＋2.1 V（＝＋1.6 V＋0.5 V）とV_{L-} ≒ −2.1 V（＝−1.6 V−0.5 V）で振幅が制限されます．

回路の素 048　　コンパレータ 非反転型

要点▶入力信号の電圧が，ある電圧（基準電圧）より大きいか小さいかを判別する．

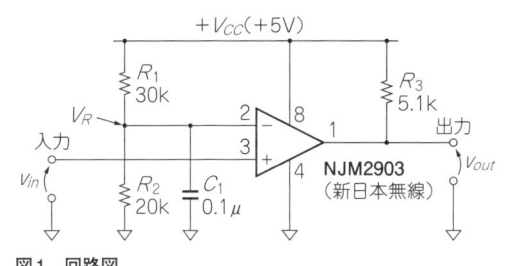

図1　回路図

計算式

基準電圧：$V_R = \dfrac{R_2}{R_1 + R_2} V_{CC}$ [V]

参考文献　(3)，(5)，(6)

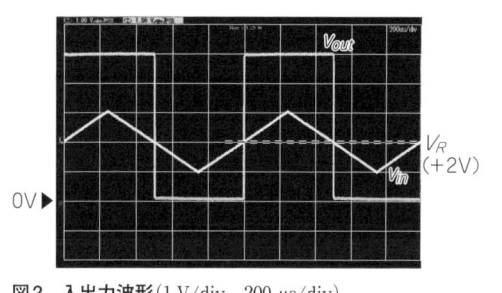

図2　入出力波形（1 V/div，200 μs/div）
入力は2 V_{P-P}の三角波に直流電圧+2 Vを乗せた信号

● 基本形

図1は，コンパレータや電圧比較器，比較器，レベル検出器などと呼ばれる回路です．入力信号を比較するための基準電圧V_Rは，R_1とR_2の比で決まります．この回路は，基準電圧V_RをR_1とR_2で作っていますが，外部から直流電位をV_Rとして供給する場合があります．C_1はV_Rの雑音を除去するためのコンデンサで，回路によっては省略される場合があります．

R_3はコンパレータIC NJM2903の出力電位を決めるためのプルアップ抵抗です．コンパレータICの種類によってはR_3が不要なものがあります．また，コンパレータICの代わりにOPアンプICが使われる場合があります．

▶動作波形

図2は2 V_{P-P}の三角波に直流電圧+2 Vを乗せた信号を入力した場合の入出力波形です．入力v_{in}がV_R = +2 V（= 20 kΩ /（30 kΩ + 20 kΩ）× 5 V）より低い場合は出力v_{out}が0 V（"L"），高い場合は+5 V（"H"）になります．

● 改良またはアレンジされた回路の例

図3は反転型のコンパレータ回路です．基本形の回路との違いは，コンパレータICの反転入力端子と非反転入力端子が入れ替わっていることです．

▶動作波形

図4は2 V_{P-P}の三角波に直流電圧+2 Vを乗せた信号を入力した場合の入出力波形です．v_{in}がV_R = +2 V（= 20 kΩ /（30 kΩ + 20 kΩ）× 5 V）より低い場合は出力v_{out}が+5 V（"H"），高い場合は0 V（"L"）になります．基本形の回路とは"L/H"が逆になります．

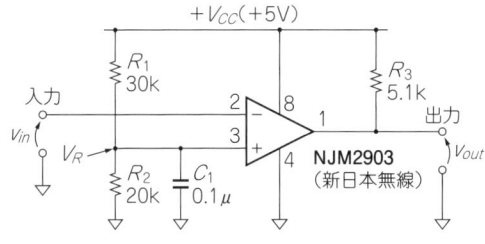

図3　改良またはアレンジされた回路の例
出力の論理が基本形の逆になる

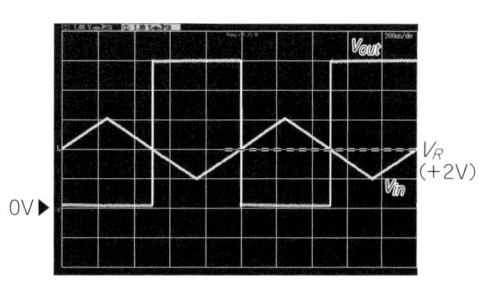

図4　図3の入出力波形（1 V/div，200 μs/div）
入力は2 V_{P-P}の三角波に直流電圧+2 Vを乗せた信号

回路の素 049　ヒステリシス付きコンパレータ 反転型

要点▶ 入力信号が，ある電圧(基準電圧)より大きいと"L"を出力する．信号に多少の雑音が含まれていても確実に判別できる．

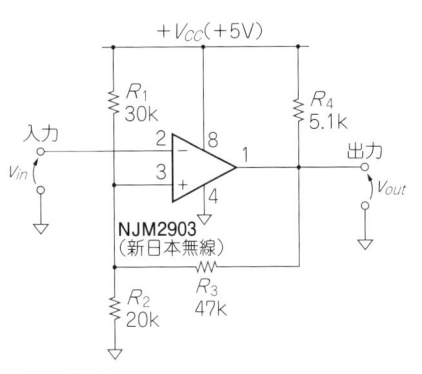

図1　回路図

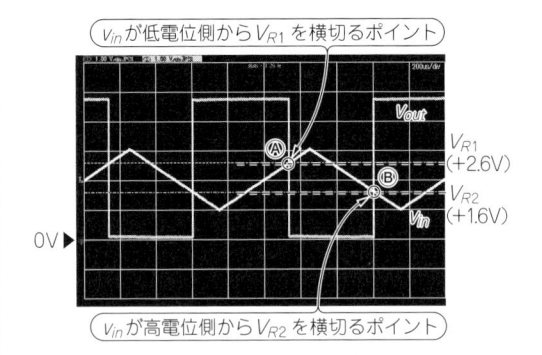

図2　入出力波形(1 V/div，200 μs/div)
入力は2 V_{P-P}の三角波に直流電圧+2 Vを乗せた信号

計算式

- 出力が"H"のときの基準電圧 $V_{R1} = \dfrac{R_2}{R_H + R_2} V_{CC}$ [V]　　$R_H = \dfrac{R_1(R_3 + R_4)}{R_1 + R_3 + R_4}$ [Ω]

※R_4が存在しない場合は，$R_4 = 0\,\Omega$として計算する

- 出力が"L"のときの基準電圧 $V_{R2} = \dfrac{R_L}{R_1 + R_L} V_{CC}$ [V]　　$R_L = \dfrac{R_2 R_3}{R_2 + R_3}$ [Ω]

参考文献 (3)，(5)，(6)

● 基本形

図1はコンパレータや電圧比較器，比較器，レベル検出器などと呼ばれる回路です．入力信号が基準電位を低電位側から超える場合と高電位側から超える場合で基準電位が異なるヒステリシス特性を持っています．これにより，入力信号や電源の雑音による誤動作を防げます．コンパレータICの非反転入力へR_3で正帰還をかけることによって，ヒステリシス特性を持たせています．

R_4はコンパレータIC NJM2903の出力電位を決めるためのプルアップ抵抗です．コンパレータICの種類によってはR_4が不要な場合があります．また，コンパレータICの代わりにOPアンプが使われる場合があります．

▶動作波形

図2は2 V_{P-P}の三角波に直流電圧+2 Vを乗せた信号を入力した場合の入出力波形です．出力v_{out}が"H"(≒ +4.8 V)のときの基準電圧は，V_{R1} = +2.6 V(≒ 20 kΩ/(19 kΩ + 20 kΩ)×5 V)になります．このとき入力v_{in}がV_{R1}より高くなると(Ⓐ点)v_{out}は"L"(≒ 0 V)になります．v_{out}が"L"になった瞬間に基準電圧はV_{R2} = +1.6 V(≒ 14 kΩ/(30 kΩ + 14 kΩ)×5 V)になります．基準電圧が低くなるので，このときにv_{in}に雑音が乗ってV_{R1}より低い電位になってもv_{out}は変化しません．

v_{out}が"L"のときにv_{in}がV_{R2}より低くなると(Ⓑ点)v_{out}が"H"になります．v_{out}が"H"になった瞬間に基準電圧はV_{R1} = +2.6 Vになります．これ以降，v_{in}が雑音によってV_{R2}よりも高い電位になってもv_{out}は変化しません．これが雑音に強いメカニズムです．

ヒステリシス特性の電圧幅($V_{R1} - V_{R2}$)は，入力信号の特性や雑音の状況などを考慮して設定されます．

回路の素 050　ヒステリシス付きコンパレータ 非反転型

要点▶ 入力信号が，ある電圧(基準電圧)より大きいと"H"を出力する．信号に多少の雑音が含まれていても確実に判別できる．

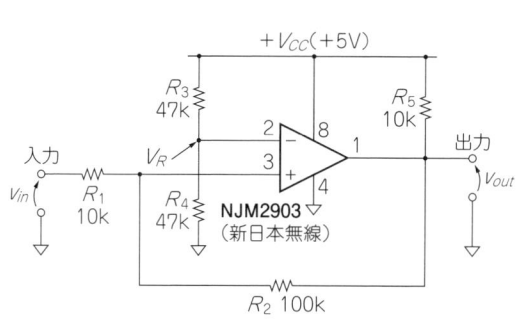

図1　回路図

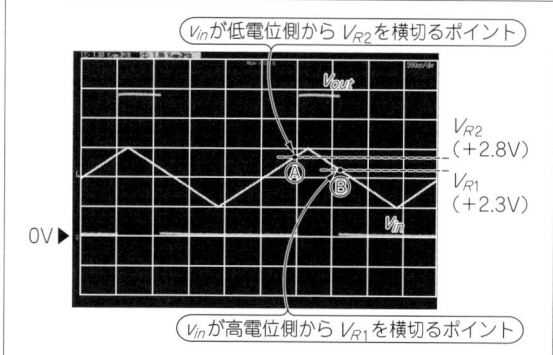

図2　図1の入出力波形 (1 V/div, 200 μs/div)
入力は2 V_{P-P}の三角波に直流電圧+2 Vを乗せた信号

計算式

- 出力が"H"のときの基準電圧 $V_{R1} = \dfrac{(R_1+R_2+R_5)V_R - R_1 V_{CC}}{R_2+R_5}$ [V]

- 出力が"L"のときの基準電圧 $V_{R2} = \dfrac{R_1+R_2}{R_2} V_R$ [V]

$$V_R = \dfrac{R_4}{R_3+R_4} V_{CC} \text{ [V]}$$

※R_5が存在しない場合は$R_5=0$ [Ω] として計算する

参考文献 (3), (5), (6)

● 基本形

図1は，コンパレータや電圧比較器，比較器，レベル検出器などと呼ばれる回路です．入力信号が基準電位を低電位側から超える場合と高電位側から超える場合で基準電位が異なるヒステリシス特性を持っています．これにより，入力信号や電源の雑音による誤動作を防げます．コンパレータICの非反転入力へR_2で正帰還をかけることによって，ヒステリシス特性を持たせています．

R_5はコンパレータIC NJM2903の出力電位を決めるためのプルアップ抵抗です．コンパレータICの種類によってはR_5が不要な場合があります．また，コンパレータICの代わりにOPアンプICが使われる場合があります．

▶動作波形

図2は2 V_{P-P}の三角波に直流電圧+2 Vを乗せた信号を入力した場合の入出力波形です．出力v_{out}が"L"(≒0 V)のときの基準電圧は，$V_{R2} = +2.8$ V(≒(10 kΩ+100 kΩ)/100 kΩ×2.5 V)になります．このとき入力v_{in}がV_{R2}より高くなると(Ⓐ点)v_{out}は"H"(≒+4.8 V)になります．v_{out}が"H"になった瞬間に基準電圧は$V_{R1} = +2.3$ V(≒((10 kΩ+100 kΩ+10 kΩ)×2.5 V−10 kΩ×5 V)/(100 kΩ+10 kΩ))になります．基準電圧が低くなるので，このときにv_{in}に雑音が乗ってV_{R2}より低い電位になってもv_{out}は変化しません．

v_{out}が"H"のときにv_{in}がV_{R1}より低くなると(Ⓑ点)v_{out}が"L"になります．v_{out}が"L"になった瞬間に基準電圧は$V_{R2} = +2.8$ Vになります．これ以降，v_{in}が雑音によってV_{R1}よりも高い電位になってもv_{out}は変化しません．これが雑音に強いメカニズムです．

ヒステリシス特性の電圧幅($V_{R2} - V_{R1}$)は，入力信号の特性や雑音の状況などを考慮して設定されます．

回路の素 051　ウインドウ・コンパレータ

要点▶ 入力信号が二つの基準電圧の間にあることを判別する．

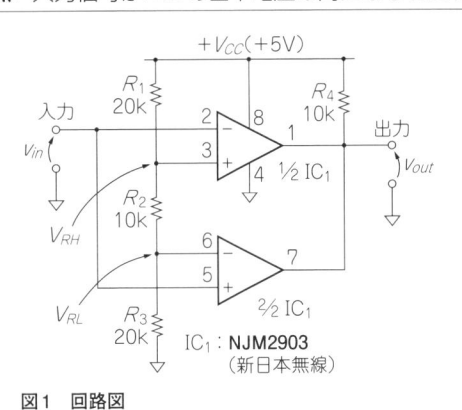

図1　回路図

計算式

- 低電位側基準電圧 $V_{RL} = \dfrac{R_3}{R_1 + R_2 + R_3} V_{CC}$ [V]

- 高電位側基準電圧 $V_{RH} = \dfrac{R_2 + R_3}{R_1 + R_2 + R_3} V_{CC}$ [V]

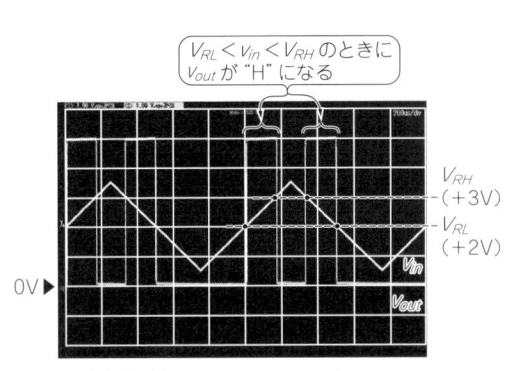

参考文献　(5), (6)

図2　入出力波形 (1 V/div, 200 μs/div)
入力は $3V_{P-P}$ の三角波に直流電圧 +2V を乗せた信号

● 基本形

図1は，入力信号が設定した電圧範囲に入っていることを検出する電圧比較回路です．電圧範囲を窓(Window)に例えてウインドウ・コンパレータと呼ばれています．この回路は，オープン・コレクタ型(またはオープン・ドレイン型)出力のコンパレータICで作った反転型コンパレータ(1/2 IC$_1$)と非反転型コンパレータ(2/2 IC$_1$)を並列接続したような形になります．

電圧範囲を決める二つの基準電圧 V_{RL}, V_{RH} は，R_1, R_2, R_3 で決まります．V_{RL}, V_{RH} は回路外部から直流電位として供給する場合があります．R_4 はコンパレータIC NJM2903 の出力電位を決めるためのプルアップ抵抗です．

▶動作波形

図2は $3V_{P-P}$ の三角波に直流電圧 +2V を乗せた信号を入力した場合の入出力波形です．入力 v_{in} が低電位側基準電圧 $V_{RL} = +2V(= 20kΩ/(20kΩ + 10kΩ + 20kΩ) \times 5V)$ と高電位側基準電圧 $V_{RH} = +3V(= (10kΩ + 20kΩ)/(20kΩ + 10kΩ + 20kΩ) \times 5V)$ の間にあるときだけ，二つのコンパレータICのオープン・コレクタ出力がともにOFFするので，出力 v_{out} が "H"(= +5V)になります．この結果，v_{in} が V_{RL} と V_{RH} の間の電位にあることを検出できます．

● 改良またはアレンジされた回路の例①

図3はプッシュプル型出力のコンパレータICを用いたウインドウ・コンパレータです．このタイプのコンパレータICは，出力どうしを直接接続することができないので，ダイオードAND回路で出力を合成して v_{out} を作っています．動作は基本形の回路とまったく同じです．

▶動作波形

図4は図2と同じ信号を入力した場合の入出力波形です．$V_{RL} < v_{in} < V_{RH}$ のときに $v_{out} =$ "H"$(= +5V)$ になります．ただし，$v_{out} =$ "L" の電位はGNDよりもダイオードの順方向電圧降下 $V_F (≒ 0.6V)$ だけ高くなります．

● 改良またはアレンジされた回路の例②

図5は図3の回路と v_{out} の論理が逆になるウインドウ・コンパレータです．図4の回路と異なるところは，反転型コンパレータと非反転型コンパレータが入れ替わっていることと，二つのコンパレータIC出力をダイオードOR回路で合成していることです．

▶動作波形

図6は図2と同じ信号を入力した場合の入出力波形です．$V_{RL} < v_{in} < V_{RH}$ のときに $v_{out} =$ "L"$(= 0V)$ になります．ただし，$v_{out} =$ "H" の電位は $+V_{CC}(= +5V)$ よりも $V_F(≒ 0.6V)$ だけ低くなります．

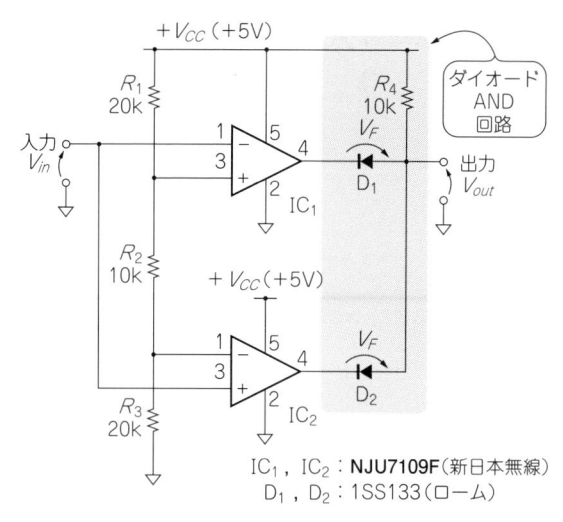

図3 改良またはアレンジされた回路の例①
プッシュプル出力型コンパレータICとダイオードAND回路の組み合わせ

図5 改良またはアレンジされた回路の例②
プッシュプル出力型コンパレータICとダイオードOR回路の組み合わせ

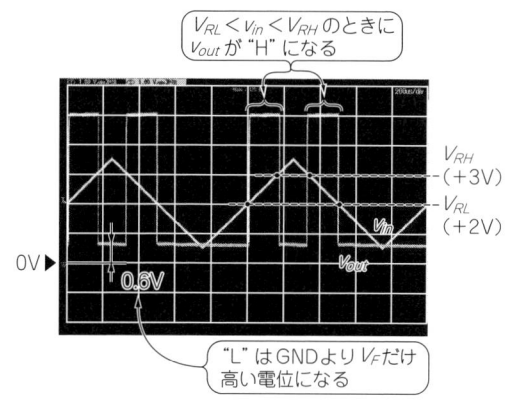

図4 図3の入出力波形（1 V/div, 200 μs/div）
入力は3 V_{P-P} の三角波に直流電圧＋2 Vを乗せた信号

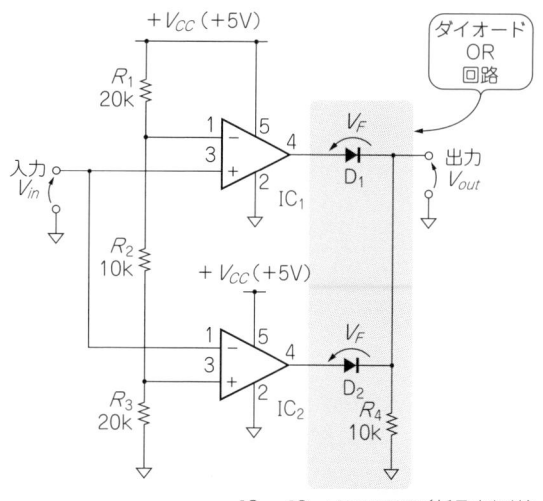

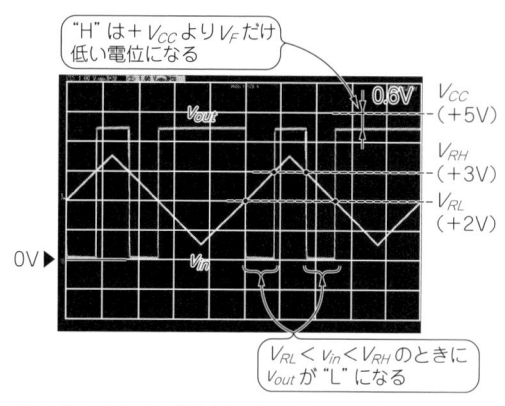

図6 図5の入出力波形（1 V/div, 200 μs/div）
入力は3 V_{P-P} の三角波に直流電圧＋2 Vを乗せた信号

OPアンプ？ コンパレータ？ どっちなの？　　コラム

　図Aは，OPアンプとコンパレータの回路記号です．両者の記号は，基本的にはまったく同じです．回路図からは区別できません．

　しかし，その素子がOPアンプなのかコンパレータなのかということは，回路の動作を読み解くうえでたいへん重要な情報です．素子の型番がわかれば，データシートを見ることで区別できますが，それも面倒です．

　こんなときは，負帰還の有無で見当をつければよいでしょう．

　マイナス記号が表記されている反転入力端子に出力端子から信号が戻っていれば，負帰還がかかっているのでその素子はOPアンプです．

　負帰還がかかっていなければコンパレータです．

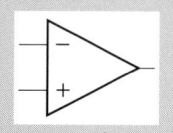

図A OPアンプもコンパレータも回路図記号は同じ

ウインドウ・コンパレータ　113

回路の素 052　リセット信号発生回路 CR型

要点 ▶ マイコンの簡易的なリセット回路. コンデンサの充電に時間がかかることを利用している.

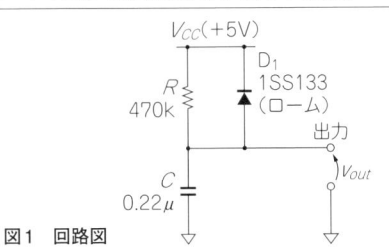

図1　回路図
- V_{CC}(+5V)
- R 470k
- D_1 1SS133（ローム）
- C 0.22μ
- 出力 V_{out}

【計算式】
遅延時間 $t_D = CR$ [s]

ただし, t_D：電源ON時に V_{CC} の63 %に到達するまでの時間

【参考文献】(1), (2), (15), (23), (24)

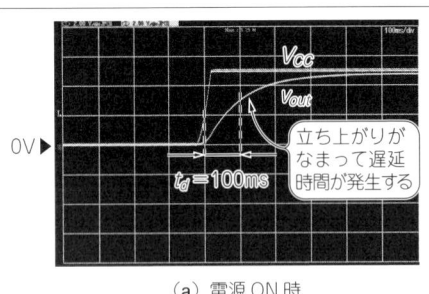

図2　動作波形(2 V/div, 100 ms/div)
電源ON/OFF時の各部の波形

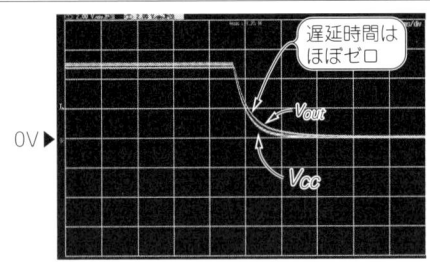

(a) 電源ON時 — 立ち上がりがなまって遅延時間が発生する, t_d = 100ms

(b) 電源OFF時 — 遅延時間はほぼゼロ

● 基本形

図1は，電源ON時にRを通してCを充電することで出力v_{out}の立ち上がりをなまらせて時間遅れを発生させる回路です. 遅延時間t_DはCとRによって決まります.

D_1は電源OFF時にv_{out}を遅延させないためのダイオードです. 電源OFF時にD_1がONしてRをバイパスすることでCを急速放電させます.

▶動作波形

図2は電源ON/OFF時の各部の波形です. 電源ON時は，V_{CC}が立ち上がると同時にV_{out}がゆっくり立ち上がって遅延が発生します. V_{CC}が立ち上がってからt_D = 100 ms($\fallingdotseq$ 0.22 μF × 470 kΩ)でV_{out}はV_{CC}の約63 %になります. 電源OFF時は，D_1を通してCを急速に放電するため遅延時間はほとんど発生しません.

● 改良またはアレンジされた回路の例

図3はCの放電用ダイオードを省略した回路です. t_Dが短い回路やt_Dに比べて電源の立ち下がりが緩やかな回路で使われる場合があります.

▶動作波形

図4は電源ON/OFF時の各部の波形です. 電源ON時は図2とまったく同じですが，電源OFF時はRを通してCを放電するためv_{out}に遅延が発生します. t_D = 100 ms($\fallingdotseq$ 0.22 μF × 470 kΩ)でV_{CC}の約37 %(= 100 % − 63 %)になります.

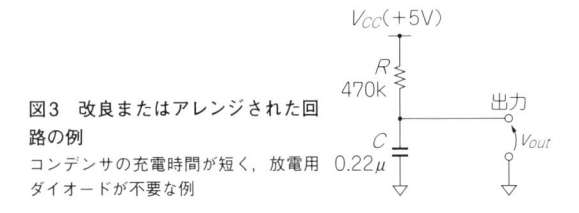

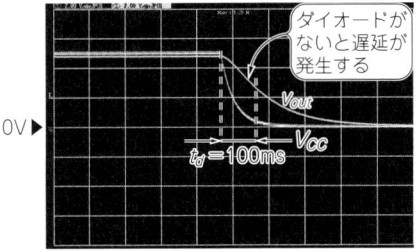

図3　改良またはアレンジされた回路の例
コンデンサの充電時間が短く，放電用ダイオードが不要な例 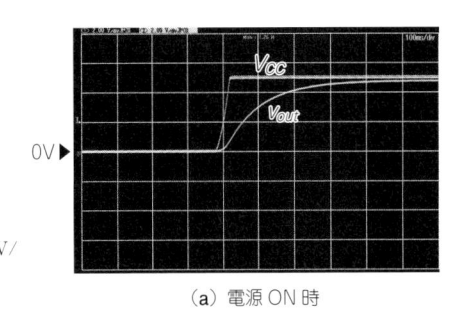
- V_{CC}(+5V)
- R 470k
- C 0.22μ
- 出力 V_{out}

図4　図3の動作波形(2 V/div, 100 ms/div)
電源ON/OFF時の各部の波形

(a) 電源ON時

(b) 電源OFF時 — ダイオードがないと遅延が発生する, t_d = 100ms

回路の素 053　サンプル&ホールド 反転アンプ型

要点▶ 入力信号を保持して出力する．ゲインを1倍以上に設定できる．サンプリング時は1次ロー・パス・フィルタの周波数特性を示す．A-Dコンバータの前段処理やD-Aコンバータの後段処理に使われる．

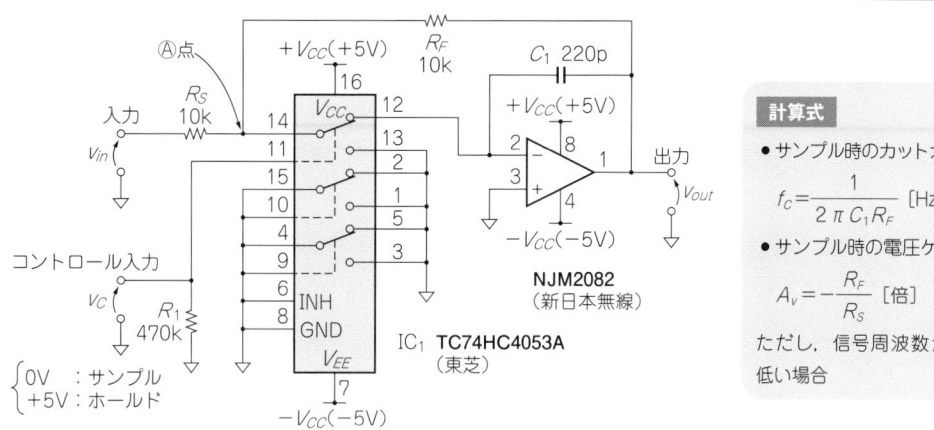

計算式

- サンプル時のカットオフ周波数

$$f_C = \frac{1}{2\pi C_1 R_F} \text{[Hz]}$$

- サンプル時の電圧ゲイン

$$A_v = -\frac{R_F}{R_S} \text{[倍]}$$

ただし，信号周波数がf_Cよりも十分低い場合

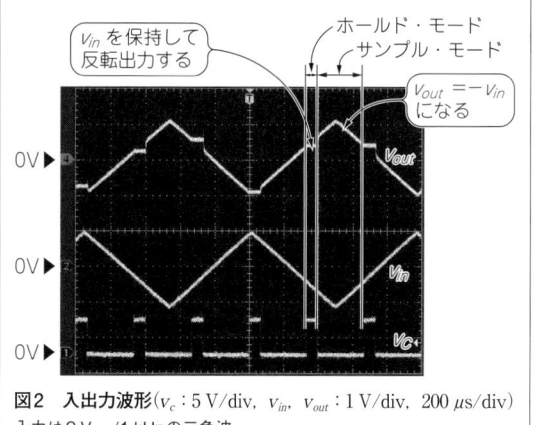

図1 回路図

図2 入出力波形（v_c：5 V/div，v_{in}，v_{out}：1 V/div，200 μs/div）入力は2 V_{p-p}/1 kHzの三角波

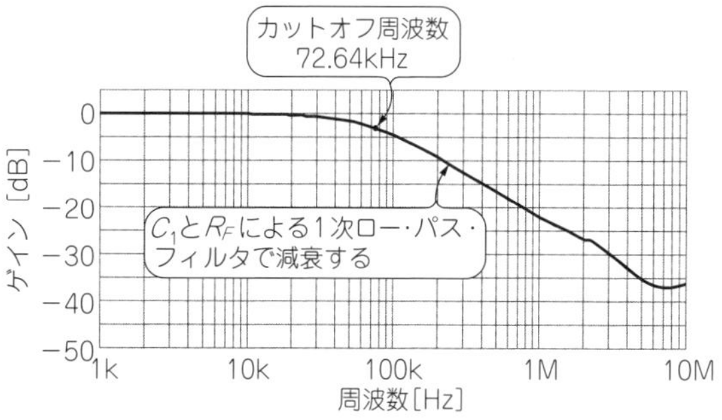

図3 図1の電圧ゲインA_vの周波数特性

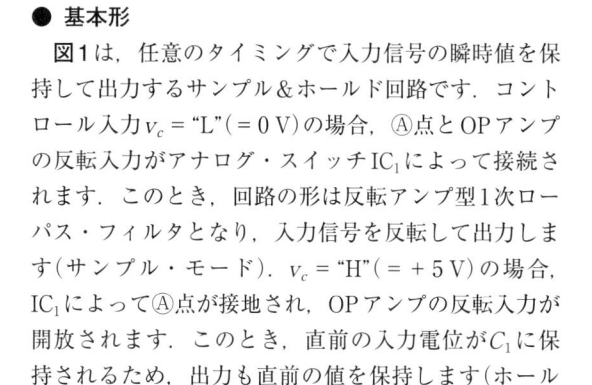

● 基本形

図1は，任意のタイミングで入力信号の瞬時値を保持して出力するサンプル&ホールド回路です．コントロール入力v_c = "L"（= 0 V）の場合，Ⓐ点とOPアンプの反転入力がアナログ・スイッチIC_1によって接続されます．このとき，回路の形は反転アンプ型1次ロー・パス・フィルタとなり，入力信号を反転して出力します（サンプル・モード）．v_c = "H"（= +5 V）の場合，IC_1によってⒶ点が接地され，OPアンプの反転入力が開放されます．このとき，直前の入力電位がC_1に保持されるため，出力も直前の値を保持します（ホールド・モード）．

この回路は，OPアンプの入力バイアス電流（入力端子に流れる電流）などの影響でC_1の電荷が徐々に失われるため，入力信号を長時間ホールドすることはできません．

サンプル・モードにおける電圧ゲインA_vはR_SとR_Fで，カットオフ周波数f_CはC_1とR_Fで決まります．この回路は，$A_v = -1$（= -10 kΩ/10 kΩ），$f_C = 72.3$ kHz（≒ $1/(2\pi \times 220$ pF $\times 10$ k$\Omega))$です．

▶動作波形

図2は，入力v_{in}に1 kHz，2 V_{p-p}の三角波，v_cに3 kHz，0/+5 V，デューティ比20％の方形波を入力した場合の入出力波形です．v_c = 0 Vのサンプル・モードでは，v_{out}はv_{in}を反転した波形になります．v_c = +5 Vのホールド・モードでは，v_{out}はv_cが+5 Vになった瞬間のv_{in}の値を反転して保持した波形になります．

▶周波数特性

図3は，サンプル・モード時（v_c = 0 V）のA_vの周波数特性です．f_C ≒ 72.6 kHzの1次ハイ・パス・フィルタ特性（高域に向かって20 dB/decの傾きで減衰する）になります．

回路の素 054　サンプル&ホールド ボルテージ・フォロワ型

要点▶入力信号を高精度に保持して出力する．サンプリング時は1次ロー・パス・フィルタの周波数特性を示す．高速広帯域動作が可能．A-Dコンバータの前段処理に使われる．

図1　回路図

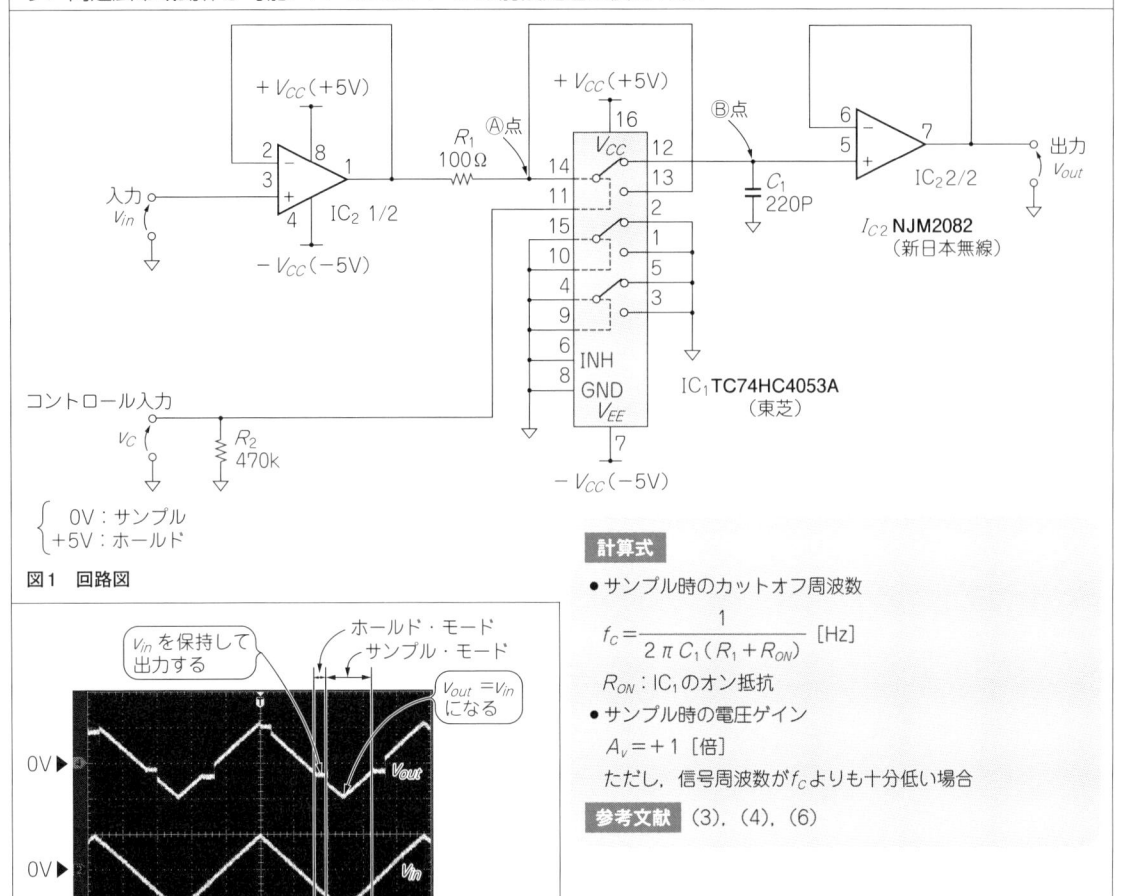

図2　入出力波形（v_c：5 V/div，v_{in}，v_{out}：1 V/div，200 μs/div）入力は2 V_{P-P}/1 kHzの三角波

計算式

- サンプル時のカットオフ周波数

$$f_C = \frac{1}{2\pi C_1 (R_1 + R_{ON})} \ [\text{Hz}]$$

R_{ON}：IC_1のオン抵抗

- サンプル時の電圧ゲイン

$A_v = +1$ ［倍］

ただし，信号周波数がf_Cよりも十分低い場合

参考文献　(3), (4), (6)

● 基本形

図1は，任意のタイミングで入力信号の瞬時値を保持して出力するサンプル&ホールド回路です．コントロール入力v_c = "L"（= 0 V）の場合，Ⓐ点とⒷ点がアナログ・スイッチIC_1によって接続されます．このとき，回路の形はR_1とC_1で形成される1次ロー・パス・フィルタをボルテージ・フォロワで挟んだ形になり，低い周波数の入力信号はそのまま出力されます（サンプル・モード）．v_c = "H"（= +5 V）の場合，IC_1によってⒶ点とⒷ点が分離され，後段のボルテージ・フォロワ（IC_2 2/2）の入力が開放されます．このとき，直前の入力信号の電位がC_1に保持されるため，出力も直前の値を保持します（ホールド・モード）．

この回路は，OPアンプの入力バイアス電流（入力端子に流れる電流）などの影響でC_1の電荷が徐々に失われるため，入力信号を長時間ホールドすることはできません．

サンプル・モードにおける電圧ゲインA_vは1倍（= 0 dB），カットオフ周波数f_CはC_1とR_1，IC_1のオン抵抗で決まります．この回路は，R_{ON} = 55 Ω（データシートより）とするとf_C = 4.67 MHz（≒ 1/(2π × 220 pF × (100 Ω + 55 Ω))）です．

▶動作波形

図2は，入力v_{in}に1 kHz，2 V_{P-P}の三角波，v_cに3 kHz，0/+5 V，デューティ比20 %の方形波を入力した場合の入出力波形です．v_c = 0 Vのサンプル・モ

ード では，$v_{out} = v_{in}$ になります．$v_c = +5$ V のホールド・モードでは，v_{out} は v_c が $+5$ V になった瞬間の v_{in} の値を保持した波形になります．

▶周波数特性

図3は，サンプル・モード時（$v_c = 0$ V）の A_v の周波数特性です．$f_C \fallingdotseq 3.9$ MHz になっています．C_1 と R_1，R_{ON} で決まる f_C（$= 4.67$ MHz）よりも実際の f_C が低いのは，ボルテージ・フォロワ（IC_1 1/2, 2/2）に用いた OP アンプの高域特性が影響するからです．

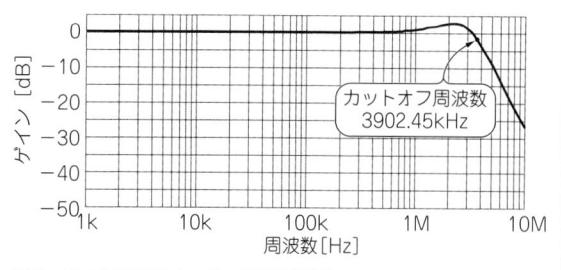

図3 図1の電圧ゲイン A_v の周波数特性

回路の素 055　ピーク・ホールド

要点▶ 入力信号の正の最大値を順次更新して出力する．リセット信号で最大値がリセットされる．

計算式

$v_R = 0$ V のとき
　　$v_{out} =$ 正の最大値（v_{in}）[V]

$v_R = +3$ V のとき
　　$v_{out} = v_{in}$

参考文献 (3), (5), (6)

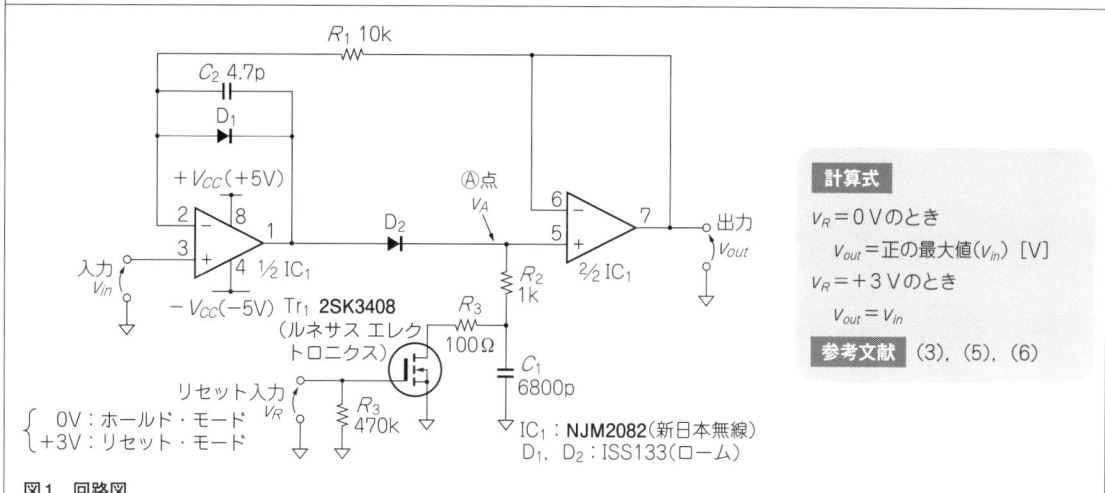

図1　回路図

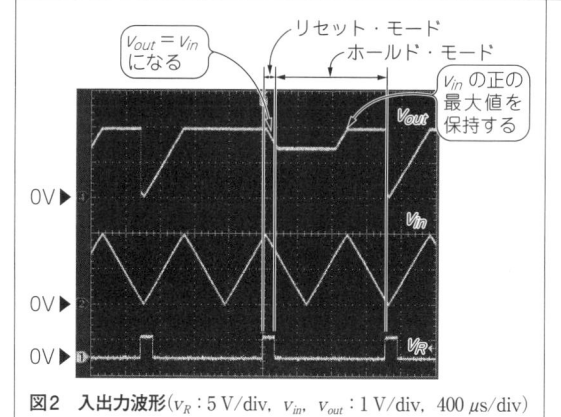

図2　入出力波形（v_R：5 V/div，v_{in}，v_{out}：1 V/div，400 µs/div）入力は 0 V/+2 V，1 kHz の三角波

● 基本形

図1は，入力信号の正の最大値を出力するピーク・ホールド回路です．反転アンプ型半波整流回路（IC_1 1/2）とボルテージ・フォロワ（IC_1 2/2）を直列接続して，出力から入力へ帰還（R_1）をかけたような形の回路です．入力信号のピーク値は順次更新されて C_1 へ電荷の形で蓄積されます．Tr_1 は，C_1 を放電してピーク値をリセットするためのスイッチです．この回路は，Tr_1 と D_2 の漏れ電流（OFF時の逆方向電流）などの影響で C_1 の電荷が徐々に失われるため，ピーク値を長時間保持することはできません．

▶動作波形

図2は入力 v_i に 1 kHz，0 V/+2 V の三角波，リセット入力 v_R に 700 Hz，0 V/+3 V，デューティ比 10％の方形波を入力した場合の入出力波形です．

$v_R = +3$ V（リセット・モード）の場合，Tr_1 が ON して C_1 の両端が短絡され，回路全体はボルテージ・フォロワが2回路直列に接続されたような形になります．そのため，出力 v_{out} は v_i と同じ波形になります．

$v_R = 0$ V（ホールド・モード）の場合は，Tr_1 が OFF して C_1 に電荷が蓄積されます．このとき Ⓐ 点の電位 v_A が v_i より低いときだけ D_2 が ON して C_1 を充電するので，v_A は v_i の正の最大値を順次更新して保持します．IC_1 2/2 はボルテージ・フォロワなので $v_{out} = v_A$ となり，v_i のピーク値を順次更新して保持する出力が得られます．

ピーク・ホールド　117

第6章 整流
入力信号をプラスまたはマイナスの単一極性に変える

電子回路が扱う交流信号は，プラスとマイナスの両方の極性を持っています．整流回路は，入力信号の極性をプラスまたはマイナスの単一極性の信号に変換する回路です．電源回路や信号のレベル検出，復調回路などに使われます．

整流回路には半波整流回路と全波整流回路の2種類があります．半波整流回路は，必要な極性の信号だけを取り出して単一極性の信号に変換します．全波整流回路は，不要な極性の信号を極性反転して必要な極性の信号と合成することで単一極性の信号に変換します．

回路の素 056　　半波整流 ボルテージ・フォロワ型

要点▶ 入力信号の正の半波だけが出力される．10 kHz程度までの低周波回路に用いる．

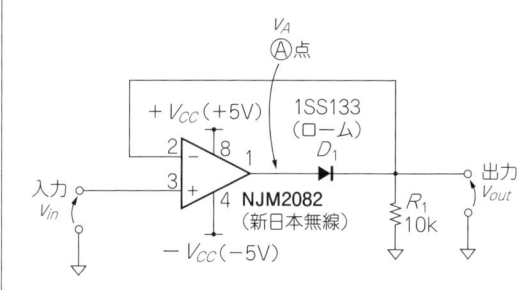

計算式

$v_{in} \leq 0$ のとき　$v_{out} = 0$
$0 < v_{in}$ のとき　$v_{out} = v_{in}$

参考文献　(3), (4), (5), (6)

図1　回路図

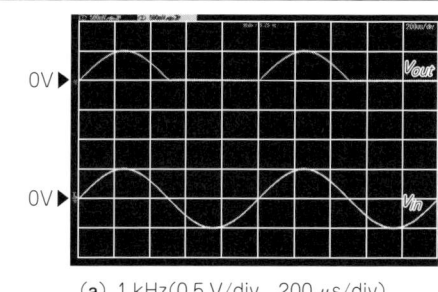

図2　入出力波形
入力は1 V$_{p-p}$の正弦波
(a) 1 kHz (0.5 V/div, 200 μs/div)
(b) 50 kHz (0.5 V/div, 5 μs/div)

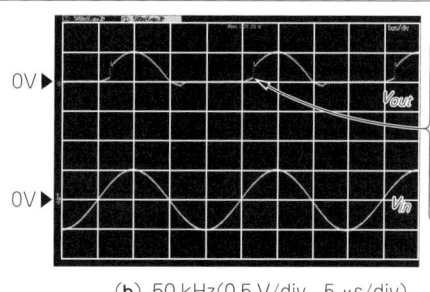

信号周波数が高くなると立ち上がり部分のひずみが目立ってくる

● **基本形**

図1は，入力信号の正側の成分だけを出力する半波整流回路です．理想ダイオードまたは非反転理想ダイオードとも呼ばれます．

入力v_{in}が正電位の場合，ダイオードD_1がONして出力$v_{out} = v_{in}$になります（ボルテージ・フォロワとまったく同じ動作）．v_{in}が負電位の場合，D_1がOFFして$v_{out} = 0$になります．R_1はD_1がOFFしたときにv_{out}の電位をGNDに保つためのプルダウン抵抗です．この結果，入力の正側の半波だけが出力されます．

D_1がONしているときは，ボルテージ・フォロワとして動作するため，入力振幅と等しい高精度の出力（ダイオードの順方向電圧降下や温度などの影響をほとんど受けない）が得られます．

D_1にショットキー・バリア・ダイオードを使う場合があります．

▶**動作波形**

図2は1 V$_{p-p}$の正弦波を入力した場合の各周波数における入出力波形です．v_{in}の正の半波だけが出力されます．信号周波数が高くなるとv_{out}の立ち上がり部分のひずみが目立ってきます．

図3はv_{in}が50 kHzの場合のOPアンプの出力端子Ⓐ

半波整流 ボルテージ・フォロワ型

点の電圧v_Aとv_{out}の波形です．v_{out}が0Vの期間，v_AはOPアンプの負側の最大出力である-3.5V（NJM2082は$-V_{CC}+1.5$V程度）まで振れます．v_{out}の立上り部分ではv_Aが-3.5Vから0Vまで戻るのに時間を必要とするので，その間v_{out}は出力されず$v_{out}\fallingdotseq 0$となってひずみます．

● 改良またはアレンジされた回路

図4はダイオードを逆方向に接続した回路です．この回路は基本形とは逆に，v_{in}が負電位のときにD_1がONして$v_{out}=v_{in}$になります．この結果，入力の負側の半波だけが出力されます．

▶動作波形

図5は$1V_{P-P}$の正弦波を入力した場合の各周波数における入出力波形です．図2と逆極性の出力波形になります．

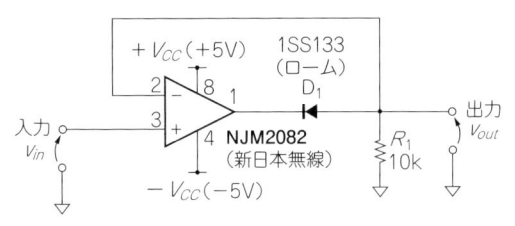

図4 改良またはアレンジされた回路の例
負の半波を出力する回路

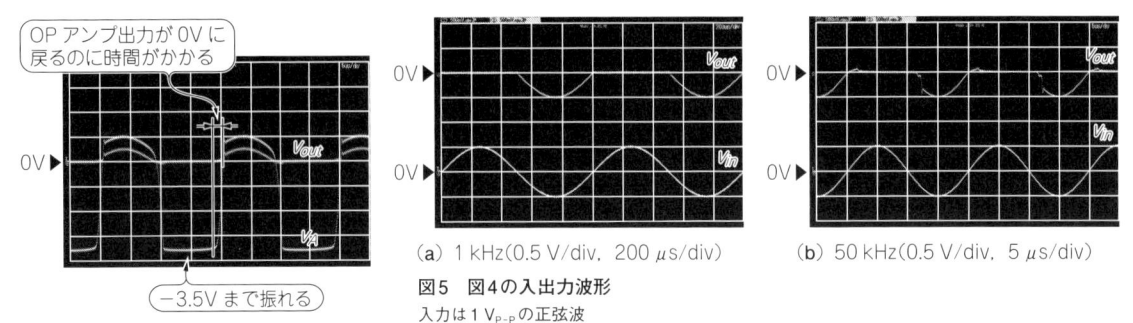

図3 OPアンプの出力v_Aの波形（1 V/div，5 μs/div）
50 kHzを入力したとき

(a) 1 kHz（0.5 V/div，200 μs/div）
(b) 50 kHz（0.5 V/div，5 μs/div）

図5 図4の入出力波形
入力は$1V_{P-P}$の正弦波

回路の素 057　半波整流 ダイオード使用

要点▶ 入力信号の正の半波だけが出力される．出力はダイオードの電圧降下分だけ振幅が小さくなる．低周波回路から高周波回路まで広く用いられる．

図1 回路図

計算式
$v_{in} \leq V_F$ のとき　$v_{out} = 0$
$V_F < v_{in}$ のとき　$v_{out} = v_{in} - V_F$
V_F：Dの順方向電圧降下

参考文献 (4)，(5)，(6)

(a) 1 kHz（1 V/div，200 μs/div）
(b) 1 MHz（1 V/div，200 ns/div）

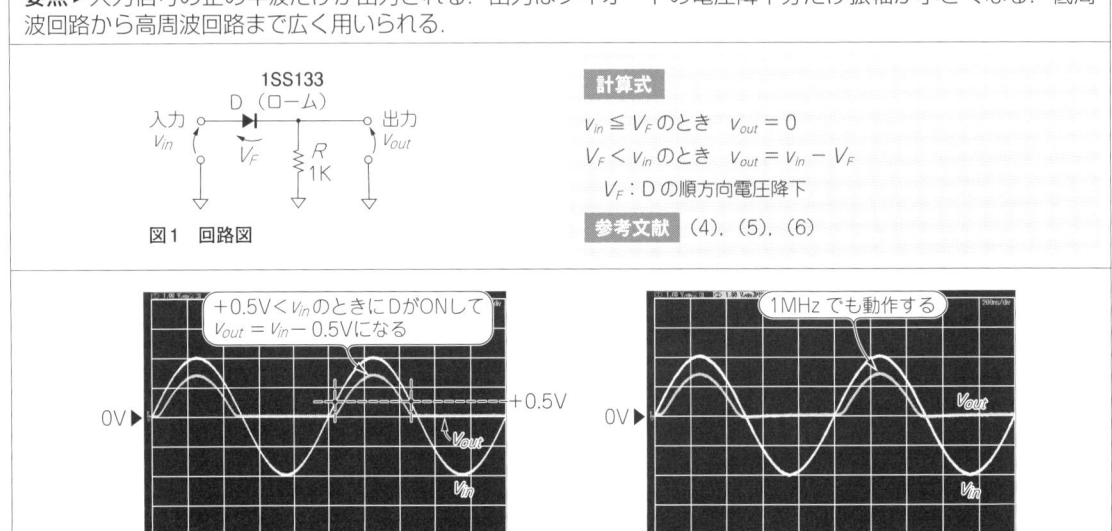

図2 入出力波形
入力は$4V_{P-P}$の正弦波

● 基本形

図1はダイオードの整流機能を利用した半波整流回路です．入力v_{in}がダイオードDの順方向電圧降下V_Fよりも低い場合，DがOFFして出力電圧$v_{out}=0$になります．v_{in}がV_Fよりも高い場合，DがONして$v_{out}=v_{in}-V_F$になります．RはDがOFFしたときにv_{out}の電位をGNDに保つためのプルダウン抵抗です．この結果，入力の正側の半波だけが出力されます．

▶動作波形

図2は4V_{P-P}の正弦波を入力した場合の各周波数における入出力波形です．ここで使用した小信号シリコン・ダイオード1SS133のV_Fは約0.5Vになります．v_{in}がV_F≒0.5Vよりも高い電位になるとDがONしてv_{out}が出力されます．v_{out}はv_{in}よりもV_Fだけ振幅が小さくなります．小信号シリコン・ダイオードは高速にON/OFFすることができるので，図2(b)のように1MHzという高い周波数でも動作します．

● 改良またはアレンジされた回路①

図3はダイオードを小信号ショットキー・バリア・ダイオードRB751G-40に置き換えた回路です．

▶動作波形

図4は4V_{P-P}の正弦波を入力した場合の各周波数における入出力波形です．ここで使用したショットキー・バリア・ダイオードRB751G-40のV_Fは約0.2Vになります．小信号シリコン・ダイオードよりもV_Fが低い分v_{out}の振幅がv_{in}に近くなります．

● 改良またはアレンジされた回路②

図5はダイオードを逆方向に接続した回路です．この回路は基本形とは逆に，v_{in}が$-V_F(=0V-V_F)$よりも低い電位のときだけDがONして，$v_{out}=v_{in}+V_F$になります．この結果，入力の負側の半波だけが出力されます．

▶動作波形

図6は4V_{P-P}の正弦波を入力した場合の各周波数における入出力波形です．図2と逆極性の出力波形になります．

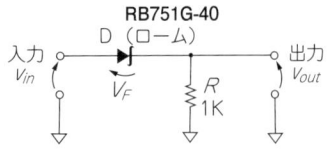

図3 改良またはアレンジされた回路の例①
ショットキー・バリア・ダイオードを使った回路

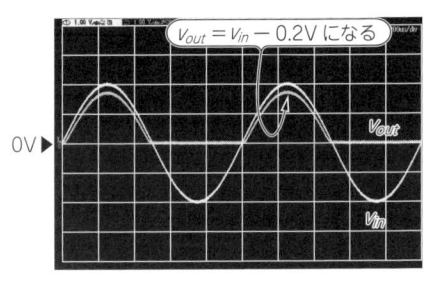

(a) 1 kHz(1 V/div, 200 μs/div)

(b) 1 MHz(1 V/div, 200 ns/div)

図4 図3の入出力波形
入力は4V_{P-P}の正弦波

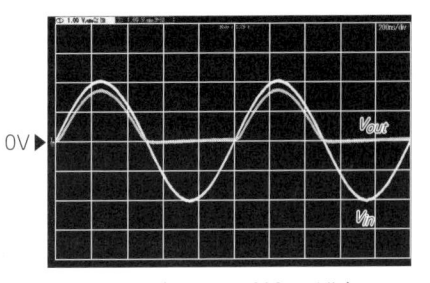

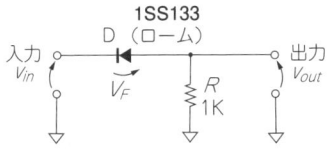

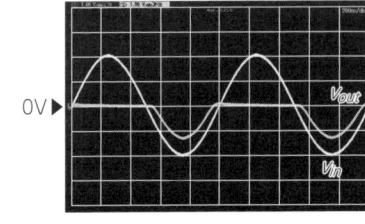

図5 改良またはアレンジされた回路の例②
負の半波を出力する回路

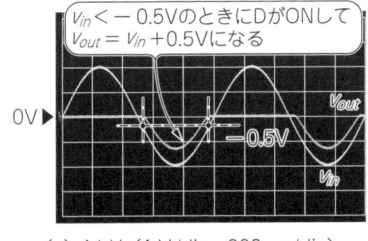

(a) 1 kHz(1 V/div, 200 μs/div)

(b) 1 MHz(1 V/div, 200ns/div)

図6 図5の入出力波形
入力は4V_{P-P}の正弦波

回路の素 058　半波整流 反転アンプ型

要点▶ 入力信号の負側の半波だけが極性反転して出力される．100 kHz程度までの低周波回路に用いる．

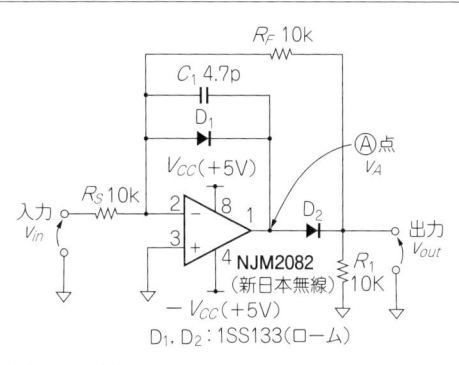

図1　回路図

計算式

$v_{in} < 0$ のとき　$v_{out} = -\dfrac{R_F}{R_S} v_{in}$

$0 \leq v_{in}$ のとき　$v_{out} = 0$

※式中のマイナス符号は極性の反転を意味する

参考文献　(3)，(4)，(5)，(6)

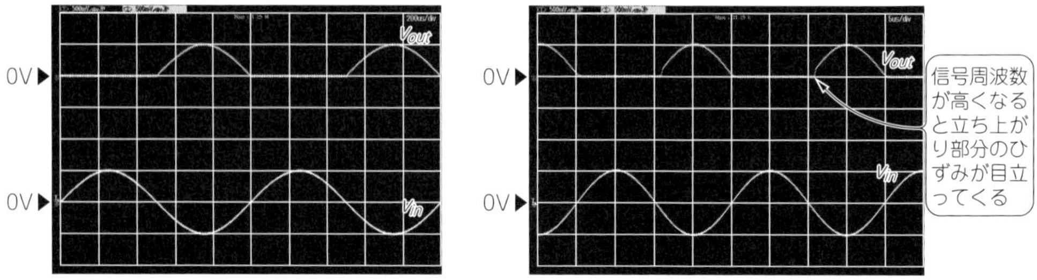

(a) 1 kHz(0.5 V/div，200 μs/div)

(b) 50 kHz(0.5 V/div，5 μs/div)

図2　入出力波形
入力は1 V_{P-P}の正弦波

信号周波数が高くなると立ち上がり部分のひずみが目立ってくる

● 基本形

図1は，入力信号の負側の成分だけを極性反転して出力する半波整流回路です．理想ダイオードまたは反転理想ダイオードとも呼ばれます．

入力v_{in}が負電位の場合，ダイオードD_1がOFF，D_2がONして出力$v_{out} = -R_F/R_S \cdot v_{in}$になります（非反転アンプとまったく同じ動作）．$v_{in}$が正電位の場合，$D_1$がON，$D_2$がOFFして$v_{out} = 0$になります．$R_1$は$D_2$がOFFしたときに$v_{out}$の電位をGNDに保つためのプルダウン抵抗です．この結果，入力の負側の半波だけが逆極性で出力されます．C_1は位相補償のためのコンデンサで，回路によっては省略される場合があります．

v_{in}が負電位のときは，非反転アンプとして動作するため，v_{in}を$-R_F/R_S$倍した高精度の出力（ダイオードの順方向電圧降下や温度などの影響をほとんど受けない）が得られます．

▶動作波形

図2は1 V_{P-P}の正弦波（半波のピーク電圧は0.5 V_{peak}）を入力した場合の各周波数における入出力波形です．v_{in}の負の半波だけを極性反転して出力します．v_{out}の振幅は0.5 $V_{peak} = -10\text{ k}\Omega/10\text{ k}\Omega \times (-0.5\text{ V}_{peak})$にな

OPアンプの出力が立ち上がるのに時間がかかる

−0.5Vまで振れる

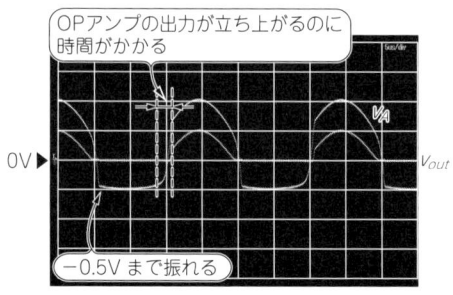

図3　OPアンプの出力v_Aの波形(0.5 V/div，5 μs/div)
50 kHzを入力したとき

ります．信号周波数が高くなると，v_{out}の立ち上がり部分のひずみが目立ってきます．

図3はv_{in}が50 kHzの場合のOPアンプの出力端子Ⓐ点の電圧v_Aとv_{out}の波形です．$v_{out} = 0$ Vの間は$v_A = -0.5$ Vになります（∵D_1がONするので，$v_{out} = 0$ VよりもD_1の順方向電圧降下$V_F = 0.5$ Vだけ低い電位になる）．v_{out}の立ち上がり部分ではv_Aが-0.5 Vから0 Vまで戻るのに時間を必要とするので，その間v_{out}は出力されず$v_{out} \fallingdotseq 0$となりひずみます．

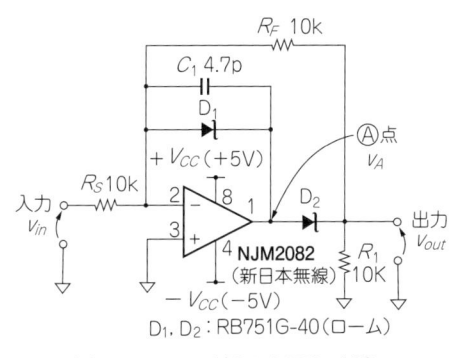

図4 改良またはアレンジされた回路の例①
ショットキー・バリア・ダイオードを使った回路

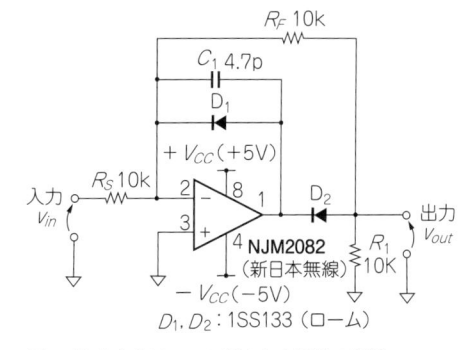

図7 改良またはアレンジされた回路の例②
負の半波を出力する回路

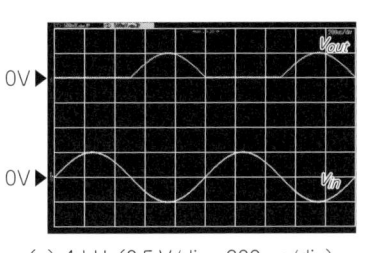

(a) 1 kHz(0.5 V/div, 200 μs/div)

(b) 50 kHz(0.5 V/div, 5 μs/div)

図5 図4の入出力波形
入力は1 V$_{P-P}$の正弦波

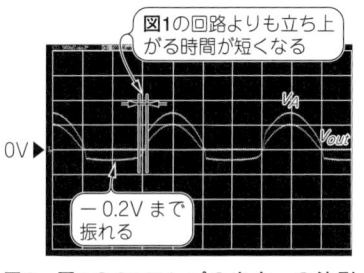

図6 図4のOPアンプの出力v_Aの波形
(0.5 V/div, 5 μs/div)
50 kHzを入力したとき

(a) 1 kHz(0.5 V/div, 200 μs/div)

(b) 50 kHz(0.5 V/div, 5 μs/div)

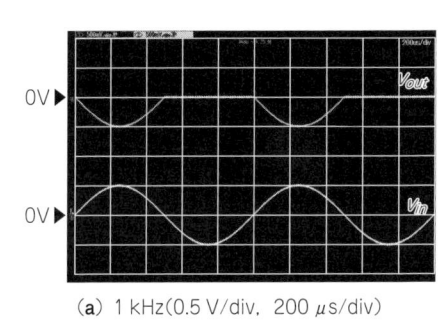

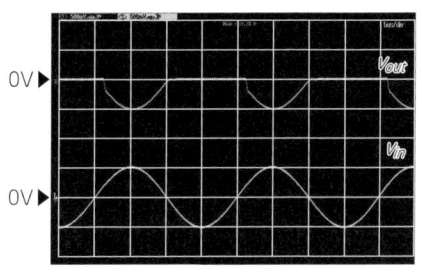

図8 図7の入出力波形
入力は1 V$_{P-P}$の正弦波

● 改良またはアレンジされた回路①

図4はダイオードを小信号ショットキー・バリア・ダイオードRB751G-40に置き換えた回路です．
▶動作波形

図5は1 V$_{P-P}$の正弦波を入力した場合の各周波数における入出力波形です．基本形の回路と比べて，v_{out}の立ち上がり部分のひずみが小さくなります．

図6はv_{in}が50 kHzの場合のv_Aとv_{out}の波形です．$v_{out} = 0$ Vの間は$v_A ≒ -0.2$ Vとなり（$V_F ≒ 0.2$ V），基本形の回路よりも0 Vに近くなります．そのため，OPアンプの出力が立ち上がる時間も短くなり，v_{out}の立ち上がり部分のひずみも小さくなります．

● 改良またはアレンジされた回路②

図7はダイオードを逆方向に接続した回路です．この回路は基本形とは逆に，v_{in}が正電位のときにD$_1$がOFF，D$_2$がONして$v_{out} = -R_F/R_S \cdot v_{in}$になります．この結果，入力の正側の半波が逆極性で出力されます．
▶動作波形

図8は1 V$_{P-P}$の正弦波を入力した場合の各周波数における入出力波形です．図2と逆極性の出力波形になります．

半波整流 反転アンプ型

回路の素 059　全波整流 ダイオード・ブリッジ型

要点▶ 入力信号の絶対値が出力される．出力はダイオード2個の電圧降下分だけ振幅が小さくなる．

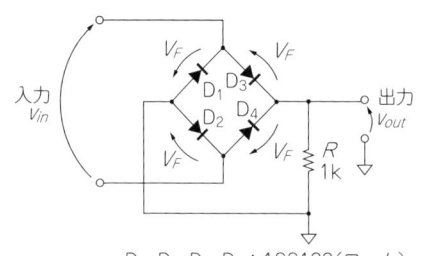

図1　回路図

D_1, D_2, D_3, D_4：1SS133（ローム）

計算式

$|v_{in}| \leq 2V_F$ のとき　出力信号 $v_{out} = 0\,V$

$2V_F < |v_{in}|$ のとき　$v_{out} = |v_{in}| - 2V_F\,[V]$

V_F：ダイオードの順方向電圧降下

参考文献（4）

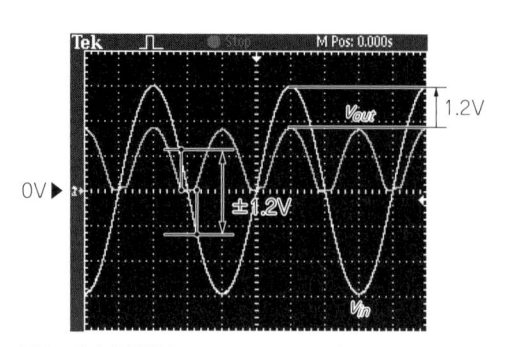

図2　入出力波形（1 V/div，2.5 μs/div）
入力は 6 V_{P-P}/100 kHz の正弦波

● 基本形

図1は，小信号シリコン・ダイオードをブリッジ状に接続して動作させた全波整流回路です．一方向にしか電流を流さないダイオードの整流機能を利用しています．小信号ダイオードは高速スイッチングが可能なので，低周波から数百MHzの広い周波数範囲で使用されています．

▶動作波形

図2は 6 V_{P-P}/100 kHz の正弦波（ピーク電圧は±3 V_{peak}）を入力した場合の入出力波形です．入力信号 v_{in} がダイオードの順方向電圧 $V_F \fallingdotseq 0.6\,V$ 2個分にあたる±1.2 V以下では，出力信号 v_{out} が 0 V になります．v_i が+1.2 V以上または−1.2 V以下になると，v_{out} が出力されます．v_{out} は，v_{in} よりも V_F 2個分にあたる1.2 Vだけ低い値になります．

● 改良またはアレンジされた回路の例

図3は図1の回路のダイオードを小信号ショットキー・バリア・ダイオードRB751G-40に置き換えた回路です．回路の動作は図1とまったく同じですが，ショットキー・バリア・ダイオードは V_F が低いので，図1の回路よりも大きな出力レベルが得られます．

▶動作波形

図4は 6 V_{P-P}/100 kHz の正弦波を入力した場合の入出力波形です．v_{out} が出力されない不感帯の幅が±0.5 V（$V_F \fallingdotseq 0.25\,V$），$v_{out}$ が v_{in} より低下する値が 0.5 V となり，図1の回路よりも大きな出力レベルが得られます．

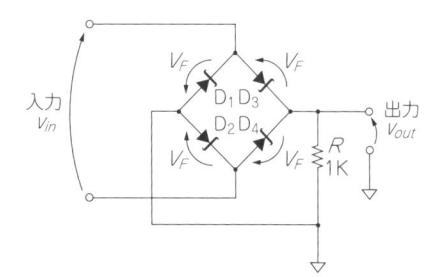

D_1, D_2, D_3, D_4：RB751G-40（ローム）

図3　改良またはアレンジされた回路の例
ショットキー・バリア・ダイオードを使った回路

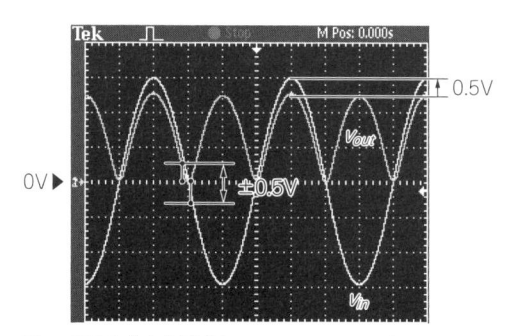

図4　図3の入出力波形（1 V/div，2.5 μs/div）
入力は 6 V_{P-P}/100 kHz の正弦波

回路の素 060　全波整流 単電源用

要点▶ 入力信号の絶対値がOPアンプから出力される．OPアンプの入力端子の絶対最大定格は負電源の電位以下でなければならない．

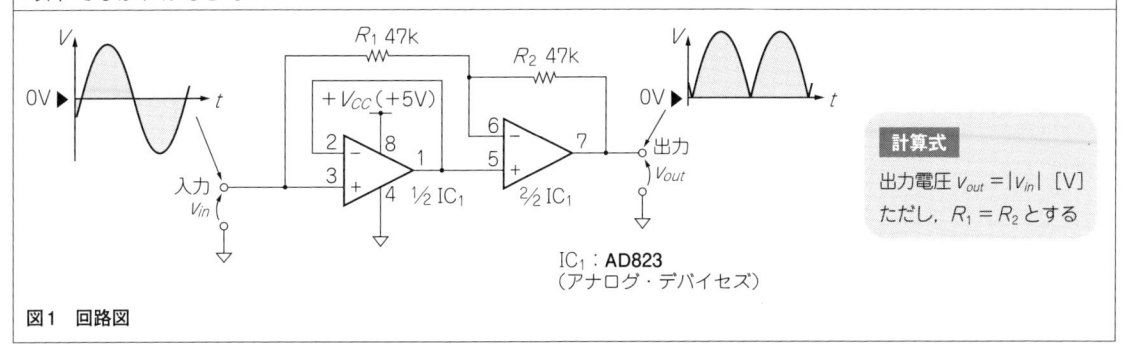

計算式

出力電圧 $v_{out} = |v_{in}|$ [V]
ただし，$R_1 = R_2$ とする

IC_1：AD823（アナログ・デバイセズ）

図1　回路図

単電源では使えないOPアンプもある　　コラム

マイコン周辺のアナログ回路は，多くの場合＋3Vや＋5Vといった正の単一電源で動作させます．また，GNDを基準にして正側へ電圧を出力するセンサなどの信号源をよく扱います．このような用途には，単電源OPアンプやレール・ツー・レールの入出力特性を持つOPアンプが使われます．

明確な定義はありませんが，入出力電圧範囲が負電源の電位を含むものを一般に単電源OPアンプと呼んでいます．単一電源で動作させる場合，OPアンプの負電源端子をGNDに接続しますから，単電源OPアンプを使えば0Vの入力信号から動作させることができます．

「レール」とは，電源ラインのことです．「レール・ツー・レールの入出力特性」は，負電源から正電源までの間の信号を入出力できることを意味します．

図Aの単電源非反転アンプ回路（電圧ゲインは2倍）に0Vから正側へ変化する三角波を入力した場合の動作波形を図Bに示します．図B(a)の一般的なOPアンプは，入力信号が0Vに近い部分でOPアンプの許容範囲を超えてしまうため，出力がおかしくなっています（極性が反転している）．図B(b)の単電源OPアンプは，0Vから変化する理想的な出力が得られています．

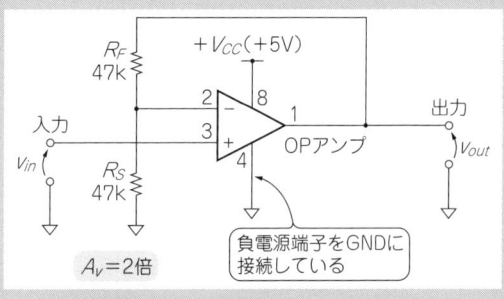

$A_v = 2$倍

負電源端子をGNDに接続している

図A　単電源非反転アンプ回路

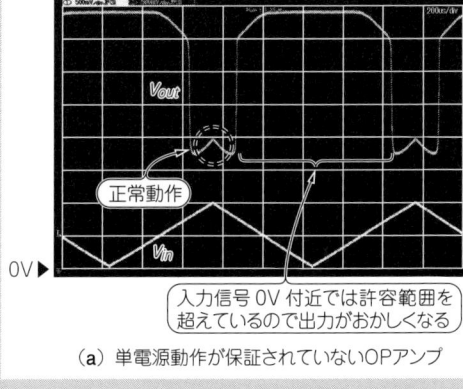

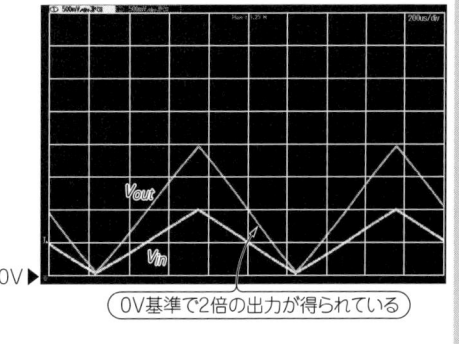

(a) 単電源動作が保証されていないOPアンプ
　正常動作
　入力信号0V付近では許容範囲を超えているので出力がおかしくなる

(b) 単電源OPアンプ NJU7032
　0V基準で2倍の出力が得られている

図B　図Aの入出力波形（0.5 V/div，200 μs/div）

回路の素 061 全波整流 加算型

要点▶ 入力信号に比例した高精度な絶対値が出力される．100kHz程度までの低周波回路に使われる．

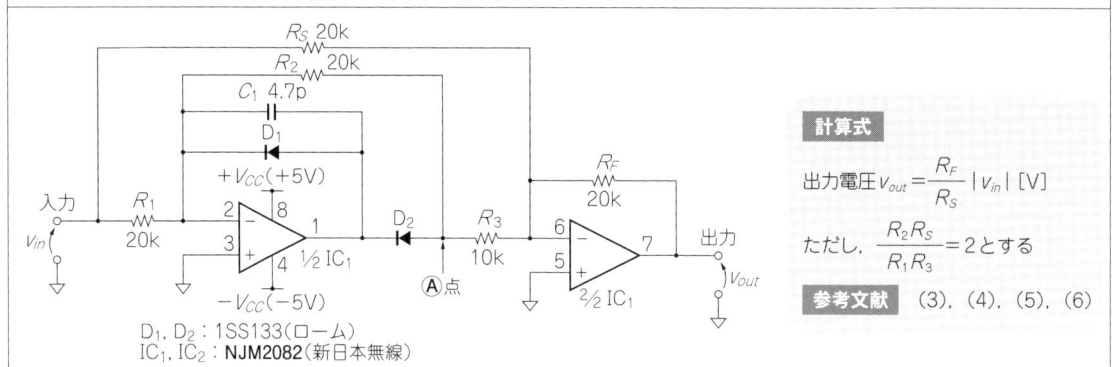

図1 回路図

R_S 20k, R_2 20k, C_1 4.7p, R_1 20k, R_3 10k, R_F 20k
$+V_{CC}$(+5V), $-V_{CC}$(−5V)
D_1, D_2：1SS133（ローム）
IC_1, IC_2：NJM2082（新日本無線）
Ⓐ点

計算式

出力電圧 $v_{out} = \dfrac{R_F}{R_S}|v_{in}|$ [V]

ただし，$\dfrac{R_2 R_S}{R_1 R_3} = 2$ とする

参考文献 (3)，(4)，(5)，(6)

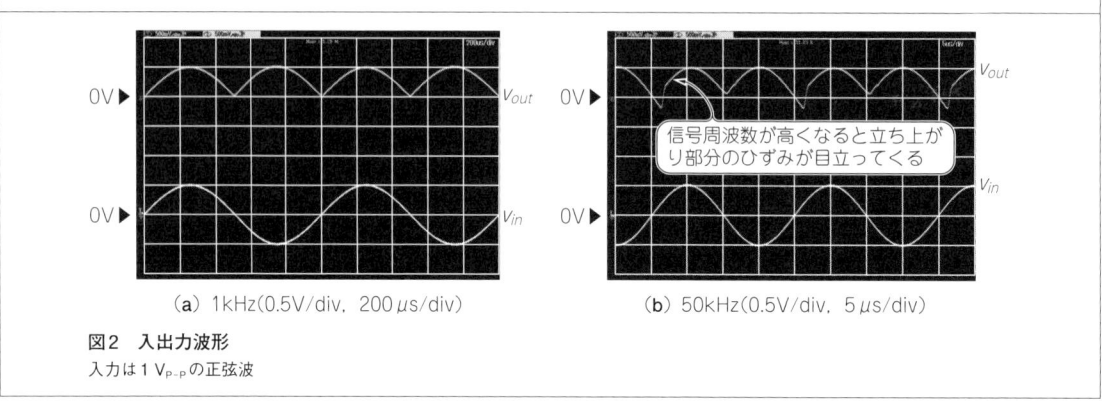

図2 入出力波形 入力は 1 V_{p-p} の正弦波

(a) 1kHz(0.5V/div, 200μs/div)

(b) 50kHz(0.5V/div, 5μs/div)

信号周波数が高くなると立ち上がり部分のひずみが目立ってくる

● 基本形

図1は，反転アンプ型半波整流回路の出力(Ⓐ点)と入力信号を反転アンプ型加算器(IC_1 2/2)で合成することによって，全波整流を行う回路です．出力はすべて正側の信号になるので，絶対値回路とも呼ばれます．

▶動作波形

図2は1 V_{p-p}の正弦波(ピーク電圧は± 0.5 V_{peak})を入力した場合の各周波数における入出力波形です．v_{in}を全波整流した出力v_{out}が得られます．v_{out}の振幅は0.5 V_{peak}(= 20 kΩ /20 kΩ ×|± 0.5 V_{peak}|)です．

信号周波数が高くなると，v_{out}の立ち上がり部分のひずみが目立ってきます．これは，反転アンプ型半波整流回路の出力のひずみがそのまま現われたものです．

● 改良またはアレンジされた回路の例①

図3は基本形の回路のダイオードを小信号ショットキー・バリア・ダイオードRB751G-40に置き換えた回路です．ショットキー・バリア・ダイオードは順方向電圧降下が低いので，反転アンプ型半波整流回路の出力のひずみが小さくなります．

▶動作波形

図4は1 V_{p-p}の正弦波を入力した場合の各周波数における入出力波形です．基本形の回路と比べて，50 kHzにおけるv_{out}の立ち上がり部分のひずみが小さくなります．

● 改良またはアレンジされた回路の例②

図5は入力信号の平均値に比例した出力が得られる平均値回路です．反転型加算器の帰還抵抗R_FにコンデンサC_2を並列接続して，1次ロー・パス・フィルタ特性を持たせています．ロー・パス・フィルタで全波整流した信号から低い周波数成分だけを取り出すことによって，入力信号の平均値が得られます．

ロー・パス・フィルタのカットオフ周波数f_Cは以下のように決まります．

$$f_C = \dfrac{1}{2\pi C_2 R_F} \text{ [Hz]}$$

f_Cは扱う入力信号の周波数よりも十分低く設定されます．図5の回路は，$f_C = 8$ Hz($\fallingdotseq 1/(2\pi \times 1 \mu F \times 20 k\Omega)$)になります．

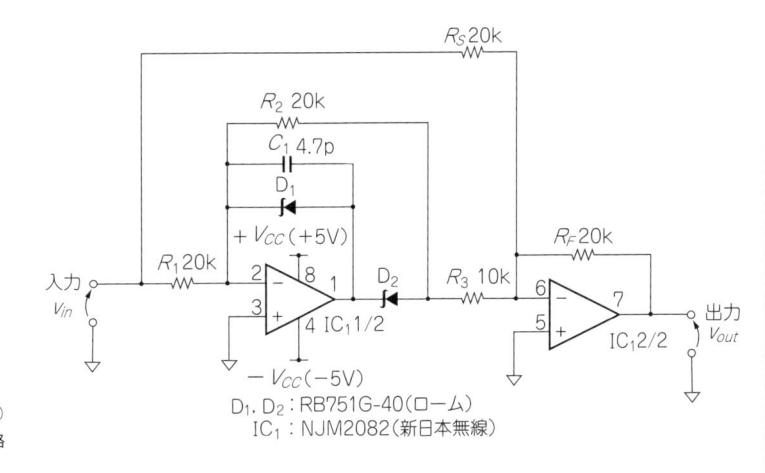

図3 改良またはアレンジされた回路の例①
ショットキー・バリア・ダイオードを使った回路

図4 図3の入出力波形
入力は1 V_{P-P} の正弦波

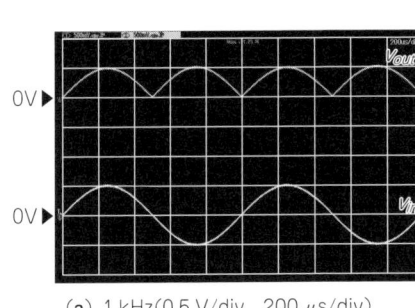

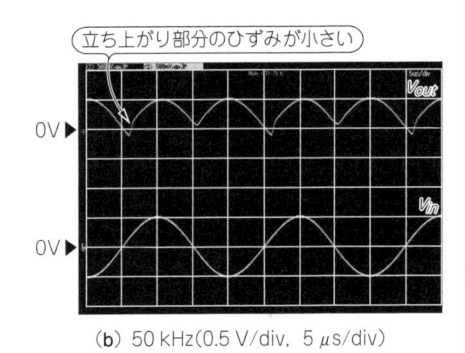

(**a**) 1 kHz(0.5 V/div, 200 μs/div)

(**b**) 50 kHz(0.5 V/div, 5 μs/div)

立ち上がり部分のひずみが小さい

図5 改良またはアレンジされた回路の例②
平均値を出力する回路

▶動作波形

図6は2 V_{P-P}/1 kHz(ピーク電圧は ± 1 V_{peak})の正弦波を入力した場合の入出力波形です．2 V_{P-P} の正弦波の平均値($2/\pi \cdot V_{peak}$)である0.64 V($\fallingdotseq 2/\pi \times 1 V_{peak}$)が得られます．

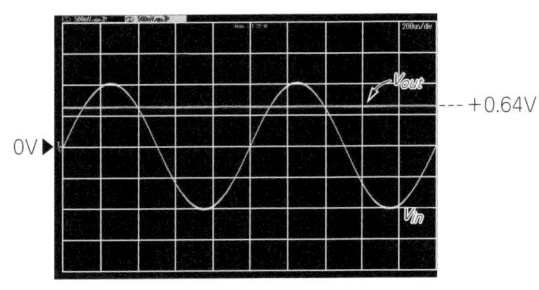

図6 図5の入出力波形(0.5 V/div, 200 μs/div)
入力は2 V_{P-P}/1 kHz の正弦波

全波整流 加算型

回路の素 062 全波整流 減算型

要点▶ 入力信号に比例した高精度な絶対値が出力される．100 kHz 程度までの低周波回路に使われる．

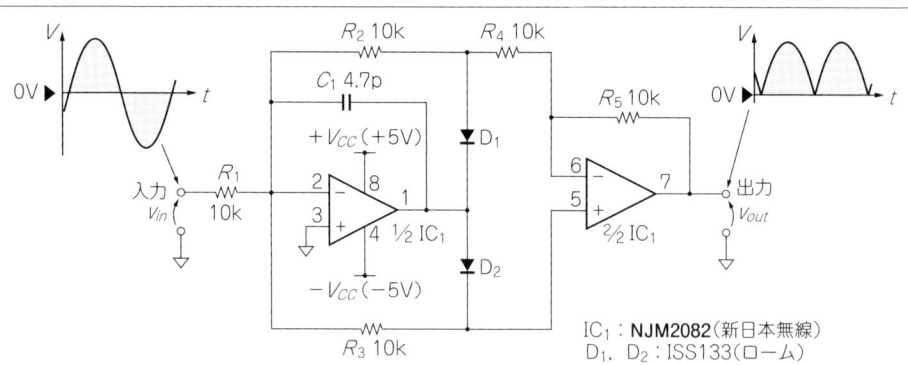

図1　回路図

IC$_1$：NJM2082（新日本無線）
D$_1$，D$_2$：ISS133（ローム）

計算式

出力電圧 $v_{out} = |v_{in}|$ [V]　ただし，$R_1 = R_2 = R_3 = R_4 = R_5$ とする

参考文献　(3)，(5)，(6)

回路の素 063 全波整流 高入力インピーダンス型

要点▶ 入力信号に比例した高精度な絶対値が出力される．100 kHz 程度までの低周波回路に使われる．入力インピーダンスが高い．

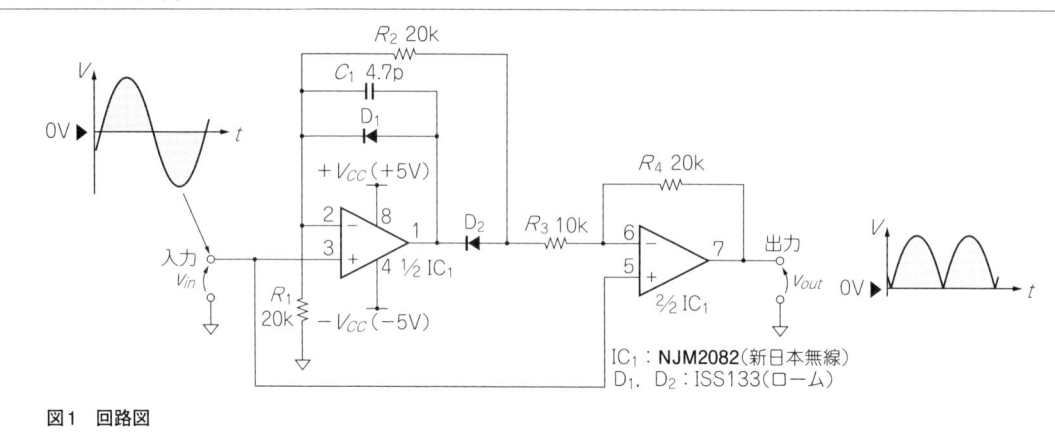

図1　回路図

IC$_1$：NJM2082（新日本無線）
D$_1$，D$_2$：ISS133（ローム）

計算式

出力電圧 $v_{out} = |v_{in}|$ [V]　ただし，$\dfrac{R_2 R_4}{R_1 R_3} = 2$ とする

参考文献　(3)，(5)，(6)

第7章 スイッチ
トランジスタやFETをON/OFF動作させる高効率駆動回路

本章では，モータやスピーカ，LEDなどを効率よく駆動するパワー系スイッチ回路を取り上げます．

電子機器の電源スイッチなどに使われる機械式スイッチは，ONしたときの抵抗がほぼ0Ωなので，大きな電流を流してもスイッチ自体の電力損失がほとんどありません．パワー系スイッチ回路は，FETやトランジスタなどの能動素子を機械式スイッチの代わりに使って，スイッチ自体の電力損失をたいへん低くした駆動回路です．

回路の素064　ロー・サイド バイポーラ・トランジスタ使用

要点▶ 正電源に接続されたLEDやDCモータなどの駆動，ディジタル信号の論理反転，電源電圧の異なる回路間のインターフェース（レベル変換）に使われる．

入力と出力の関係

入力 v_{in}	トランジスタの状態	出力 v_{out} [V]	出力 i_{out} [A]
L	OFF	V_{CC}	0
H	ON	$V_{CE(sat)}$	$\dfrac{V_{CC} - V_{CE(sat)}}{Z_L}$

$V_{CE(sat)}$：トランジスタがONしたときのコレクタ-エミッタ間飽和電圧

参考文献 (4)，(18)，(21)

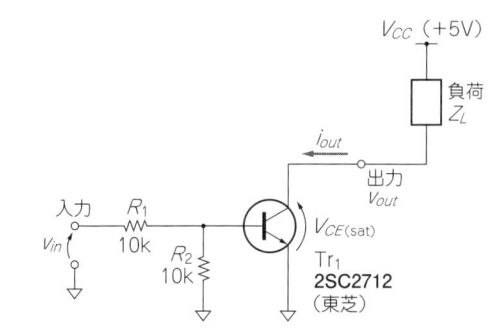

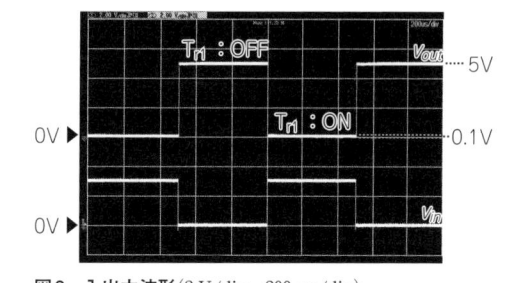

図1　回路図

図2　入出力波形（2 V/div，200 μs/div）
負荷抵抗1 kΩ，入力は0 V/3 Vの1 kHz方形波

● 基本形

図1は，NPN型トランジスタのエミッタを接地して，ベースを入力，コレクタを出力としたスイッチ回路です．入力v_{in}を"H"にするとトランジスタがONして正電源に接続した負荷から電流を吸い込むことができます（電流を吐き出すことはできない）．R_1はベースに流れる電流を制限する抵抗，R_2はトランジスタを確実にOFFさせるためのプルダウン抵抗です．回路によってはR_2を省略する場合があります．

負荷を接続しないで，トランジスタのコレクタをそのまま出力端子とした形のスイッチ回路をオープン・コレクタと呼びます．

▶動作波形

図2は負荷として1 kΩの抵抗を接続して，入力v_{in} = 0 V/3 V，1 kHzの方形波を入力した場合の入出力波形です．v_{in} = 0 VのときはTr$_1$がOFFしてv_{out} = 5 V（= V_{CC}）になります．v_{in} = 3 VのときはTr$_1$がONしてv_{out} ≒ 0.1 V（= $V_{CE(sat)}$）になります．この回路では，コレクタ-エミッタ間飽和電圧$V_{CE(sat)}$ ≒ 0.1 Vになりましたが，$V_{CE(sat)}$の値は使用するトランジスタの品種とコレクタ電流の大きさによって決まります．出力電流i_{out}は4.9 mA（=（5 V − 0.1 V）/1 kΩ）になります．

● 改良またはアレンジされた回路の例①

図3は抵抗内蔵トランジスタを使った回路です．トランジスタ内部にR_1とR_2が内蔵されているため，部品点数を減らせます．R_1，R_2の値はトランジスタの品種によって異なります．

● 改良またはアレンジされた回路の例②

図4は二つのトランジスタをダーリントン接続した回路です．ダーリントン接続は，Tr_1のエミッタをTr_2のベースに接続して回路全体の電流増幅率を高くするものです．こうすると，小さな入力電流で大きな出力電流をスイッチできます．パッケージ内部で二つのトランジスタをダーリントン接続したダーリントン・トランジスタが使われることがあります．

R_1，R_2の働きは基本形の回路と同じです．R_3はTr_2を確実にOFFさせるためのプルダウン抵抗です．回路によってはR_3を省略する場合があります．

表1は入力と出力の関係です．基本形の回路と動作は同じですが，トランジスタがONしたときに$v_{out} \fallingdotseq$ 0.7V（Tr_2のベース-エミッタ間電圧とほぼ等しい値）になることが大きな違いです．

▶動作波形

図5は負荷として47Ωの抵抗を接続して，v_{in} = 0 V/3 V，1 kHzの方形波を入力した場合の入出力波形です．v_{in} = 0 VのときはTr_1，Tr_2ともOFFしてv_{out} = 5 V（= V_{CC}）になります．v_{in} = 3 VのときはTr_1，Tr_2ともONして$v_{out} \fallingdotseq$ 0.7 Vになります．i_{out}は92 mA（$\fallingdotseq$ (5 V − 0.7 V)/47 Ω）になります．

● 改良またはアレンジされた回路の例③

図6はDCモータやリレーなどの誘導性負荷を駆動する回路です．回路の形と動作は基本形の回路とまったく同じですが，トランジスタがOFFしたときに誘導性負荷から発生する逆起電力を吸収するためのフリーホイール・ダイオードD_1が負荷に並列に接続されています．D_1の代わりに，抵抗とコンデンサの直列回路（スナバ回路という）を使うことがあります．

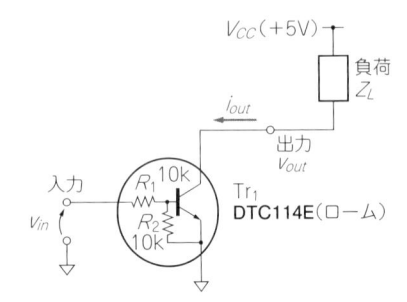

図3 改良またはアレンジされた回路の例①
抵抗内蔵トランジスタを使った回路．部品点数を減らせる

表1 図4の入力と出力の関係

入力	トランジスタの状態		出 力	
v_{in}	Tr_1	Tr_2	v_{out} [V]	i_{out} [A]
L	OFF	OFF	V_{CC}	0
H	ON	ON	約0.7	$\dfrac{V_{CC} - 0.7V}{Z_L}$

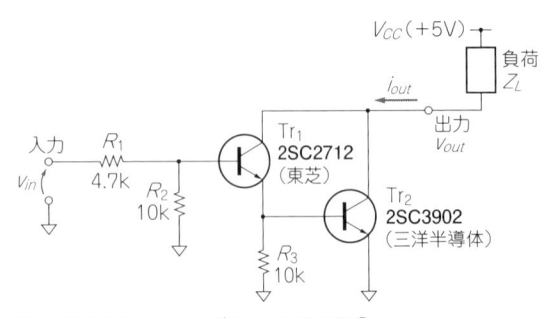

図4 改良またはアレンジされた回路の例②
二つのトランジスタをダーリントン接続した回路．小さな入力電流で大きな出力電流をスイッチできる

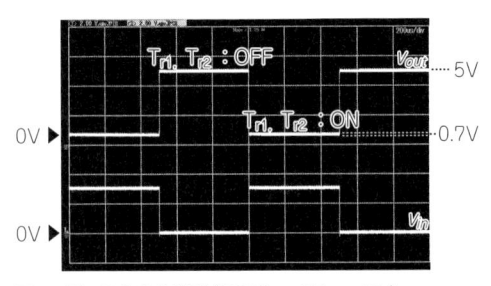

図5 図4の入出力波形（2 V/div，200 μs/div）
負荷抵抗47Ω，入力は0 V/3 Vの1 kHz方形波

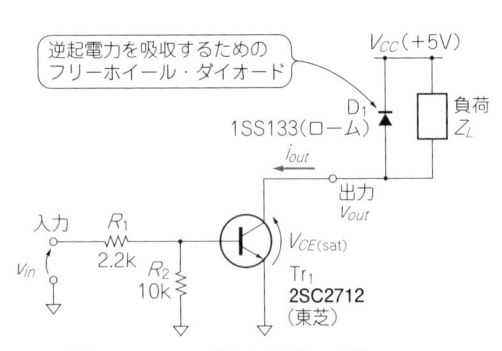

図6 改良またはアレンジされた回路の例③
誘導性負荷を駆動する回路

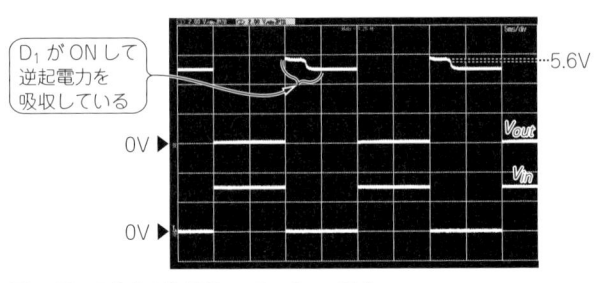

図7 図6の入出力波形（2 V/div，5 ms/div）
負荷は小信号用リレー EE2-5NU（NECトーキン），入力は0 V/3 Vの50 Hz方形波

▶動作波形

図7は負荷として小信号用リレー EE2-5NU(NEC トーキン)を接続して, $v_{in}=0\,\mathrm{V}/3\,\mathrm{V}$, 50 Hzの方形波を入力した場合の入出力波形です. Tr_1 がOFFした後に $v_{out} \fallingdotseq 5.6\,\mathrm{V}$ になっている部分は, D_1 がONしてリレーのコイルから発生する逆起電力を吸収している期間です(D_1 がONするので $v_{out}=V_{CC}+0.6\,\mathrm{V}$ になる).

回路の素 065 ロー・サイド MOSFET使用

要点▶ 正電源に接続されたLEDやDCモータなどの駆動, ディジタル信号の論理反転, 電源電圧の異なる回路間のインターフェース(レベル変換)に使われる. バイポーラ・トランジスタを使った回路よりスイッチング動作が速い.

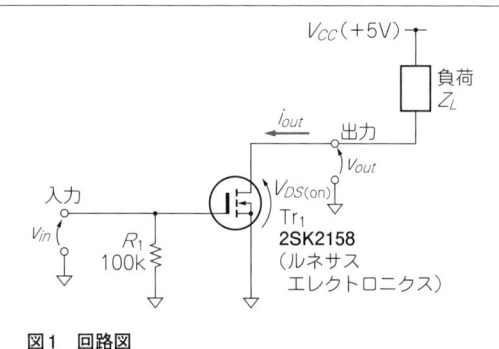

入力と出力の関係

入力 v_{in}	MOSFETの状態	出力 v_{out} [V]
L	OFF	V_{CC}
H	ON	$V_{DS(on)}$

$V_{DS(ON)}$: MOSFETがONしたときのドレイン-ソース間電圧, $V_{DS(ON)} = $ オン抵抗 $R_{DS(ON)} \times$ ドレイン電流 i_D

参考文献 (2), (4), (21), (26), (28)

図1 回路図

回路の素 066 ハイ・サイド バイポーラ・トランジスタ使用

要点▶ グラウンドに接続されたLEDやDCモータなどの駆動, ディジタル信号の論理反転に使われる.

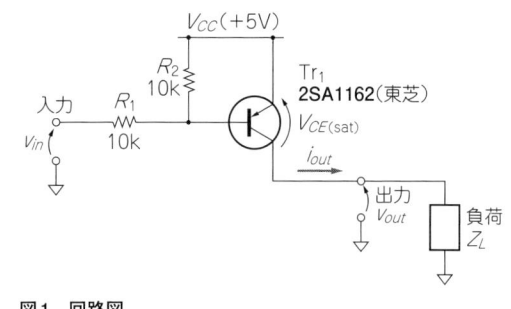

入力と出力の関係

入力 v_{in}	トランジスタの状態	出力 v_{out} [V]	出力 i_{out} [A]
L	ON	$V_{CC} - V_{CE(\mathrm{sat})}$	$\dfrac{V_{CC} - V_{CE(\mathrm{sat})}}{Z_L}$
H	OFF	0	0

$V_{CE(\mathrm{sat})}$: トランジスタがONしたときのコレクタ-エミッタ間飽和電圧

参考文献 (4), (18), (21)

図1 回路図

● 基本形

図1は, PNP型トランジスタのエミッタを正電源に接続して, ベースを入力, コレクタを出力としたスイッチ回路です. 入力 v_{in} を"L"にするとトランジスタがONしてGNDに接続した負荷へ電流が吐き出されます(電流を吸い込むことはできない). R_1 はベースに流れる電流を制限する抵抗, R_2 はトランジスタを確実にOFFさせるためのプルアップ抵抗です. 回路によっては R_2 を省略する場合があります.

負荷を接続しないで, トランジスタのコレクタをそのまま出力端子とした形のスイッチ回路をオープン・コレクタと呼びます.

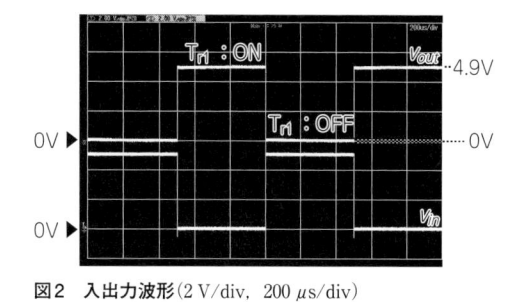

図2 入出力波形($2\,\mathrm{V/div}$, $200\,\mu\mathrm{s/div}$)
負荷抵抗 $1\,\mathrm{k}\Omega$, 入力は $0\,\mathrm{V}/5\,\mathrm{V}$ の1 kHz方形波

▶動作波形

図2は負荷として1kΩの抵抗を接続して，入力v_{in} = 0 V/5 V，1 kHzの方形波を入力した場合の入出力波形です．v_{in} = 5 VのときはTr_1がOFFしてv_{out} = 0 Vになります．v_{in} = 0 VのときはTr_1がONしてv_{out} ≒ 4.9 V（= 5 V - $V_{CE(\mathrm{sat})}$）になります．この回路では，コレクタ・エミッタ間飽和電圧$V_{CE(\mathrm{sat})}$ ≒ 0.1 Vになりましたが，$V_{CE(\mathrm{sat})}$の値は使用するトランジスタの品種とコレクタ電流の大きさによって決まります．出力電流i_{out}は4.9 mA（= 4.9 V/1 kΩ）になります．

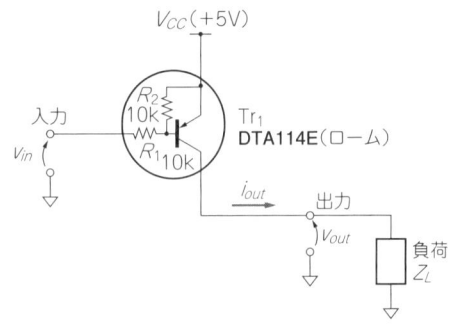

図3 改良またはアレンジされた回路の例①
抵抗内蔵トランジスタを使った回路．部品点数を減らせる

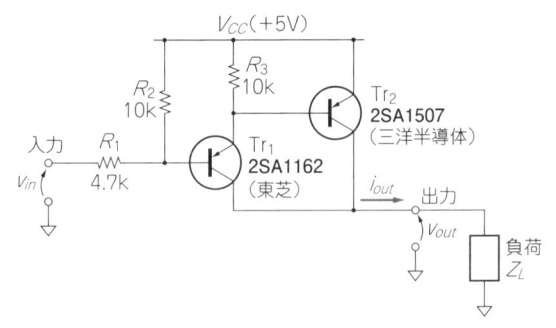

図4 改良またはアレンジされた回路の例②
二つのトランジスタをダーリントン接続した回路．小さな入力電流で大きな出力電流をON/OFFできる

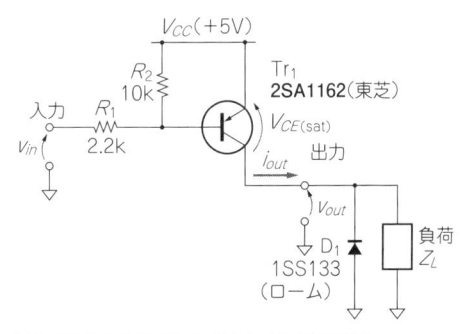

図6 改良またはアレンジされた回路の例③
誘導性負荷を駆動する回路

● 改良またはアレンジされた回路の例①

図3は抵抗内蔵トランジスタを使った回路です．トランジスタ内部にR_1とR_2が内蔵されているため，部品点数を削減できます．R_1，R_2の値はトランジスタの品種によって異なります．

● 改良またはアレンジされた回路の例②

図4は二つのトランジスタをダーリントン接続した回路です．ダーリントン接続は，Tr_1のエミッタをTr_2のベースに接続して回路全体の電流増幅率を高くするものです．こうすると，小さな入力電流で大きな出力電流をスイッチできます．

R_1，R_2の働きは基本形の回路と同じです．R_3はTr_2を確実にOFFさせるためのプルアップ抵抗です．回路によってはR_3を省略する場合があります．

表1は入力と出力の関係です．基本形の回路と動作は同じですが，トランジスタがONしたときにv_{out} ≒ V_{CC} - 0.7 V（0.7 VはTr_2のベース-エミッタ間電圧とほぼ等しい値）になることが大きな違いです．

表1 図4の入力と出力の関係

入力	トランジスタの状態		出力	
v_{in}	Tr_1	Tr_2	v_{out} [V]	i_{out} [A]
L	ON	ON	V_{CC} - 0.7	$\dfrac{V_{CC} - 0.7\mathrm{V}}{Z_L}$
H	OFF	OFF	0	0

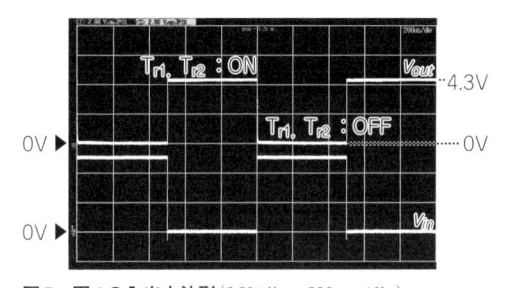

図5 図4の入出力波形（2 V/div，200 μs/div）
負荷抵抗47 Ω，入力は0 V/5 Vの1 kHz方形波

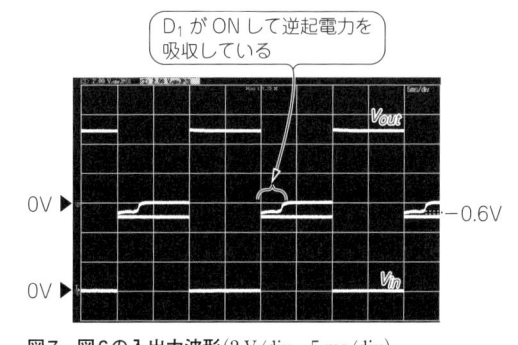

図7 図6の入出力波形（2 V/div，5 ms/div）
負荷は小信号用リレー EE2-5NU（NECトーキン），入力は0 V/5 Vの50 Hz方形波

▶動作波形

図5は負荷として47Ωの抵抗を接続して,$v_{in} =$ 0 V/5 V,1 kHzの方形波を入力した場合の入出力波形です.$v_{in} = 5$ VのときはTr$_1$,Tr$_2$ともOFFして$v_{out} = 0$ Vになります.$v_{in} = 0$ VのときはTr$_1$,Tr$_2$ともONして$v_{out} ≒ 4.3$ V($= 5$ V $- 0.7$ V)になります.i_{out}は92 mA($= 4.3$ V/47Ω)です.

● 改良またはアレンジされた回路の例③

図6はDCモータやリレーなどの誘導性負荷を駆動する回路です.回路の形と動作は基本形の回路とまったく同じですが,トランジスタがOFFしたときに誘導性負荷から発生する逆起電力を吸収するためのフリーホイール・ダイオードD$_1$が負荷に並列に接続されています.D$_1$の代わりに,抵抗とコンデンサの直列回路(スナバ回路という)を使うことがあります.

▶動作波形

図7は負荷として小信号用リレー EE2-5NU(NECトーキン)を接続して,$v_{in} = 0$ V/5 V,50 Hzの方形波を入力した場合の入出力波形です.Tr$_1$がOFFした後に$v_{out} ≒ -0.6$ Vになっている部分は,D$_1$がONしてリレーのコイルから発生する逆起電力を吸収している期間です(D$_1$がONするので$v_{out} = $ GND $- 0.6$ Vになる).

回路の素 067　ハイ・サイド バイポーラ・トランジスタ使用 高電圧用

要点▶グラウンドに接続されたLEDやDCモータなどを入力電圧よりも高い電圧で駆動する場合に使われる.

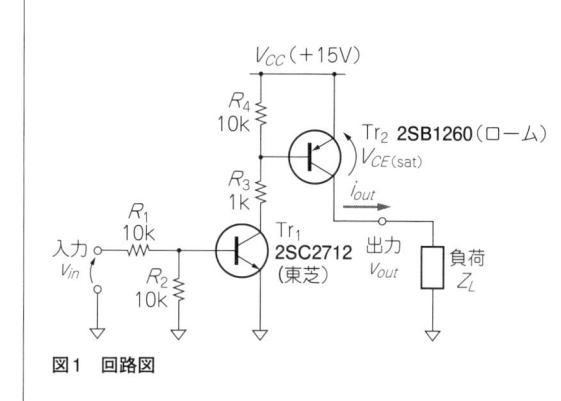

入力と出力の関係

入力 v_{in}	トランジスタの状態		出　力	
	Tr$_1$	Tr$_2$	v_{out} [V]	i_{out} [A]
L	OFF	OFF	0	0
H	ON	ON	$V_{CC} - V_{CE(sat)}$	$\dfrac{V_{CC} - V_{CE(sat)}}{Z_L}$

$V_{CE(sat)}$:トランジスタTr$_2$がONしたときのコレクタ-エミッタ間飽和電圧

参考文献　(4),(18),(21)

図1　回路図

● 基本形

図1はNPN型トランジスタのロー・サイド・スイッチとPNP型トランジスタのハイ・サイド・スイッチを直列に組み合わせた回路です.入力v_{in}を "H" にするとTr$_1$とTr$_2$がONしてGNDに接続した負荷へ電流が吐き出されます(電流を吸い込むことはできない).Tr$_2$のベースをTr$_1$を介して駆動しているので,v_{in}とV_{CC}の電圧は無関係になり,V_{CC}をv_{in}よりも高く設定することができます.

R_1はTr$_1$のベース電流を制限する抵抗,R_2はTr$_1$を確実にOFFさせるためのプルダウン抵抗です.R_3はTr$_2$のベース電流を制限する抵抗,R_4はTr$_2$を確実にOFFさせるためのプルアップ抵抗です.

▶動作波形

図2は負荷として100Ωの抵抗を接続して,$v_{in} =$ 0 V/3 V,1 kHzの方形波を入力した場合の入出力波形です.$v_{in} = 0$ VのときはTr$_1$とTr$_2$がOFFして$v_{out} = 0$ Vになります.$v_{in} = 3$ VのときはTr$_1$とTr$_2$がONして$v_{out} ≒ 14.9$ V($= 15$ V $- V_{CE(sat)}$)になります.この回路では,Tr$_2$のコレクタ-エミッタ間飽和電圧$V_{CE(sat)} ≒ 0.1$ Vですが,$V_{CE(sat)}$の値は使用するトランジスタの品種とコレクタ電流の大きさによって決まります.

出力電流i_{out}は149 mA($= 14.9$ V/100Ω)になります.

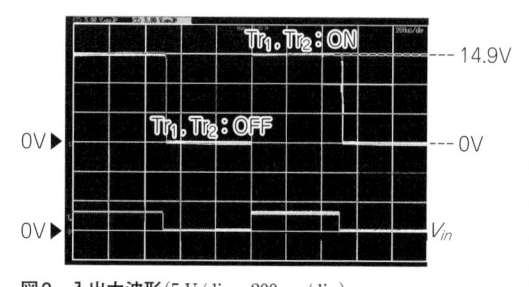

図2　入出力波形(5 V/div,200 μs/div)
負荷抵抗100Ω,入力は0 V/3 Vの1 kHz方形波

回路の素 068　ハイ・サイド MOSFET使用

要点▶ グラウンドに接続されたLEDやDCモータなどの駆動，ディジタル信号の論理反転に使われる．バイポーラ・トランジスタを使った回路よりスイッチング動作が速い．

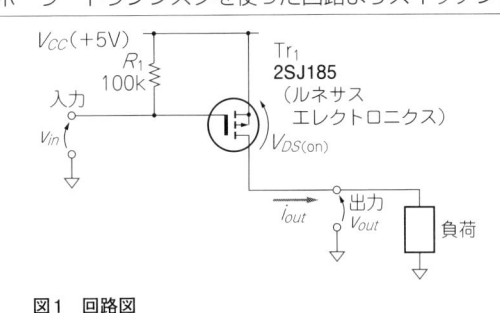

入力と出力の関係

入力 v_{in}	MOSFET の状態	出力 v_{out} [V]
L	ON	$V_{CC} - V_{DS(on)}$
H	OFF	0

$V_{DS(ON)}$：MOSFETがONしたときのドレイン-ソース間電圧，$V_{DS(ON)}$ = オン抵抗 $R_{DS(on)}$ × ドレイン電流 i_D

参考文献 (2)，(4)，(21)，(26)，(28)

図1　回路図

回路の素 069　ハーフ・ブリッジ バイポーラ・トランジスタ使用

要点▶ 説明：モータやスピーカなどの負荷を正負両方向の電圧で駆動することができる．二つの電源が必要．

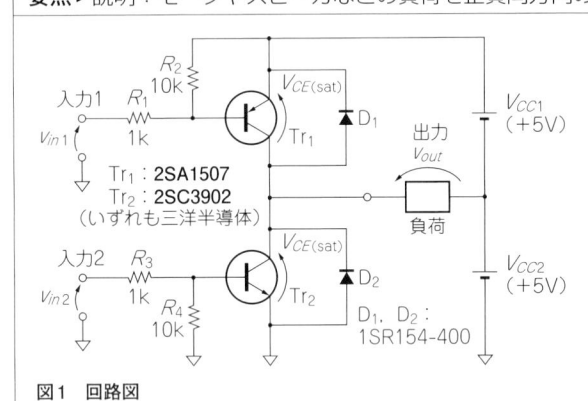

入力と出力の関係

入力		トランジスタの状態		出力 v_{out} [V]
v_{in1}	v_{in2}	Tr_1	Tr_2	
L	L	ON	OFF	$V_{CC1} - V_{CE(sat)}$
H	L	OFF	OFF	不定
H	H	OFF	ON	$-V_{CC2} + V_{CE(sat)}$

$V_{CE(sat)}$：トランジスタがONしたときのコレクタ-エミッタ間飽和電圧
※ Tr_1，Tr_2 が同時にONする入力条件は除外してある

参考文献 (4)，(18)，(21)

図1　回路図

回路の素 070　ハーフ・ブリッジ MOSFET使用

要点▶ モータやスピーカなどの負荷を正負両方向の電圧で駆動することができる．二つの電源が必要．バイポーラ・トランジスタを使った回路よりスイッチング動作が速い．

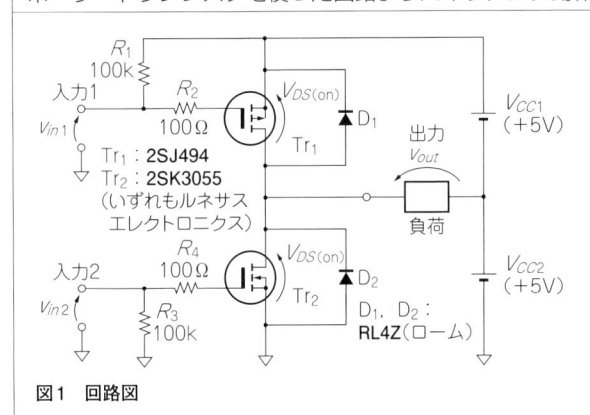

入力と出力の関係

入力		MOSFETの状態		出力 v_{out} [V]
v_{in1}	v_{in2}	Tr_1	Tr_2	
L	L	ON	OFF	$V_{CC1} - V_{DS(on)}$
H	L	OFF	OFF	不定
H	H	OFF	ON	$-V_{CC2} + V_{DS(on)}$

$V_{DS(on)}$：MOSFETがONしたときのドレイン-ソース間電圧，$V_{DS(on)}$ = 抵抗 $R_{DS(on)}$ × ドレイン電流 i_D
※ Tr_1，Tr_2 が同時にONする入力条件は除外してある

参考文献 (2)，(4)，(21)，(26)，(28)

図1　回路図

回路の素 071　　フル・ブリッジ MOSFET使用

要点 ▶ モータやスピーカなどの負荷を正負両方向の電圧で駆動することができる．単電源で動作する．バイポーラ・トランジスタを使った回路よりスイッチング動作が速い．

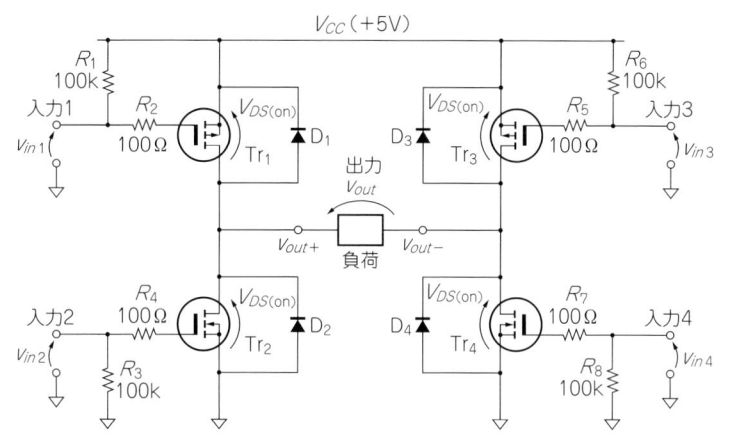

Tr$_1$，Tr$_3$：2SJ494（ルネサス エレクトロニクス）
Tr$_2$，Tr$_4$：2SK3055（ルネサス エレクトロニクス）
D$_1$，D$_2$，D$_3$，D$_4$：RL4Z（サンケン電気）

図1　回路図

入力と出力の関係

入力 [V]				MOSFETの状態				出力 [V]		
v_{in1}	v_{in2}	v_{in3}	v_{in4}	Tr$_1$	Tr$_2$	Tr$_3$	Tr$_4$	v_{out+}	v_{out-}	$v_{out} = v_{out+} - v_{out-}$
L	L	L	L	ON	OFF	ON	OFF	V_{CC}	V_{CC}	0
L	L	H	L	ON	OFF	OFF	OFF	V_{CC}	不定	不定
L	L	H	H	ON	OFF	OFF	ON	$V_{CC} - V_{DS(on)}$	$V_{DS(on)}$	$V_{CC} - 2V_{DS(on)}$
H	L	L	L	OFF	OFF	ON	OFF	不定	V_{CC}	不定
H	L	H	L	OFF	OFF	OFF	OFF	不定	不定	不定
H	L	H	H	OFF	OFF	OFF	ON	不定	0	不定
H	H	L	L	OFF	ON	ON	OFF	$V_{DS(on)}$	$V_{CC} - V_{DS(on)}$	$-V_{CC} - 2V_{DS(on)}$
H	H	H	L	OFF	ON	OFF	OFF	0	不定	不定
H	H	H	H	OFF	ON	OFF	ON	0	0	0

$V_{DS(on)}$：MOSFETがONしたときのドレイン-ソース間電圧，$V_{DS(on)}$ = オン抵抗 $R_{DS(on)}$ × ドレイン電流 i_D
※ Tr$_1$とTr$_2$またはTr$_3$とTr$_4$が同時にONする入力条件は除外してある

参考文献 (2)，(4)，(21)，(26)，(28)

回路の素 072　フル・ブリッジ　NチャネルMOSFETだけ使用

要点▶モータやスピーカなどの負荷を正負両方向の電圧で駆動することができる．単電源で動作する．オン抵抗が低いNチャネルMOSFETだけを使うので高効率．

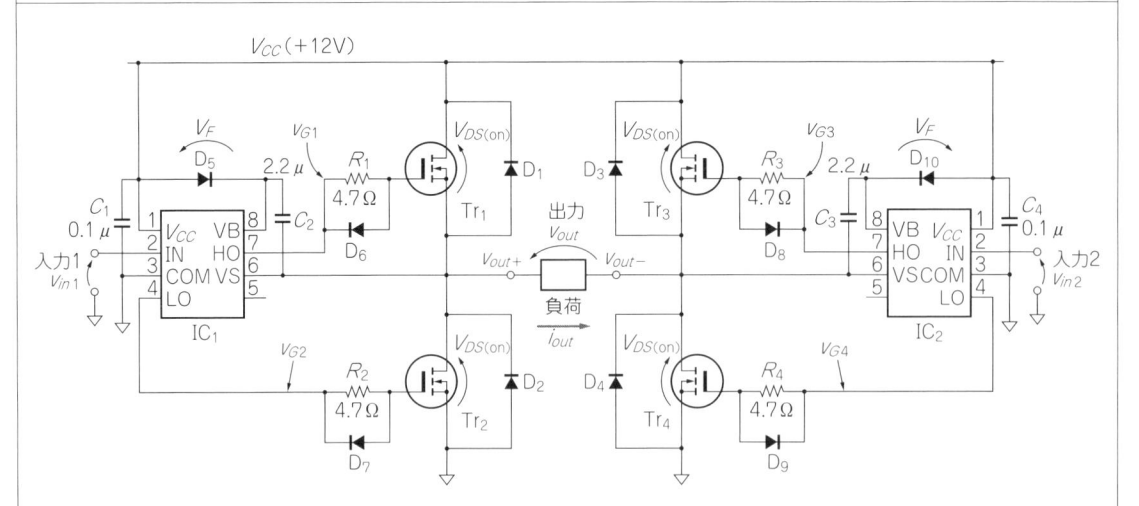

図1　回路図

Tr_1, Tr_2, Tr_3, Tr_4：**2SK3055**（ルネサス エレクトロニクス）
D_1, D_2, D_3, D_4：**RL4Z**（サンケン電気）
D_5, D_6, D_7, D_8, D_9, D_{10}：**EL02Z**（サンケン電気）
IC_1, IC_2：**IR2111**（インターナショナル・レクティファイアー）

入力と出力の関係

入力		ゲート駆動電圧 [V]				MOSFETの状態				出力 [V]		
v_{in1}	v_{in2}	v_{G1}	v_{G2}	v_{G3}	v_{G4}	Tr_1	Tr_2	Tr_3	Tr_4	v_{out+}	v_{out-}	$v_{out} = v_{out+} - v_{out-}$
L	L	0	12	0	12	OFF	ON	OFF	ON	0	0	0
L	H	0	12	24	0	OFF	ON	ON	OFF	$V_{DS(on)}$	$V_{CC} - V_{DS(on)}$	$-V_{CC} + 2V_{DS(on)}$
H	L	24	0	0	12	ON	OFF	OFF	ON	$V_{CC} - V_{DS(on)}$	$V_{DS(on)}$	$V_{CC} - 2V_{DS(on)}$
H	H	24	0	24	0	ON	OFF	ON	OFF	V_{CC}	V_{CC}	0

この回路ではL：0 V，H：12 V
$V_{DS(on)}$：MOSFETがONしたときのドレイン－ソース間電圧，$V_{DS(on)} =$ オン抵抗 $R_{DS(on)} \times$ ドレイン電流 i_D

参考文献　(2)，(4)，(21)，(26)，(27)，(28)

v_{in1}=12Vのとき Tr_1：ON，Tr_2：OFFで，v_{out+}=12Vになる

v_{in1}=0Vのとき Tr_1：OFF，Tr_2：ONで，v_{out+}=0Vになる

常にTr_3：OFF，Tr_4：ONなので v_{out-}=0Vになる

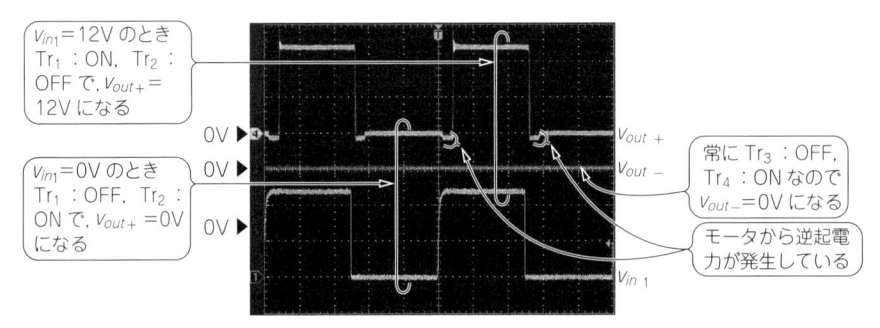

モータから逆起電力が発生している

図2　入出力波形（5 V/div，2 μs/div）
負荷としてDCモータ DME44SA（日本電産サーボ）を接続，v_{in1}＝0 V/12 V 100 kHzの方形波，v_{in2}＝0 Vの場合

● 基本形

図1は，フル・ブリッジ，Hブリッジなどと呼ばれるスイッチ回路です．スイッチ素子Tr_1, Tr_2, Tr_3, Tr_4にPチャネルMOSFETを使わないで，安価で品種の多いNチャネルMOSFETだけで構成していることが大きな特徴です．出力端子間に出力v_{out} ＝ ＋$V_{CC}/0V/-V_{CC}$の3種類の電圧を出力できます．

一般に，フル・ブリッジのスイッチとして動作する各MOSFETのゲートは，ゲート・ドライバと呼ばれる専用ICで駆動します．これは，ハイ・サイド（電源側）のNチャネルMOSFET（この回路ではTr_1, Tr_3）をONさせるために電源電圧を超える電圧を作り出すブートストラップ電源を必要とするからです．また，MOSFETの大きな入力容量を高速に充放電するという目的もあります．ゲート・ドライバICにIR2111を使って，一つの入力信号でハイ・サイドとロー・サイド（GND側）の二つのMOSFETを駆動しています．

R_1, R_2, R_3, R_4は，MOSFETのONするスピードを抑えて動作を安定にするための抵抗です．抵抗の代わりにフェライト・ビーズが使われる場合があります．

D_6, D_7, D_8, D_9は，ゲートから電流を高速に引き抜いてMOSFETを速くOFFさせるためのダイオードです．回路によっては省略される場合があります．

D_1, D_2, D_3, D_4は，モータなどの誘導性負荷を接続したときに発生する逆起電力を吸収するためのフリーホイール・ダイオードです．MOSFET内部に存在するボディ・ダイオードをフリーホイール・ダイオードとして使う場合は省略されることがあります．

▶動作波形

図2は負荷としてDCモータ DME44SA（日本電産サーボ）を接続して，入力1v_{in1} ＝ 0V/12V, 100kHzの方形波，入力2v_{in2} ＝ 0Vとした場合の入出力波形です．

v_{in1} ＝ 0Vのときは，Tr_1：OFF，Tr_2：ONとなるため正側出力v_{out+} ＝ 0Vになります．v_{in1} ＝ 12VのときはTr_1：ON，Tr_2：OFFとなるためv_{out+} ＝ 12Vになります（v_{out+} ＝ 12V － $V_{DS(on)}$だが，$V_{DS(on)}$がたいへん小さいのでオシロスコープ上では確認できない）．v_{out+}の波形で0Vよりも電位が低くなっているところは，フリーホイール・ダイオードD_2がONしてモータの逆起電力を吸収している期間です．

負側出力v_{out-}は，v_{in2} ＝ 0VなのでTr_3：OFF，Tr_4：ONとなり，常に0Vになります（v_{out+} ＝ 12Vのときは，v_{out-} ＝ 0V ＋ $V_{DS(on)}$になるが，$V_{DS(on)}$がたいへん小さいのでオシロスコープでは確認できない）．

図3はTr_1とTr_2のゲート駆動信号v_{G1}，v_{G2}とv_{out+}の波形です（入力信号は図2と同じ）．v_{G1} ＝ ＋24VのときにはTr_1：ONでv_{out+} ＝ 12V（＝ 12V － $V_{DS(on)}$）になります．v_{G2} ＝ 12VのときはTr$_2$：ONでv_{out+} ＝ 0Vになります．

v_{G1}がハイ・レベルのときの振幅v_{G1H}は以下のように決まります．

v_{G1H} ＝ ブリッジ部分の電源電圧＋ゲート・ドライバICの電源電圧 － V_F [V]

ただし，V_Fはゲート・ドライバICに外付けしたブートストラップ電源用ダイオードの順方向電圧降下

この回路は，ブリッジ部分とゲート・ドライバICの電源を共通の12Vとしているので，V_Fを無視するとv_{G1H} ＝ 24V（＝ 12V ＋ 12V）になります．

ハイ・サイドとロー・サイドのMOSFETが同時にONしてしまうと，V_{CC}からGNDに向かって大電流（シュートスルー電流という）が流れてMOSFETが壊れてしまうので，ONの期間がオーバーラップしないようにv_{G1} ＝ v_{G2} ＝ 0Vのデッド・タイムを設けています．

● 改良またはアレンジされた回路の例

図4はハイ・サイドとロー・サイドのMOSFETのゲートを別々に制御する回路です．こうすると，回路の効率を上げるための細かい制御が可能になります．図4の回路はゲート・ドライバにハイ・サイドとロー・サイドを別々に制御できるIC IR2011を使っています．その他は基本形の回路とまったく同じです．

表1は入力と出力の関係です．上下のMOSFETを同時にOFFできる状態が追加されています（そのときの出力電圧は不定）．入力の組み合わせのうち，Tr_1とTr_2またはTr_3とTr_4が同時にONになる状態はシュートスルー電流が流れてMOSFETが壊れてしまうため設定できません（表1では除外している）．各部の動作波形は，基本形の回路とまったく同じです．

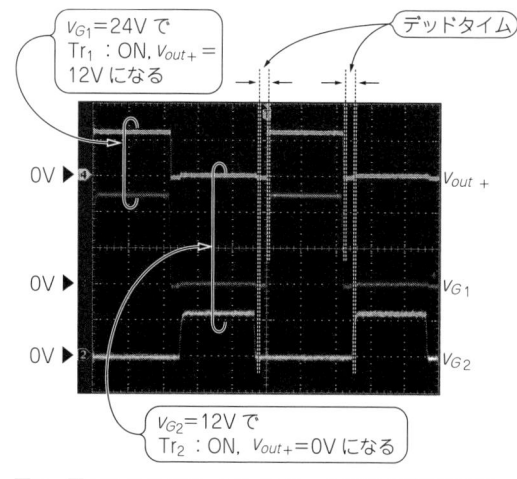

図3 **図1におけるTr_1とTr_2のゲート駆動波形**（10 V/div, 2μs/div）
v_{in1} ＝ 0 V/12 V 100 kHzの方形波, v_{in2} ＝ 0 Vの場合

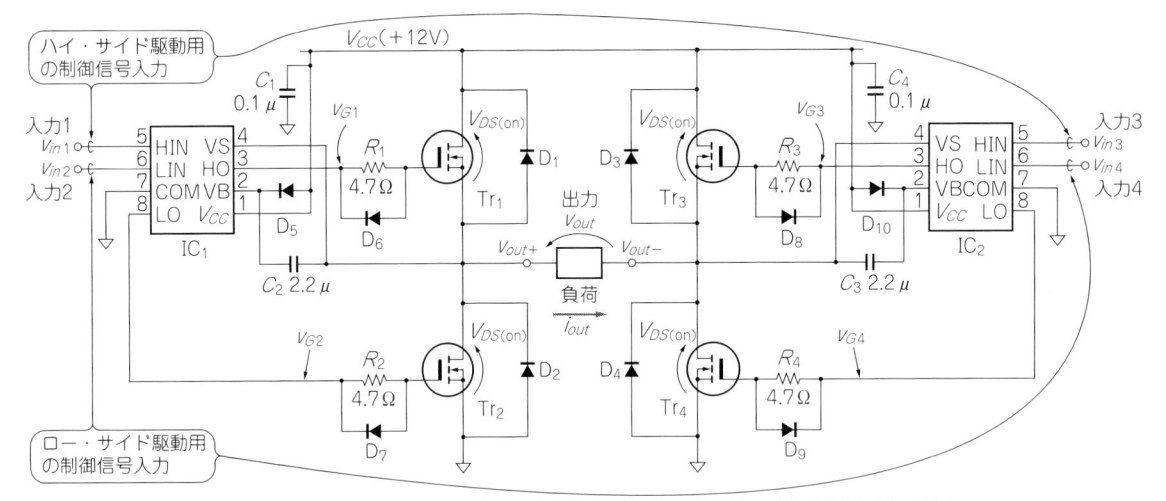

Tr₁, Tr₂, Tr₃, Tr₄：2SK3055（ルネサス エレクトロニクス）　　D₁, D₂, D₃, D₄：RL4Z（サンケン電気）
D₅, D₆, D₇, D₈, D₉, D₁₀：EL02Z（サンケン電気）　　　　　　IC₁, IC₂：IR2011（インターナショナル・レクティファイアー）

図4　改良またはアレンジされた回路の例
図1の回路は一つの制御入力でハイ・サイドとロー・サイドをON/OFFしている．この回路はハイ・サイド用とロー・サイド用の二つの制御入力がある

表1　図4の入力と出力の関係

入力				ゲート駆動電圧 [V]				MOSFETの状態				出力 [V]		
V_{in1}	V_{in2}	V_{in3}	V_{in4}	V_{G1}	V_{G2}	V_{G3}	V_{G4}	Tr₁	Tr₂	Tr₃	Tr₄	V_{out+}	V_{out-}	$V_{out} = V_{out+} - V_{out-}$
L	L	L	L	0	0	0	0	OFF	OFF	OFF	OFF	不定	不定	不定
L	L	L	H	0	0	0	12	OFF	OFF	OFF	ON	不定	0	不定
L	L	H	L	0	0	24	0	OFF	OFF	ON	OFF	不定	V_{CC}	不定
L	H	L	L	0	12	0	0	OFF	ON	OFF	OFF	0	不定	不定
L	H	L	H	0	12	0	12	OFF	ON	OFF	ON	0	0	0
L	H	H	L	0	12	24	0	OFF	ON	ON	OFF	$V_{DS(on)}$	$V_{CC} - V_{DS(on)}$	$-V_{CC} + 2V_{DS(on)}$
H	L	L	L	24	0	0	0	ON	OFF	OFF	OFF	V_{CC}	不定	不定
H	L	L	H	24	0	0	12	ON	OFF	OFF	ON	$V_{CC} - V_{DS(on)}$	$V_{DS(on)}$	$V_{CC} - 2V_{DS(on)}$
H	L	H	L	24	0	24	0	ON	OFF	ON	OFF	V_{CC}	V_{CC}	0

この回路ではL：0 V，H：3 V

MOSFETの回路記号

［コラム］

　回路図に使う回路記号（正式には電気用図記号という）は，JIS規格（JISC0617）やIEC規格（IEC60617）で決められています．しかし，私たちが目にする回路図には規格どおりの回路記号が使われていないのが現状です．
　MOSFETの回路記号も同様で，いろいろとアレンジされて使われています．本書で使っている回路記号も，JIS規格とは少し違っています．図AにNチャネルMOSFETの回路記号のバリエーションを示します．
　JIS規格の回路記号はウェブ・サイトで閲覧できます（http://www.jisc.go.jp/app/JPS/JPSO0020.html）．
　MOSFETの回路記号を見る手順は次のとおりです．
①画面中央の「JIS規格番号からJISを検索」で「JISC0617」を検索．②MOSFETは「JISC0617-5 電気用図記号 第5部：半導体及び電子管」．

回路の素 073　　フル・ブリッジ　バイポーラ・トランジスタ使用

要点▶モータやスピーカなどの負荷を正負両方向の電圧で駆動することができる．単電源で動作する．

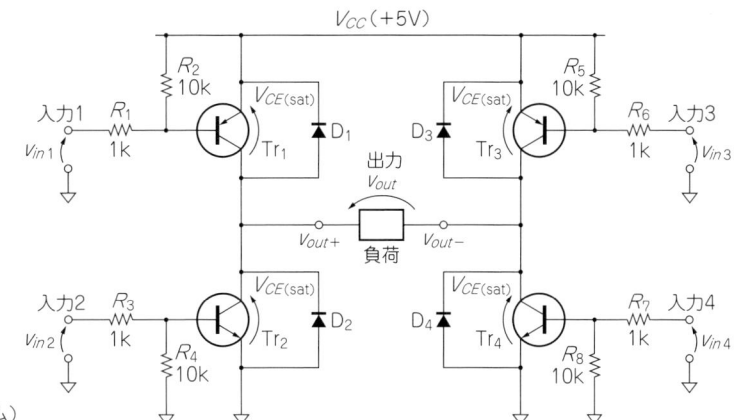

Tr$_1$, Tr$_3$：2SA1507（三洋半導体）
Tr$_2$, Tr$_4$：2SC3902（三洋半導体）
D$_1$, D$_2$, D$_3$, D$_4$：1SR154-400（ローム）

図1　回路図

入力と出力の関係

入力 [V]				トランジスタの状態				出力 [V]		
v_{in1}	v_{in2}	v_{in3}	v_{in4}	Tr$_1$	Tr$_2$	Tr$_3$	Tr$_4$	V_{out+}	V_{out-}	$v_{out} = v_{out+} - v_{out-}$
L	L	L	L	ON	OFF	ON	OFF	V_{CC}	V_{CC}	0
L	L	H	L	ON	OFF	OFF	OFF	V_{CC}	不定	不定
L	L	H	H	ON	OFF	OFF	ON	$V_{CC} - V_{CE(sat)}$	$V_{CE(sat)}$	$V_{CC} - 2V_{CE(sat)}$
H	L	L	L	OFF	OFF	ON	OFF	不定	V_{CC}	不定
H	L	L	H	OFF	OFF	OFF	OFF	不定	不定	不定
H	L	H	H	OFF	OFF	OFF	ON	不定	0	不定
H	H	L	L	OFF	ON	ON	OFF	$V_{CE(sat)}$	$V_{CC} - V_{CE(sat)}$	$-V_{CC} + 2V_{CE(sat)}$
H	H	L	H	OFF	ON	OFF	OFF	0	不定	不定
H	H	H	H	OFF	ON	OFF	ON	0	0	0

$V_{CE(sat)}$：トランジスタがONしたときのコレクタ-エミッタ間飽和電圧
※ Tr$_1$とTr$_2$またはTr$_3$とTr$_4$が同時にONする入力条件は除外してある

参考文献（4），（18），（21）

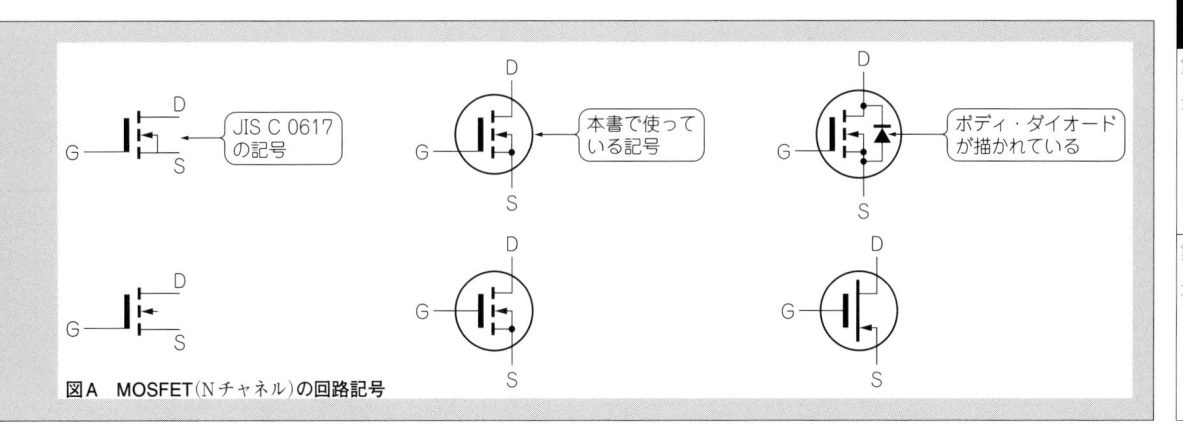

図A　MOSFET（Nチャネル）の回路記号

JIS C 0617の記号
本書で使っている記号
ボディ・ダイオードが描かれている

回路の素 074　**3相フル・ブリッジ回路**

要点▶ モータなどの3相負荷を正負両方向の電圧で駆動することができる．単電源で動作する．オン抵抗が低いNチャネルMOSFETだけを使うので高効率．

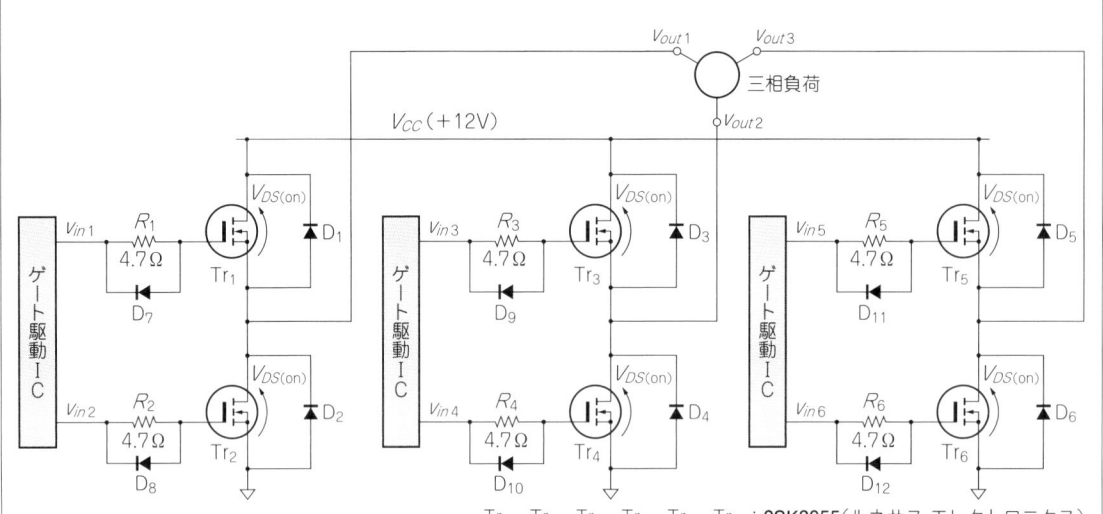

図1　回路図

Tr_1, Tr_2, Tr_3, Tr_4, Tr_5, Tr_6 : 2SK3055 (ルネサス エレクトロニクス)
D_1, D_2, D_3, D_4, D_5, D_6 : RL4Z (サンケン電気)　　D_7, D_8, D_9, D_{10}, D_{11}, D_{12} : EL02Z (サンケン電気)

入力と出力の関係

入力 [V]						MOSFETの状態						出力 [V]		
v_{in1}	v_{in2}	v_{in3}	v_{in4}	v_{in5}	v_{in6}	Tr_1	Tr_2	Tr_3	Tr_4	Tr_5	Tr_6	v_{out1}	v_{out2}	v_{out3}
L	L	−	−	−	−	OFF	OFF	−	−	−	−	不定	−	−
L	H	−	−	−	−	OFF	ON	−	−	−	−	$V_{DS(on)}$	−	−
H	L	−	−	−	−	ON	OFF	−	−	−	−	$V_{CC} - V_{DS(on)}$	−	−
−	−	L	L	−	−	−	−	OFF	OFF	−	−	−	不定	−
−	−	L	H	−	−	−	−	OFF	ON	−	−	−	$V_{DS(on)}$	−
−	−	H	L	−	−	−	−	ON	OFF	−	−	−	$V_{CC} - V_{DS(on)}$	−
−	−	−	−	L	L	−	−	−	−	OFF	OFF	−	−	不定
−	−	−	−	L	H	−	−	−	−	OFF	ON	−	−	$V_{DS(on)}$
−	−	−	−	H	L	−	−	−	−	ON	OFF	−	−	$V_{CC} - V_{DS(on)}$

$V_{DS(on)}$：MOSFETがONしたときのドレイン-ソース間電圧，$V_{DS(on)}$ ＝ オン抵抗 $R_{DS(on)}$ × ドレイン電流 i_D
※ Tr_1 と Tr_2，Tr_3 と Tr_4，Tr_5 と Tr_6 が同時にONする入力条件は除外してある

参考文献 (2), (4), (21), (26), (28)

第8章 発振
一定周波数,一定振幅の信号を作る

発振回路は,一定周波数,一定振幅の正弦波や方形波,三角波などの信号を作る回路です.センサの駆動や変復調回路,マイコンやA-Dコンバータ,D-Aコンバータ,D級アンプのクロックなどに使われます.

一般に,発振回路には出力端子はありますが入力端子がありません.これが発振回路とほかの回路を区別するポイントになります.

回路の素 075　方形波発振 無安定マルチバイブレータ型 ゲートIC使用

要点▶ 発振周波数の精度は低いが動作が安定している.出力信号のデューティ比がほぼ50％になる.部品点数が少ない.

図1　回路図

計算式
発振周波数 $f_0 \fallingdotseq \dfrac{1}{CR}$ [Hz]

参考文献 (2),(25)

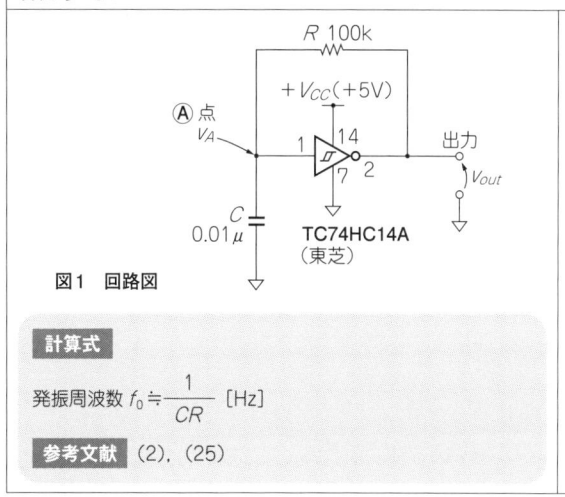

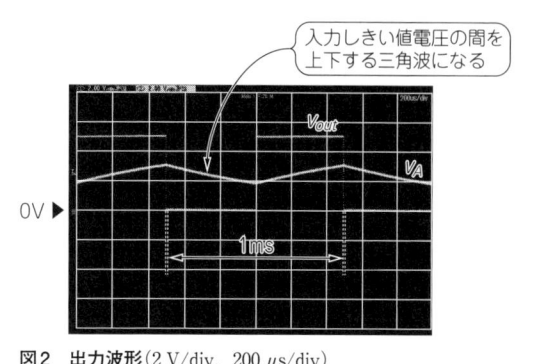

図2　出力波形(2 V/div, 200 μs/div)
v_{out}は1kHz,デューティ比50％の方形波

● 基本形

図1は,CMOSロジックICのシュミット・トリガ・インバータを使った方形波発振回路です.出力v_{out}でRを通してCを充放電することで発振を持続します.

発振周波数f_0はCとRで決まりますが,厳密にはシュミット・トリガ・インバータの入力しきい値電圧も関係します.そのため,f_0を正確に設定できません.図1のf_0は約1 kHz(= 1/(0.01 μF × 100 kΩ))です.

▶動作波形

図2は各部の動作波形です.v_{out}は,f_0 = 1 kHz(= 1/1 ms),デューティ比("L"と"H"の期間の比率)= 50％の方形波になります.Ⓐ点の波形v_Aは,シュミット・トリガ・インバータの二つの入力しきい値電圧の間を上下する三角波(正確には指数関数波形)になります.

回路の素 076　方形波発振 水晶振動子使用

要点▶ 温度安定度や経年安定性に優れ，周波数精度も高い．回路構成がシンプルで，ディジタル回路のクロック源によく利用される．

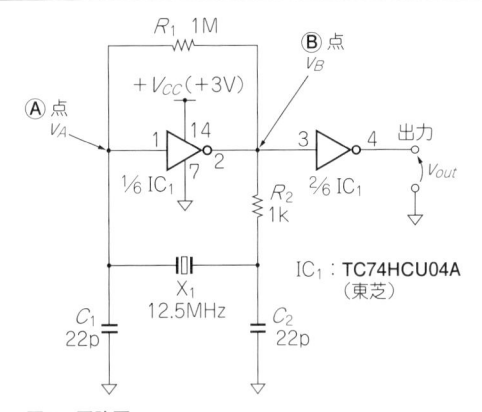

図1　回路図

計算式

発振周波数 f_0 = 水晶振動子の発振周波数〔Hz〕

参考文献　(4)，(5)，(21)，(25)

● 基本形

図1は，CMOSロジックICのインバータを使ったもっとも一般的な水晶振動子型の方形波発振回路です．

インバータには74HCシリーズの74HCU04（内部の段数が1段のインバータ）がよく使われます．発振周波数 f_0 は使用する水晶振動子 X_1 で決まります（C_1 と C_2 によって微調整が可能）．この回路は f_0 = 12.5MHz の水晶振動子を使っています．C_1 と C_2 は水晶振動子を発振させるために必要な負荷容量です．C_1 と C_2 の値は水晶振動子の品種によって異なります．R_1 は Ⓐ 点に直流電圧を与えるための抵抗で，数百k～数MΩの高抵抗が使われます．R_2 は水晶振動子を駆動する電力を調整するための抵抗です．R_2 の値は水晶振動子の品種によって異なります．また，R_2 を省略する場合があります．

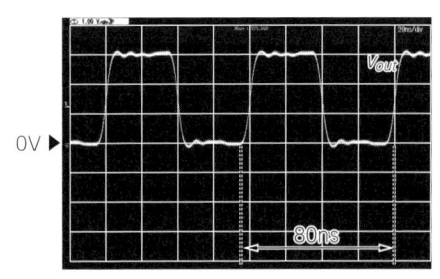

図2　出力波形（1 V/div，20 ns/div）
発振周波数12.5MHz，デューティ比50 ％の方形波

▶動作波形

図2は出力 v_{out} の波形です．f_0 = 12.5MHz（= 1/80 ns），デューティ比（"L" と "H" の期間の比率）= 50 ％の方形波が得られます．

図3はⒶ点とⒷ点の波形 v_A，v_B です．v_A は正弦波に，v_B は上下がつぶれた正弦波になります．

● 改良またはアレンジされた回路の例①

図4は水晶振動子の代わりにセラミック振動子を使った回路です．セラミック振動子は水晶振動子よりも安価ですが，発振周波数の精度や温度安定度，経年安定性などが劣ります．発振周波数 f_0 は使用するセラミック振動子で決まります．この回路で使ったセラミック振動子CSTLS8M00G（村田製作所）の発振周波数は8MHzです．CSTLS8M00Gは負荷容量（基本形の回路の C_1，C_2）を内蔵していますが，品種によっては外付けするものもあります．

▶動作波形

図5は出力 v_{out} の波形です．f_0 = 8MHz（= 1/125 ns），

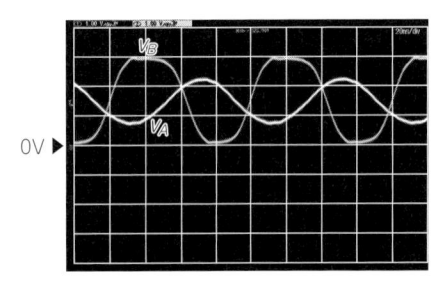

図3　図1のⒶ点は正弦波，Ⓑ点では上下がつぶれた正弦波になる（1 V/div，20 ns/div）

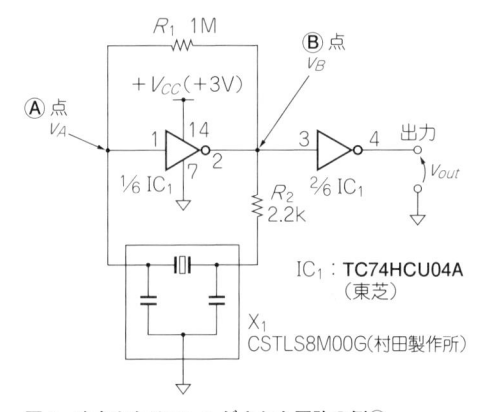

図4　改良またはアレンジされた回路の例①
水晶振動子の代わりにセラミック振動子を使った回路

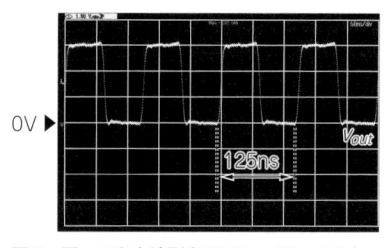

図5 図4の出力波形（1 V/div，50 ns/div）
発振周波数8 MHz，デューティ比50 %の方形波

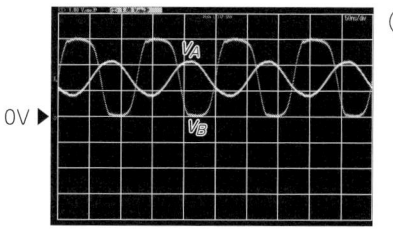

図6 図4のⒶ点は正弦波，Ⓑ点では上下がつぶれた正弦波になる（1 V/div，50 ns/div）
水晶を使った基本回路とほぼ同じ

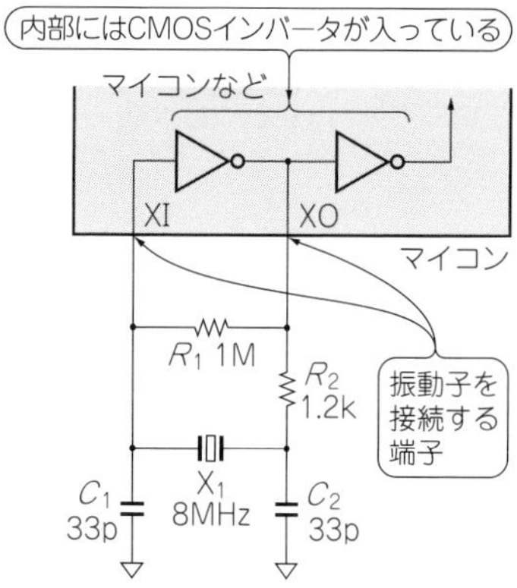

図7 改良またはアレンジされた回路の例②
マイコンに内蔵されているクロック発振回路

デューティ比 = 50 %の方形波が得られます．

図6はⒶ点とⒷ点の波形 v_A, v_B です．v_A, v_B とも，基本形の回路とほぼ同じ波形になります．

● 改良またはアレンジされた回路の例②

マイコンやDSP，FPGAなどの多くは水晶振動子やセラミック振動子を外付けするだけでクロック信号を得られるクロック発振回路を内蔵しています．

図7のように，振動子を接続する端子の内部にはCMOSインバータが接続されています．そのため，これらの端子に振動子などを接続することによって，方形波発振回路を形成できます．マイコンやDSP，FPGAなどによっては，R_1, C_1, C_2 を内蔵している品種もあります．また，R_2 を省略する場合があります．

回路の素 077　方形波発振 無安定マルチバイブレータ型 OPアンプ使用

要点▶ 発振周波数の精度は低いが動作が安定している．出力信号のデューティ比がほぼ50 %になる．大きな出力振幅が得られる．

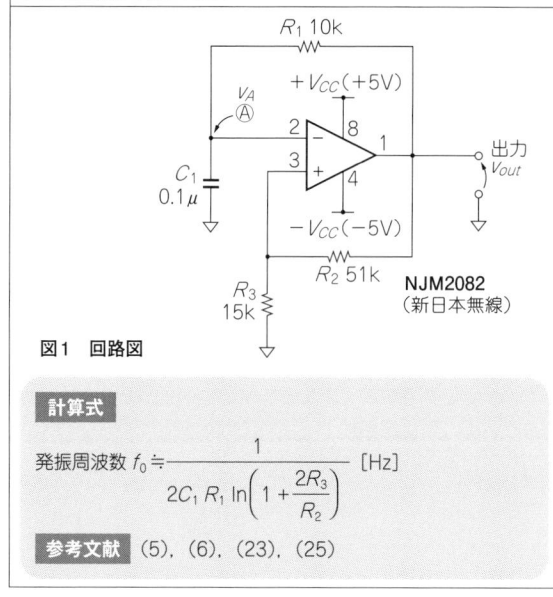

図1 回路図

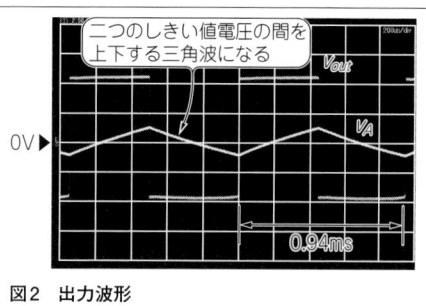

図2 出力波形
v_{out} は約1 kHz．デューティ比が50 %に近い方形波

計算式

発振周波数 $f_0 \fallingdotseq \dfrac{1}{2C_1 R_1 \ln\left(1 + \dfrac{2R_3}{R_2}\right)}$ [Hz]

参考文献 (5), (6), (23), (25)

● 基本形

図1はOPアンプを使ったCR型方形波発振回路です．出力 v_{out} で R_1 を通して C_1 を充放電することで発振します．発振を持続させるために，R_2, R_3 で正帰還をかけて入力部にヒステリシス特性を持たせています（v_{out} の状態によって二つのしきい値を持つ）．OPアンプには，差動入力電圧の絶対最大定格が回路に設定されたヒステリシス電圧（二つのしきい値の差電圧）を超える素子が用いられます．OPアンプの代わりにコンパレータを用いることがあります．

発振周波数 f_0 は C_1 と R_1, R_2, R_3 で決まりますが，厳密にはOPアンプの出力電圧も関係します．そのため，f_0 を正確に設定することはできません．図1の f_0 は約1 kHz（ $= 1/(2 \times 0.1\ \mu F \times 10\ k\Omega \times \ln(1 + 2 \times 15\ k\Omega /51\ k\Omega))$ ）です．

▶動作波形

図2は各部の動作波形です．v_{out} は，$f_0 = 1$ kHz（ ≒ 1/0.94 ms）でデューティ比（"L"と"H"の期間の比率）が50 %に近い方形波になります．Ⓐ点の波形 v_A は，R_2 と R_3 で決まる二つのしきい値電圧の間を上下する三角波（正確には指数関数波形）になります．

方形波発振 無安定マルチバイブレータ型 OPアンプ使用　143

回路の素 078　正弦波発振 ウィーン・ブリッジ型

要点▶ 抵抗やコンデンサの調整により低ひずみの正弦波が得られる．

図1 回路図

計算式

発振周波数 $f_0 = \dfrac{1}{2\pi\sqrt{C_1 C_2 R_1 R_2}}$ [Hz]

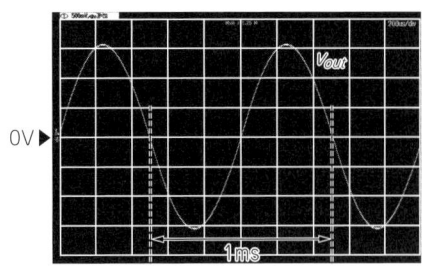

参考文献 (1), (5), (6)

図2 出力波形 (0.5 V/div, 200 μs/div)
発振周波数は約 1 kHz

● **基本形**

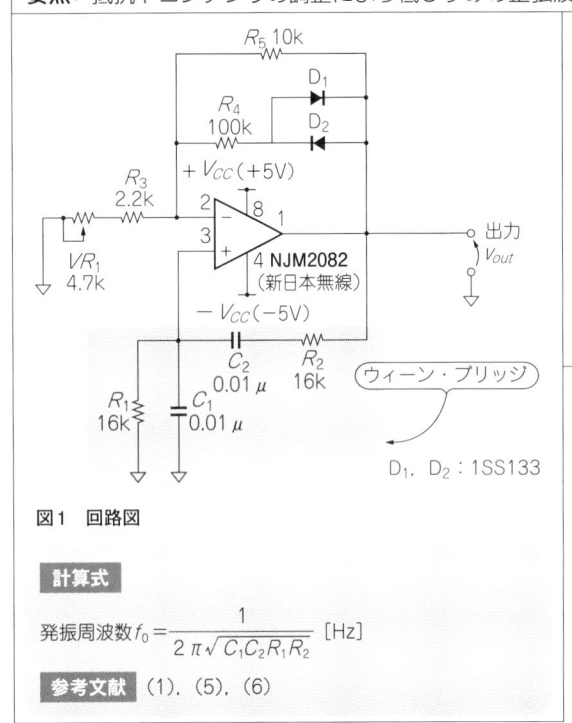

図1はウィーン・ブリッジと呼ばれる抵抗とコンデンサの直並列回路でOPアンプに正帰還をかけた正弦波発振回路です．C_1, R_1, C_2, R_2 がウィーン・ブリッジです．発振周波数 f_0 はウィーン・ブリッジの部分で決まります．この回路は $f_0 = 1\,\mathrm{kHz}\,(\fallingdotseq 1/(2\pi\sqrt{0.01\,\mu\mathrm{F} \times 0.01\,\mu\mathrm{F} \times 16\,\mathrm{k}\Omega \times 16\,\mathrm{k}\Omega}))$ になります．f_0 を正確に設定しなければならない用途では，抵抗とコンデンサに許容差の小さい高精度素子（例えば，±1％）を使用することがあります．

VR_1, R_3, R_5 はOPアンプのゲインを決めている帰還抵抗です．VR_1 は出力の振幅とひずみ率を調整するための半固定抵抗です．調整が不要な場合は VR_1 が省略される場合があります．

R_4, D_1, D_2 は出力の振幅を制限するための電圧リミッタです．低ひずみを要求される用途ではランプやFETを用いる場合があります．

▶ **動作波形**

図2は出力 v_{out} の波形です．振幅は約 3 V_{P-P}，f_0 は約 1 kHz (= 1/1 ms) です．

▶ **周波数スペクトル**

図3は v_{out} の周波数スペクトルです．1 kHz の基本周波数の整数倍の周波数に高調波ひずみ成分が見られます．この回路の全高調波ひずみ率 THD は 1 ％ です．

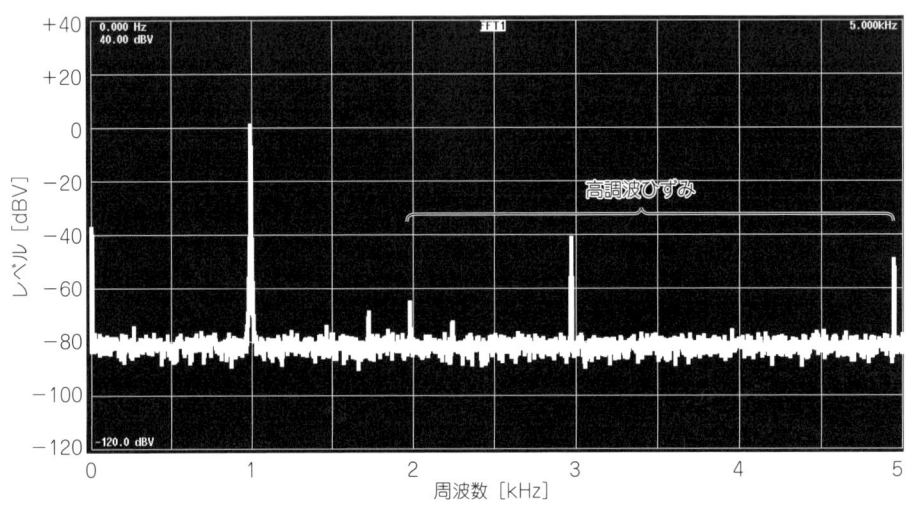

図3 図1の出力の周波数スペクトル (0 dBV = 1 V_{RMS})
1 kHz の基本周波数の整数倍の高調波ひずみ成分が見られる

回路の素 079　正弦波発振 LC型

要点▶ 発振動作が安定している．数百kHz～数百MHzの帯域で用いられる．

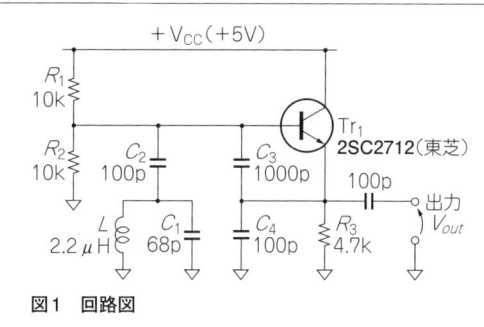

図1 回路図

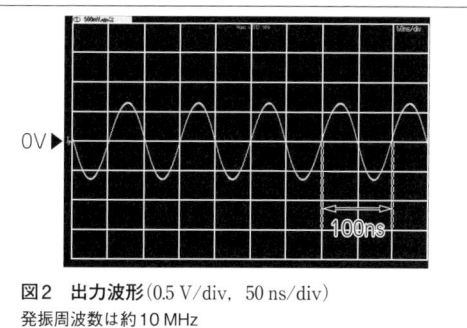

図2 出力波形（0.5 V/div，50 ns/div）
発振周波数は約10 MHz

計算式

$$f_0 \simeq \frac{1}{2\pi\sqrt{LC}} \text{ [Hz]}$$

$$C = C_1 + \frac{1}{\frac{1}{C_2} + \frac{1}{C_3} + \frac{1}{C_4}}$$

● 基本形

図1はコルピッツ型と呼ばれるLC型正弦波発振回路です．インダクタとコンデンサによる並列共振回路が特定の周波数で共振する現象を利用します．発振周波数f_0はLとC_1，C_2，C_3，C_4で決まります．この回路は$f_0 = 10 \text{ MHz}(\simeq 1/(2\pi \times \sqrt{2.2\ \mu\text{H} \times 115.6\ \text{pF}}))$になります．$C_3$と$C_4$の比$C_4/(C_3 + C_4)$で出力$v_{out}$の振幅とひずみ率が決まります．

f_0を調整するため，Lに可変インダクタやC_1にトリマ・コンデンサを使う場合があります．

▶動作波形

図2はv_{out}の波形です．振幅は約1.3 V_{P-P}，f_0は約10 MHz（= 1/100 ns）です．

▶周波数スペクトル

図3はv_{out}の周波数スペクトルです．10 MHzの基本周波数の整数倍に高調波ひずみ成分が見られます．この回路のひずみ成分は2次高調波が一番大きく，基本波に対して-34 dB程度（約2 %）の大きさになります．

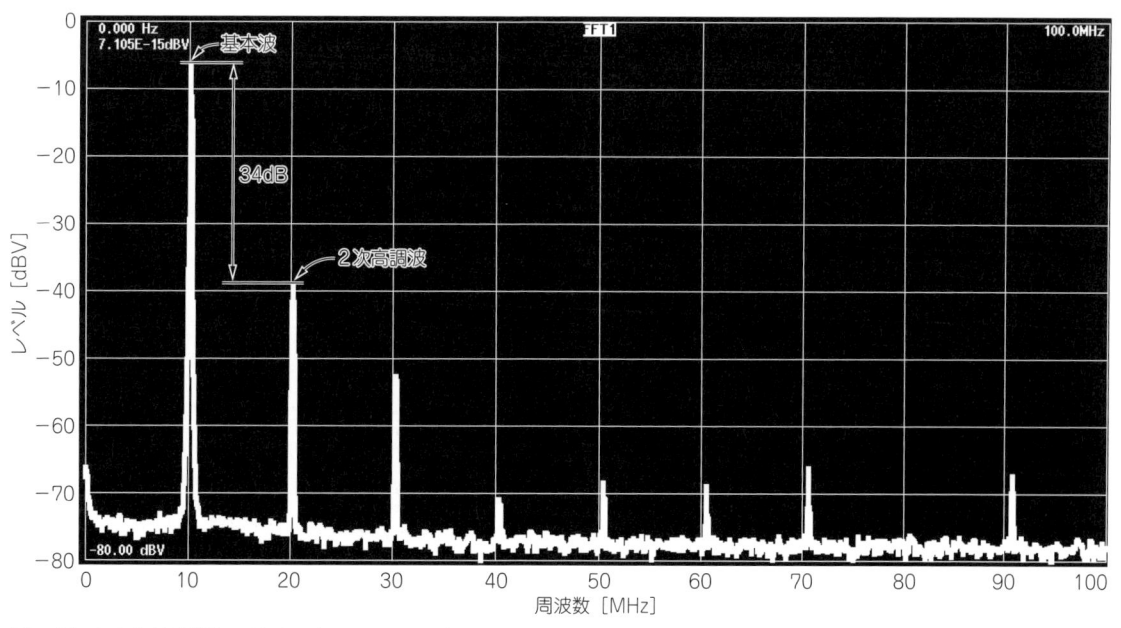

図3 図1の出力の周波数スペクトル（0 dBV = 1 V_{RMS}）
2次高調波が基本波の-34 dBに抑えられている

回路の素 080　正弦波発振 2相出力型

要点▶ 位相が90°異なる二つの正弦波が一度に出力される．無調整で低ひずみ，かつ発振動作が安定している．

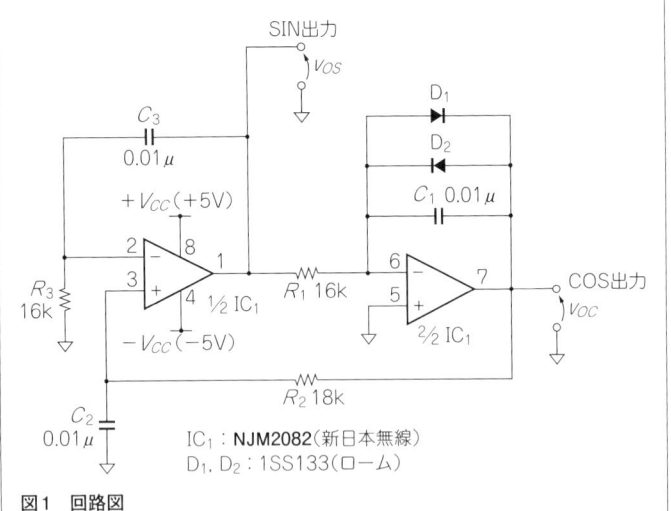

図1　回路図

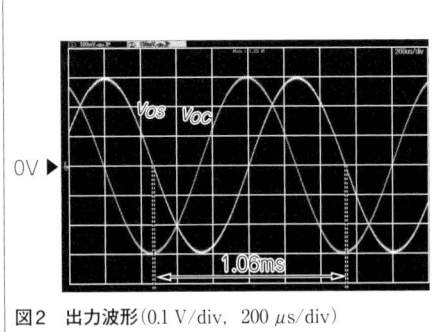

IC$_1$：NJM2082(新日本無線)
D$_1$, D$_2$：1SS133(ローム)

図2　出力波形 (0.1 V/div, 200 μs/div)
発振周波数は約940 Hz

計算式

発振周波数 $f_0 \fallingdotseq \dfrac{1}{2\pi\sqrt{C_1 C_2 R_1 R_2}}$ [Hz]

ただし，$C_3 R_3 = C_1 R_1$ とする

参考文献 (5), (6), (25)

● 基本形

図1は，2相発振器やクワドラチャ発振器，直交出力発振器などと呼ばれる正弦波発振回路です．非反転積分器(IC$_1$ 1/2)と反転積分器(IC$_1$ 2/2)をループ状に接続して発振回路を構成しています．発振周波数f_0は$C_3 R_3 = C_1 R_1$としたとき，C_1, C_2, R_1, R_2で決まります．この回路は$f_0 = 940$Hz($\fallingdotseq 1/(2\pi\sqrt{0.01\,\mu\mathrm{F} \times 0.01\,\mu\mathrm{F} \times 16\,\mathrm{k}\Omega \times 18\,\mathrm{k}\Omega})$)になります．$f_0$を正確に設定しなければならない用途では，抵抗とコンデンサに許容差の小さい高精度素子(例えば，±1％)を使うことがあります．発振動作を安定させるため，$C_2 R_2$は$C_1 R_1$よりもを数％以上大きく設定されます．D$_1$, D$_2$は出力振幅を制限するための電圧リミッタです．

▶動作波形

図2は正弦波(SIN)出力v_{OS}と余弦波(COS)出力v_{OC}の波形です．位相が90°異なる二つの正弦波出力が得られます．f_0は約940 Hz(=1/1.06 ms)です．

▶周波数スペクトル

図3はv_{OS}とv_{OC}の周波数スペクトルです．940 Hzの基本周波数の整数倍の周波数に高調波ひずみ成分が見られます．この回路の全高調波ひずみ率THDはv_{OS}が0.3％，v_{OC}が1％です．v_{OC}を出力するOPアンプIC$_1$ 2/2に電圧リミッタをかけているので，v_{OS}よりもv_{OC}のひずみ率のほうが悪くなります．

● 改良またはアレンジされた回路の例

図4は基本形の回路と電圧リミッタが異なる回路です．IC$_1$ 2/2の帰還回路にD$_1$, D$_2$, $R_4 \sim R_7$で構成した電圧リミッタを接続しています．その他は基本形の回路とまったく同じです．

▶動作波形

図5はv_{OS}とv_{OC}の波形です．基本形の回路と同じく940 Hz($\fallingdotseq$1/1.06 ms)の二つの正弦波出力が得られます．この回路のTHDはv_{OS}が0.4％，v_{OC}が1.3％です．R_4またはR_7を半固定抵抗器に置き換えて調整を行うと，THDがさらに低くなります．

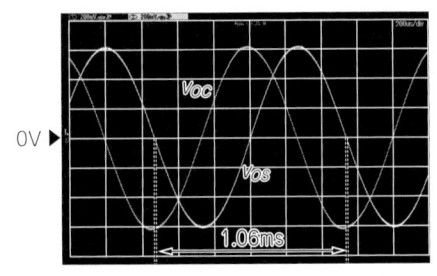

図5　図4の出力波形 (0.2 V/div, 200 μs/div)
発振周波数は約940Hz．全高調波ひずみ率THDはv_{OS}が0.4％，v_{OC}が1.3％

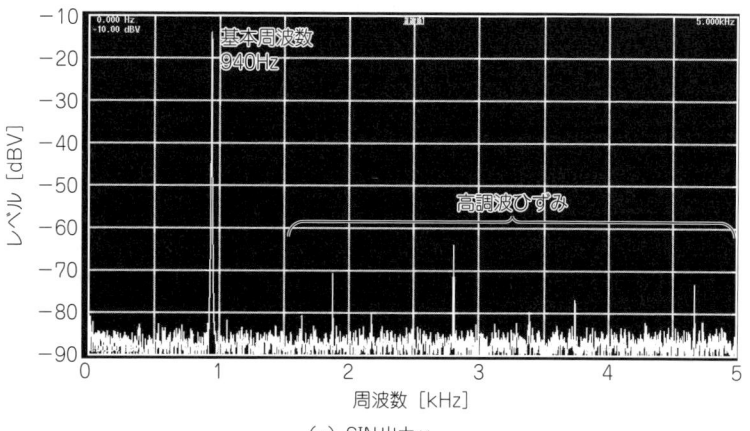

(a) SIN出力 v_{OS}

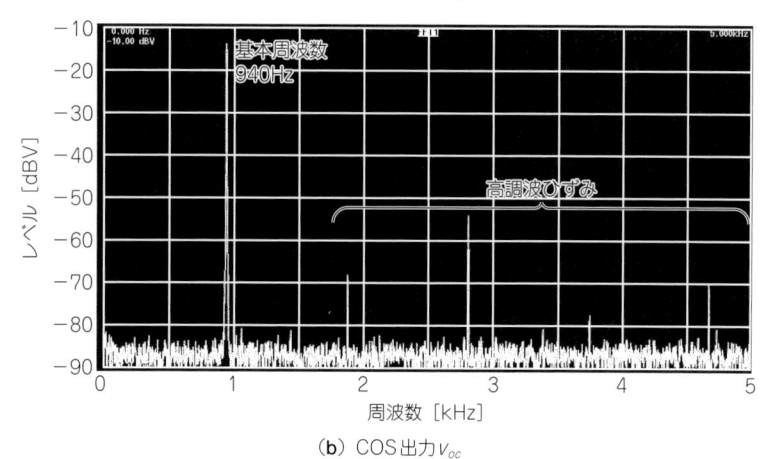

(b) COS出力 v_{OC}

図3 図1の出力の周波数スペクトル（0 dBV = 1 V_{RMS}）
全高調波ひずみ率 THD は v_{OS} が 0.3 %，v_{OC} が 1 %

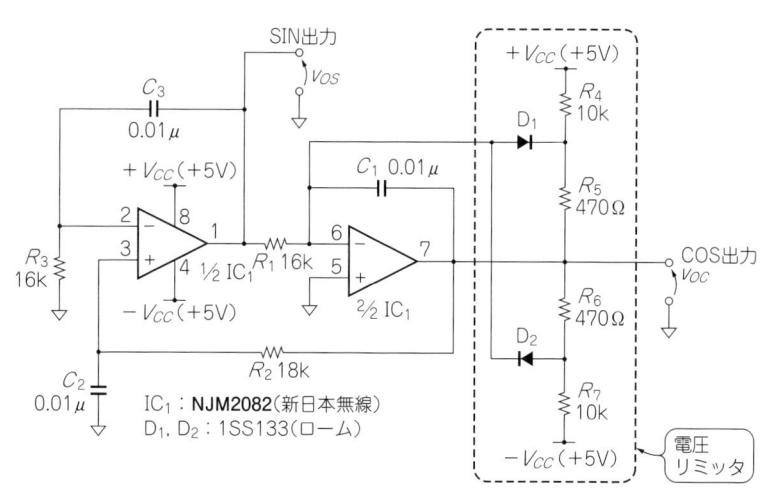

図4 改良またはアレンジされた回路の例
基本形の回路と電圧リミッタが異なる回路

正弦波発振 2相出力型　147

波形のゆがみ具合いを数値化する方法 　　　　　　　　　コラム

　全高調波ひずみ率 THD（Total Harmonics Distortion）は，正弦波の純度を表す特性の一つです．低周波回路で，アンプの直線性や正弦波発振回路の評価に使われます．

　図Aは，ひずみが大きい1kHzの正弦波の例です．

　図Bは図Aの周波数スペクトラムです．基本周波数（1kHz）の整数倍の周波数に高調波成分が見られます．2倍の周波数を2次高調波，n倍を n 次高調波といいます．これらの高調波がひずみ成分です．

　THD は，高調波成分と基本周波数成分の比率を表したもので，以下のように計算します．

$$THD = \frac{\sqrt{H_{D2}^2 + H_{D3}^2 + \cdots + H_{Dn}^2}}{H_{D1}} \times 100 \ [\%]$$

ただし，H_{Dn}：n 次高調波成分．

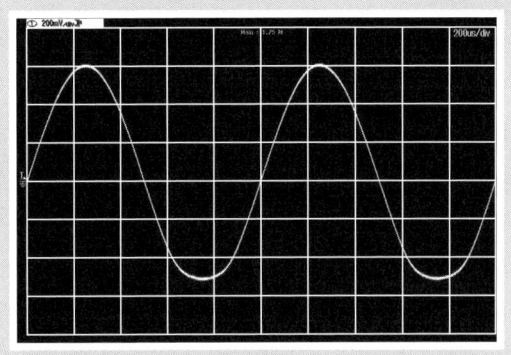

図A ひずみが大きい正弦波（0.2 V/div，200 μs/div）

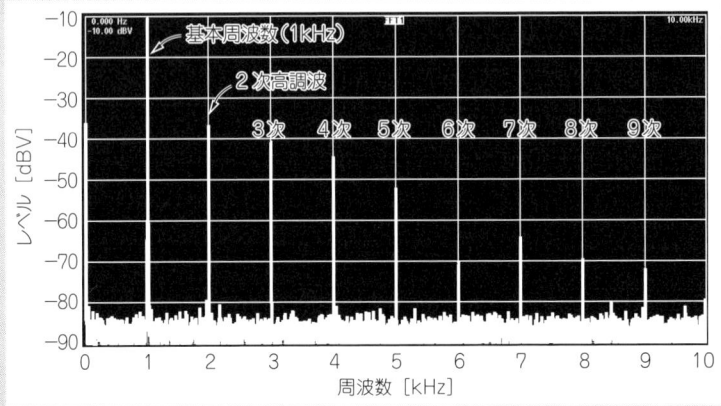

図B THD＝4.7％の周波数スペクトラム
20次高調波まで測定．0 dBV＝1 V_{RMS}

第9章 定電圧/定電流など
一定の直流電圧,直流電流を作る回路からパスコンまで

　定電圧/定電流回路は,電源電圧や周囲温度の変化の影響をあまり受けない直流電圧/直流電流を作る回路です.基準電源や,センサ,LED,レーザ・ダイオードの駆動などに使われます.電圧-電流/電流-電圧変換回路とよく似ていますが,定電圧/定電流回路には入力端子がないことが特徴です.
　本章ではそのほかの回路として,電子回路にとってとても大切な電源のデカップリング・コンデンサやプルアップ/プルダウン抵抗なども説明しています.

回路の素 081　正出力定電圧 ツェナー・ダイオード使用

要点▶ 正の直流電圧を出力する.ツェナー・ダイオードに定電圧値のばらつきがあるため,出力電圧を正確に設定できない.簡易的に使われる.

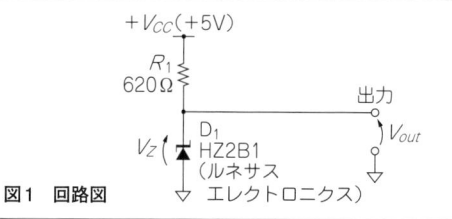

図1　回路図

計算式

出力電圧 $V_{out} = V_Z$ [V]

V_Z：D_1 のツェナー電圧

参考文献 (4),(6),(18)

回路の素 082　負出力定電圧 ツェナー・ダイオード使用

要点▶ 負の直流電圧を出力する.ツェナー・ダイオードに定電圧値のばらつきがあるため,出力電圧を正確に設定できない.簡易的に使われる.

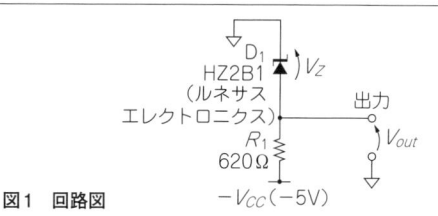

図1　回路図

計算式

出力電圧 $V_{out} = -V_Z$ [V]

V_Z：D_1 のツェナー電圧

参考文献 (4),(6),(18)

回路の素 083　正出力定電圧 抵抗分圧回路とバイポーラ・トランジスタ使用

要点▶ 正の直流電圧を出力する.大きな電流をはき出すことができる.バイポーラ・トランジスタのばらつきがあるため,出力電圧を正確に設定できない.簡易的に使われる.

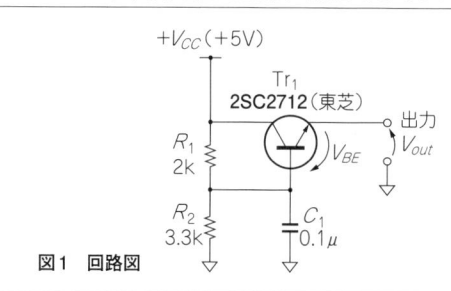

図1　回路図

計算式

出力電圧 $V_{out} = \dfrac{R_2}{R_1+R_2} V_{CC} - V_{BE}$

$\quad\quad\quad\quad\quad \fallingdotseq \dfrac{R_2}{R_1+R_2} V_{CC} - 0.6$ [V]

V_{BE}：Tr_1 のベース-エミッタ間電圧

参考文献 (18),(22)

回路の素 084　正出力定電圧　ツェナー・ダイオードとバイポーラ・トランジスタ使用

要点▶ 正の直流電圧を出力する．大きな電流をはき出すことができる．ツェナー・ダイオードとバイポーラ・トランジスタのばらつきがあるため，出力電圧を正確に設定できない．簡易的に使われる．

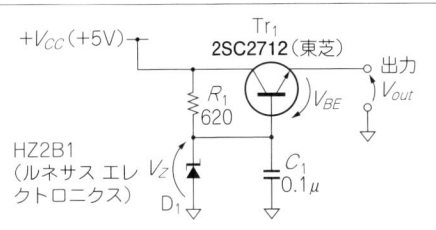

図1　回路図

計算式

出力電圧 $V_{out} = V_Z - V_{BE} \fallingdotseq V_Z - 0.6$ [V]

V_Z：D_1 のツェナー電圧
V_{BE}：Tr_1 のベース-エミッタ間電圧

参考文献 (4), (18), (22)

回路の素 085　負出力定電圧　ツェナー・ダイオードとバイポーラ・トランジスタ使用

要点▶ 負の直流電圧を出力する．大きな電流を吸い込むことができる．ツェナー・ダイオードとバイポーラ・トランジスタのばらつきがあるため，出力電圧を正確に設定できない．簡易的に使われる．

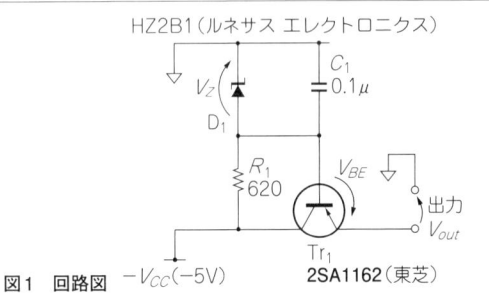

図1　回路図

計算式

出力電圧 $V_{out} = -V_Z + V_{BE} \fallingdotseq -V_Z + 0.6$ [V]

V_Z：D_1 のツェナー電圧
V_{BE}：Tr_1 のベース-エミッタ間電圧

参考文献 (4), (18), (22)

回路の素 086　正出力定電圧　ツェナー・ダイオードとOPアンプ使用

要点▶ 正の直流電圧を出力する．ツェナー・ダイオードに電圧のばらつきがあるため出力電圧を正確に設定できない．電源電圧の変動の影響を受けない．出力インピーダンスが低い．

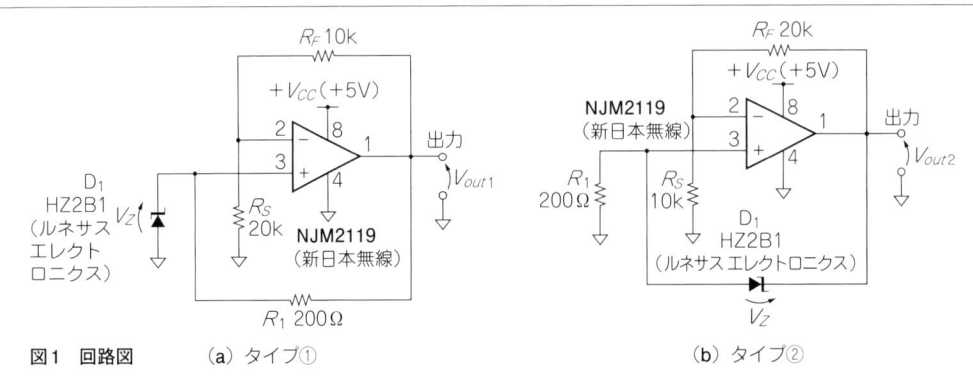

図1　回路図　　(a) タイプ①　　(b) タイプ②

計算式

出力電圧 $V_{out1} = \left(1 + \dfrac{R_F}{R_S}\right) V_Z$ [V]，　出力電圧 $V_{out2} = \left(1 + \dfrac{R_S}{R_F}\right) V_Z$ [V]

V_Z：D_1 のツェナー電圧

参考文献 (4), (6)

回路の素 087　定電流　定電流ダイオード使用

要点▶ 一定の直流電流を負荷へ出力する．定電流ダイオードのピンチオフ電流にばらつきがあるため，出力電流を正確に設定できない．センサやLED，アクチュエータなどの駆動に用いる．

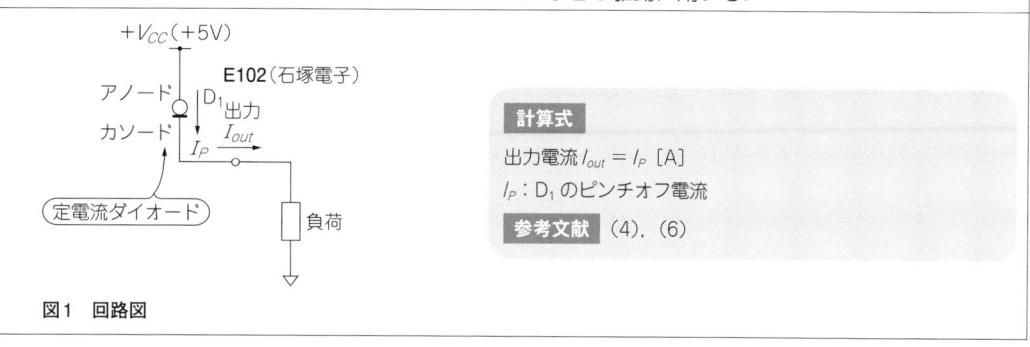

（回路図：$+V_{CC}(+5V)$，E102（石塚電子），D_1 出力，アノード／カソード，I_P，I_{out}，定電流ダイオード，負荷）

計算式

出力電流 $I_{out} = I_P$ [A]

I_P：D_1 のピンチオフ電流

参考文献 (4), (6)

図1　回路図

回路の素 088　定電流　JFET使用

要点▶ 一定の直流電流を負荷へ出力する．FETのドレイン電流 I_{DSS} にばらつきがあるため，出力電流を正確に設定できない．センサやLED，アクチュエータなどの駆動に用いる．

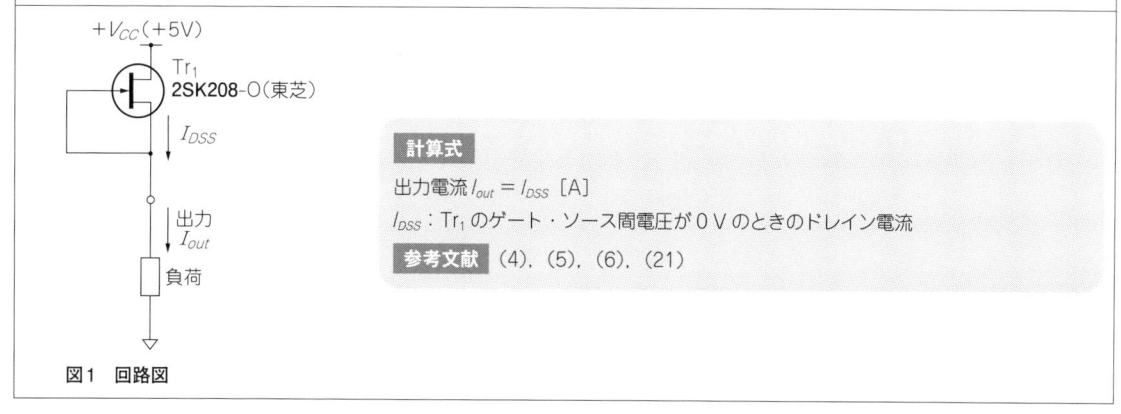

（回路図：$+V_{CC}(+5V)$，Tr_1 2SK208-O（東芝），I_{DSS}，出力 I_{out}，負荷）

計算式

出力電流 $I_{out} = I_{DSS}$ [A]

I_{DSS}：Tr_1 のゲート・ソース間電圧が0Vのときのドレイン電流

参考文献 (4), (5), (6), (21)

図1　回路図

回路の素 089　定電流　JFETと可変抵抗使用

要点▶ 一定の直流電流を負荷へ出力する．出力電流の値は VR_1 で調整できる．センサやLED，アクチュエータなどの駆動に用いる．

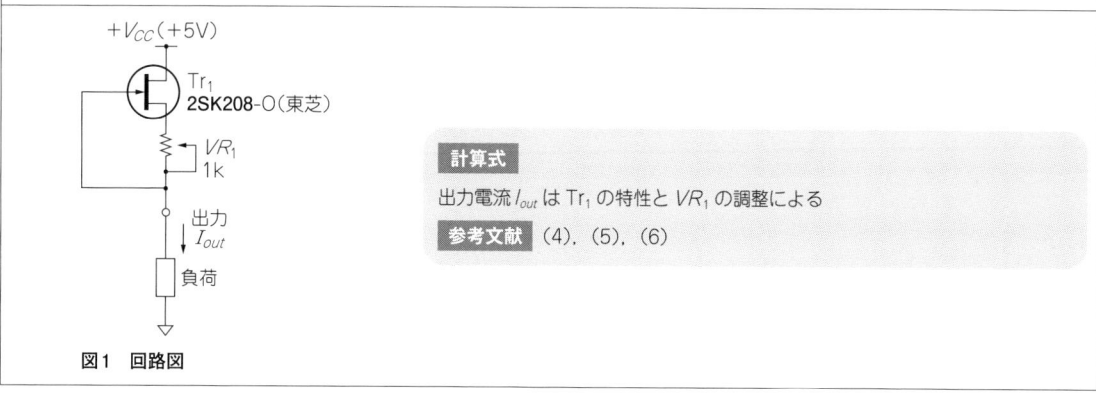

（回路図：$+V_{CC}(+5V)$，Tr_1 2SK208-O（東芝），VR_1 1k，出力 I_{out}，負荷）

計算式

出力電流 I_{out} は Tr_1 の特性と VR_1 の調整による

参考文献 (4), (5), (6)

図1　回路図

回路の素 090　定電流 吸い込み型 バイポーラ・トランジスタ使用

要点▶ 正電源に接続された負荷から一定の直流電流を吸い込む．センサやLED，アクチュエータなどの駆動に用いる．

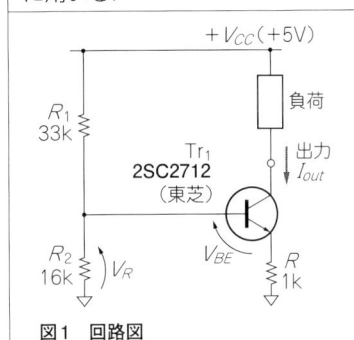

計算式

出力電流 $I_{out} = \dfrac{V_R - V_{BE}}{R} \fallingdotseq \dfrac{V_R - 0.6\,\mathrm{V}}{R}$ [A]

$V_R = \dfrac{R_2}{R_1 + R_2} V_{CC}$

V_{BE}：$\mathrm{Tr_1}$のベース-エミッタ間電圧

参考文献 (4), (5), (6), (21)

図1　回路図

回路の素 091　定電流 吐き出し型 バイポーラ・トランジスタ使用

要点▶ グラウンドに接続した負荷へ一定の直流電流を吐き出す．センサやLED，アクチュエータなどの駆動に用いる．

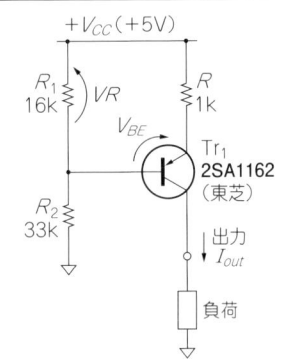

計算式

出力電流 $I_{out} = \dfrac{V_R - V_{BE}}{R} \fallingdotseq \dfrac{V_R - 0.6\,\mathrm{V}}{R}$ [A]

$V_R = \dfrac{R_1}{R_1 + R_2} V_{CC}$

V_{BE}：$\mathrm{Tr_1}$のベース-エミッタ間電圧

参考文献 (6), (21)

図1　回路図

回路の素 092　定電流 非反転アンプ型

要点▶ OPアンプの帰還ループに接続した負荷へ一定の直流電流を出力する．供給電流が数mA程度までのセンサやLEDなどの駆動に使われる．

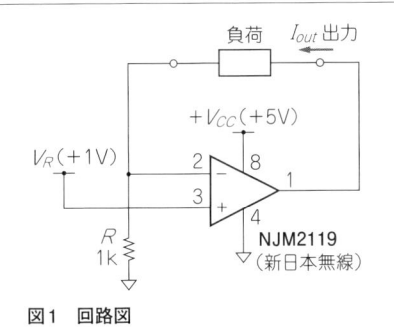

計算式

出力電流 $I_{out} = \dfrac{V_R}{R}$ [A]

※ I_{out}の極性はOPアンプの出力端子から負荷へ流出する方向をプラスとする

参考文献 (5), (6), (23)

図1　回路図

回路の素 093　定電流　反転アンプ型

要点▶ OPアンプの帰還ループに接続した負荷へ一定の直流電流を出力する．センサやLED，アクチュエータなどの駆動に用いる．

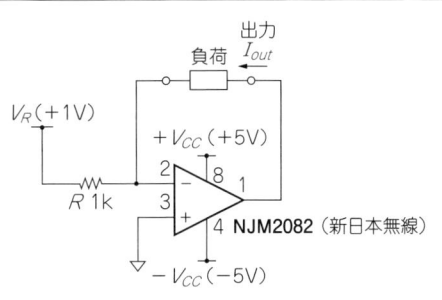

図1　回路図（NJM2082（新日本無線））

計算式

出力電流 $I_{out} = -\dfrac{V_R}{R}$ [A]

※I_{out} の極性はOPアンプの出力端子から負荷へ流出する方向をプラスとする

参考文献　(5)，(6)，(23)

回路の素 094　定電流　吸い込み型　JFETと非反転アンプ使用

要点▶ 正電源に接続した負荷から一定の直流電流を吸い込む．出力電流の設定精度が高い．センサやLED，アクチュエータなどの駆動に用いる．

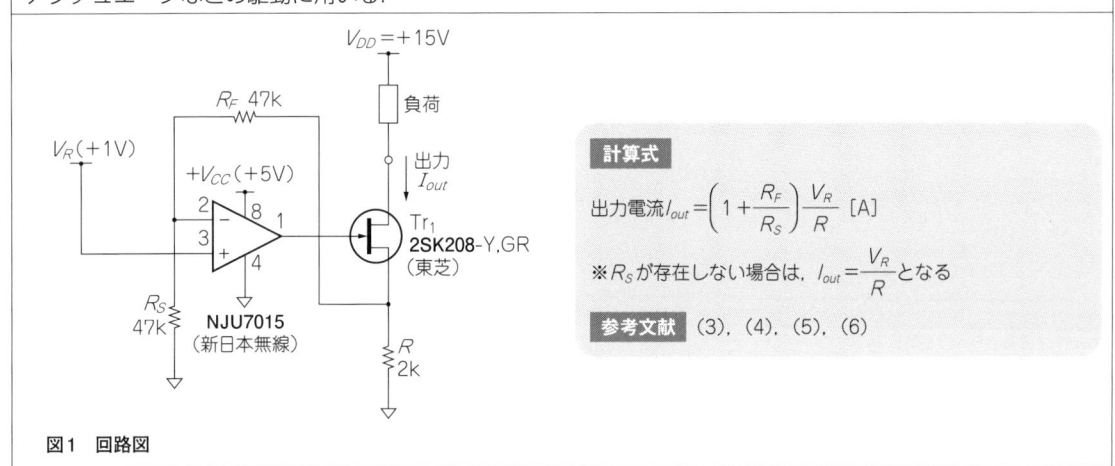

図1　回路図（2SK208-Y,GR（東芝），NJU7015（新日本無線））

計算式

出力電流 $I_{out} = \left(1 + \dfrac{R_F}{R_S}\right)\dfrac{V_R}{R}$ [A]

※R_S が存在しない場合は，$I_{out} = \dfrac{V_R}{R}$ となる

参考文献　(3)，(4)，(5)，(6)

回路の素 095　定電流　吸い込み型　バイポーラ・トランジスタとOPアンプ使用

要点▶ 正電源に接続された負荷から一定の直流電流を吸い込む．大電流を扱うことができる．センサやLED，アクチュエータの駆動に使われる．出力電流はベース電流分少なくなる．

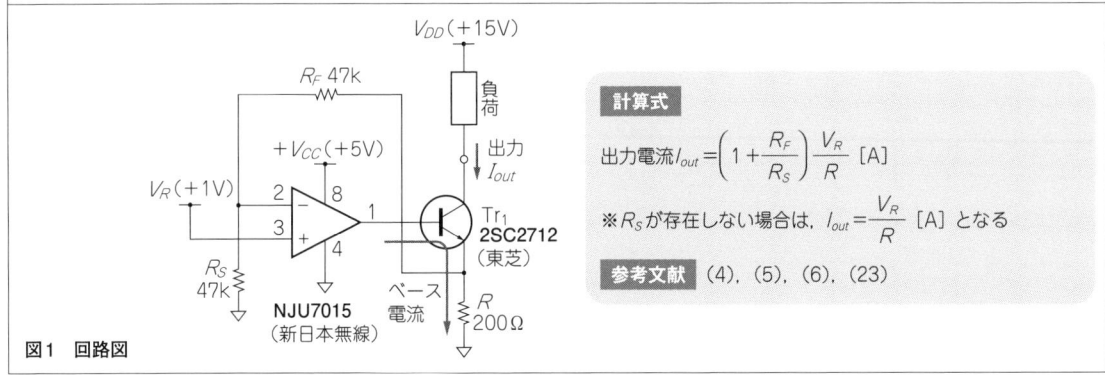

図1　回路図（2SC2712（東芝），NJU7015（新日本無線））

計算式

出力電流 $I_{out} = \left(1 + \dfrac{R_F}{R_S}\right)\dfrac{V_R}{R}$ [A]

※R_S が存在しない場合は，$I_{out} = \dfrac{V_R}{R}$ [A] となる

参考文献　(4)，(5)，(6)，(23)

回路の素 096　定電流 吐き出し型 バイポーラ・トランジスタとOPアンプ使用

要点▶ グラウンドへ接続した負荷へ一定の直流電流を吐き出す．大きな電流を扱うことができる．センサやLED，アクチュエータなどの駆動に用いる．出力電流はベース電流分少なくなる．

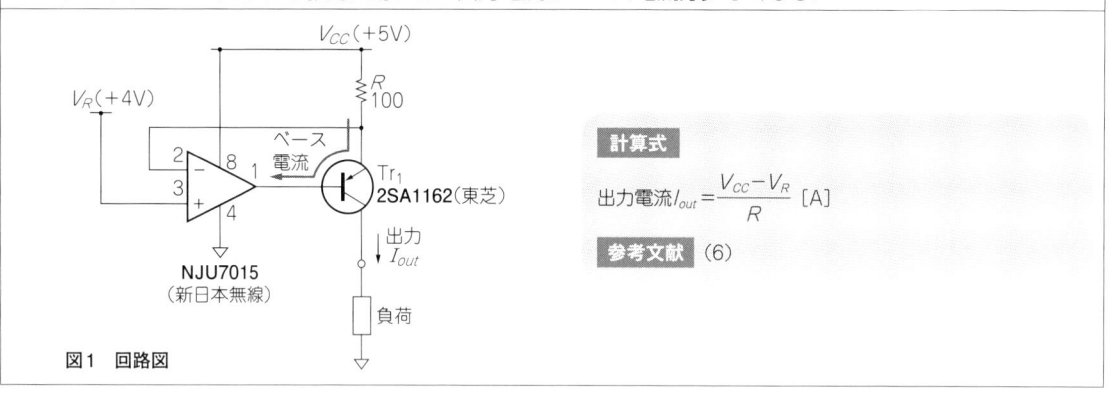

計算式

出力電流 $I_{out} = \dfrac{V_{CC} - V_R}{R}$ [A]

参考文献 (6)

図1　回路図

回路の素 097　定電流 吸い込み型 MOSFETとOPアンプ使用

要点▶ 正電源に接続された負荷から一定の直流電流を吸い込む．微小電流から大電流まで高精度に設定できる．センサやLED，アクチュエータの駆動に使われる．

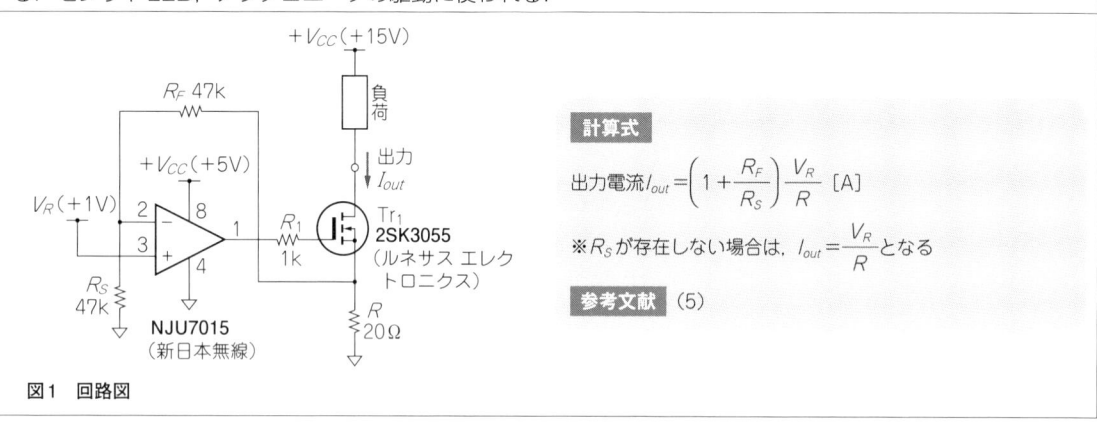

計算式

出力電流 $I_{out} = \left(1 + \dfrac{R_F}{R_S}\right) \dfrac{V_R}{R}$ [A]

※R_S が存在しない場合は，$I_{out} = \dfrac{V_R}{R}$ となる

参考文献 (5)

図1　回路図

回路の素 098　定電流 吐き出し型 MOSFETとOPアンプ使用

要点▶ グラウンドへ接続した負荷へ一定の直流電流を吐き出す．大電流を高精度に出力することができる．センサやLED，アクチュエータなどの駆動に用いる．

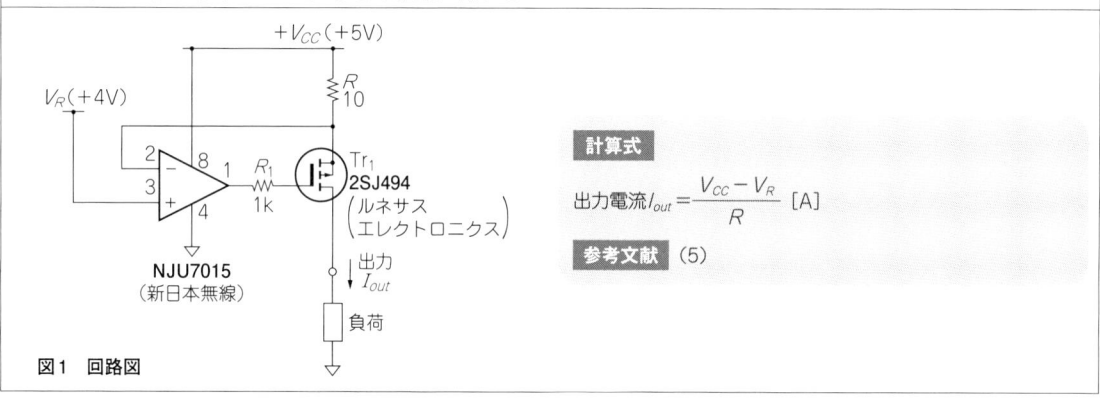

計算式

出力電流 $I_{out} = \dfrac{V_{CC} - V_R}{R}$ [A]

参考文献 (5)

図1　回路図

回路の素 099　電源のデカップリング・コンデンサ

要点▶ 電源とグラウンドの間のインピーダンスを低くして，電源の雑音を低減したり回路を安定動作させるためのコンデンサ．

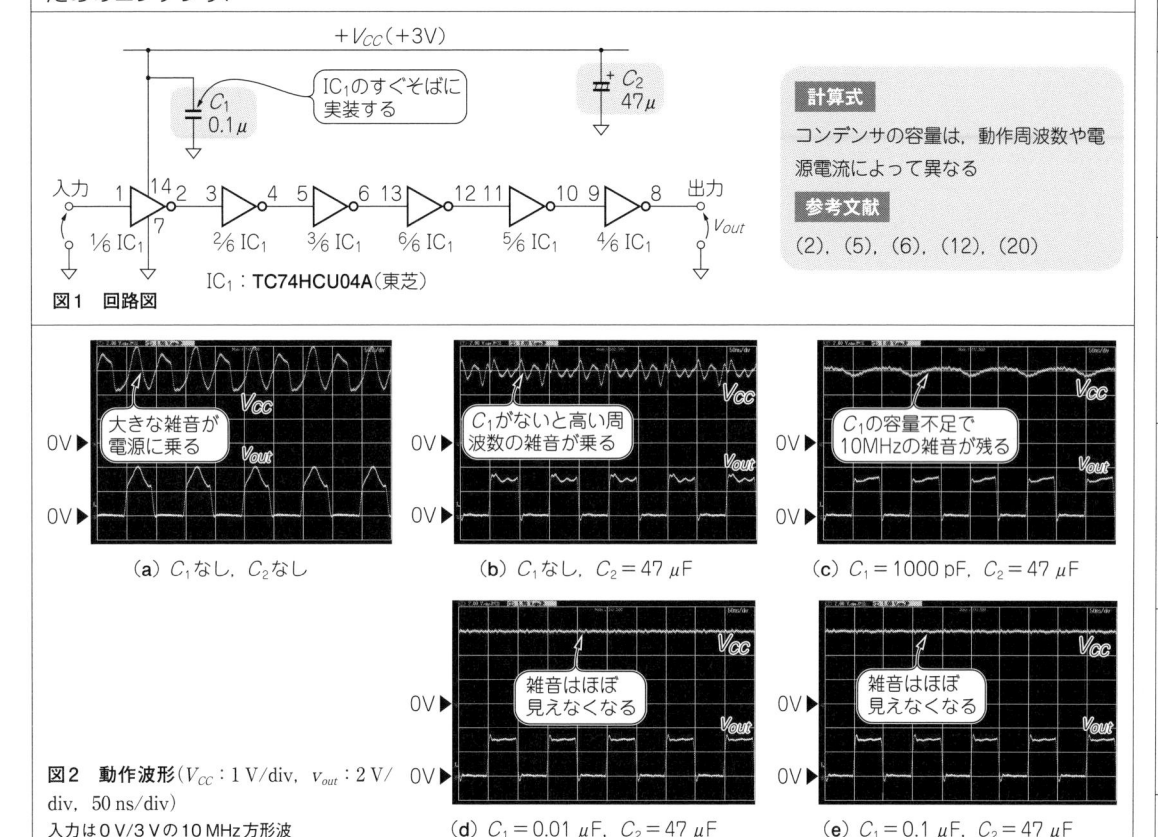

図1　回路図

IC$_1$：TC74HCU04A（東芝）

C_1：0.1μ（IC$_1$のすぐそばに実装する）
C_2：47μ

計算式
コンデンサの容量は，動作周波数や電源電流によって異なる

参考文献
(2), (5), (6), (12), (20)

図2　動作波形（V_{CC}：1 V/div, v_{out}：2 V/div, 50 ns/div）
入力は0 V/3 Vの10 MHz方形波

(a) C_1なし，C_2なし — 大きな雑音が電源に乗る
(b) C_1なし，$C_2 = 47$ μF — C_1がないと高い周波数の雑音が乗る
(c) $C_1 = 1000$ pF, $C_2 = 47$ μF — C_1の容量不足で10MHzの雑音が残る
(d) $C_1 = 0.01$ μF, $C_2 = 47$ μF — 雑音はほぼ見えなくなる
(e) $C_1 = 0.1$ μF, $C_2 = 47$ μF — 雑音はほぼ見えなくなる

● 基本形

図1は，通称パスコンと呼ばれている電源-GND間に接続されるコンデンサです．回路から電源ラインへ侵入する雑音を減少させたり，電源ラインから回路内部へ侵入する雑音を低減する働きがあります．

ここでは，比較的動作周波数が低いディジタル回路の例としてロジックIC 74HCシリーズの電源のデカップリングを示します．小容量コンデンサC_1と大容量コンデンサC_2が電源のデカップリング・コンデンサ（以下パスコン）です．

小容量コンデンサにはセラミック・コンデンサなどの周波数特性の良い（自己共振周波数が高く，等価直列抵抗が低い）素子が使われます．また，小容量コンデンサはICのすぐそばに実装されます．

大容量コンデンサにはアルミ電解コンデンサなどの小型大容量の素子が使われます．

▶動作波形

図2は0 V/3 V，10 MHzの方形波を入力したときの電源V_{CC}と出力v_{out}の波形です．

図2(a)はパスコンがない場合の波形です．配線の誘導成分によって発生した大きな雑音（2 V$_{P-P}$程度）がV_{CC}に乗っています．v_{out}にもV_{CC}の雑音がそのまま現れています．

図2(b)のC_1なしではV_{CC}の雑音が小さくなりますが，高い周波数の雑音が発生しています．図2(c)の$C_2 = 1000$ pFではコンデンサの容量が不足しているため，V_{CC}に10 MHzの緩やかな波形の雑音が残ります．図2(d)，(e)はC_2がある程度大きい値になっているので，V_{CC}の雑音がほぼ見えなくなります．

DSPやFPGA，高速マイクロプロセッサなど，高速でかつ消費電流の大きなデバイスのデカップリングには，さらに大容量のコンデンサが使われます．

● アナログ回路のパスコン

図3にアナログ回路のパスコンの例としてOPアンプのデカップリングを示します．C_1，C_2，C_3，C_4がパ

スコンです．**写真1**は実装例です．ディジタル回路と同じく，小容量コンデンサ$C_1 = C_2 = 0.1\ \mu F$はデカップリングしたいICのすぐそばに，大容量コンデンサ$C_3 = C_4 = 47\ \mu F$はICから離れたところに配置されます．低周波回路では，C_1, C_2の容量を大きくしてC_3, C_4を省略することがあります．

アナログ回路におけるパスコンの役割りは，ディジタル回路と同じく雑音の低減にありますが，回路を安定に動作させるという働きもあります（例えば，OPアンプIC内部の位相補償を安定に動作させるなど）．

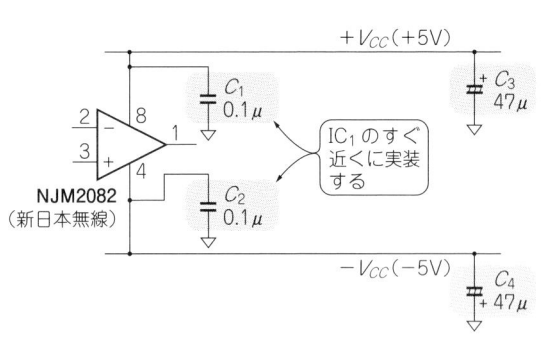

図3 改良またはアレンジされた回路の例
アナログ回路のデカップリング・コンデンサ

写真1 アナログ回路のデカップリング・コンデンサの実装例

回路の素 100　プルアップ/プルダウン抵抗

要点▶ OPアンプやマイコンなどの入力端子が解放状態になると誤動作や素子破壊の原因になる．これを防ぐための抵抗．プルアップ抵抗は入力端子と電源の間に，プルダウン抵抗は入力端子とグラウンドの間に挿入する．

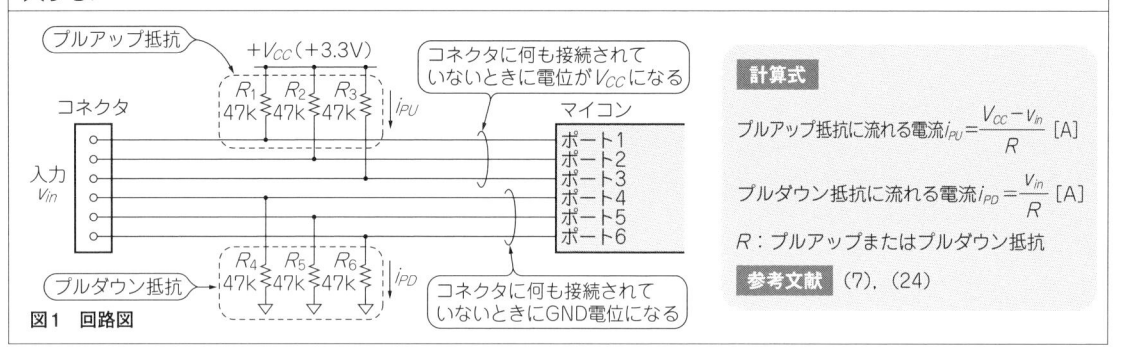

計算式

プルアップ抵抗に流れる電流 $i_{PU} = \dfrac{V_{CC} - V_{in}}{R}$ [A]

プルダウン抵抗に流れる電流 $i_{PD} = \dfrac{V_{in}}{R}$ [A]

R：プルアップまたはプルダウン抵抗

参考文献 (7)，(24)

図1 回路図

回路の素 101　出力端子保護抵抗

要点▶ OPアンプやマイコンの出力ラインが装置外に引き出される場合のIC保護用．出力ラインがグラウンドや電源などに接続されたときに，流れ込む電流を制限する．OPアンプなどのアナログICの場合，容量性負荷による発振防止にもなる．

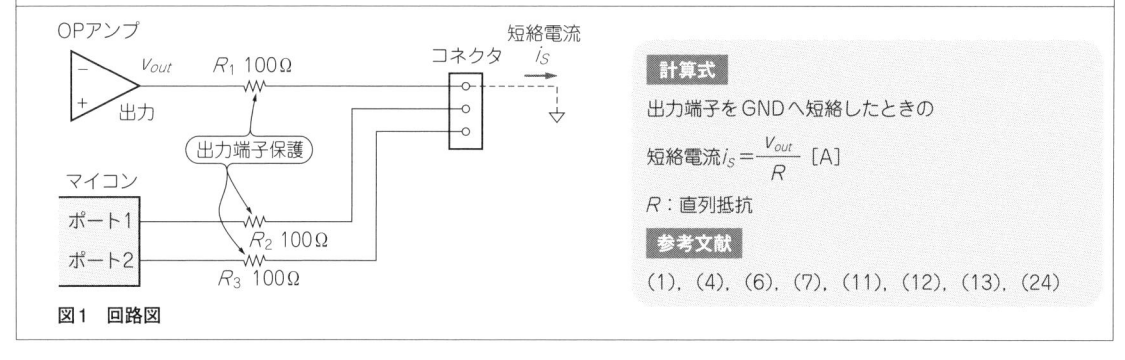

計算式

出力端子をGNDへ短絡したときの

短絡電流 $i_S = \dfrac{V_{out}}{R}$ [A]

R：直列抵抗

参考文献
(1)，(4)，(6)，(7)，(11)，(12)，(13)，(24)

図1 回路図

参考文献

本書は回路のふるまいを把握することが目的なので，回路定数の決め方，部品の選び方などは記載していません．回路ごとに参考文献を記載してあるので，そちらを参照してください．

(1) 髙木 誠利；実験回路で学ぶトランジスタとOPアンプ，CQ出版社．
(2) トランジスタ技術SPECIAL for フレッシャーズ No.107 徹底図解 電子回路のコモンセンス マイコン周辺回路から回路測定とノイズ対策まで，CQ出版社．
(3) トランジスタ技術SPECIAL No.71 OPアンプから始めるアナログ技術，CQ出版社．
(4) トランジスタ技術SPECIAL No.88 ダイオード/トランジスタ/FET活用入門，CQ出版社．
(5) トランジスタ技術SPECIAL 増刊 OPアンプによる実用回路設計，CQ出版社．
(6) 岡村 廸夫；定本 OPアンプ回路の設計，CQ出版社．
(7) 川田 章弘；OPアンプ活用 成功のかぎ，CQ出版社．
(8) OPアンプ大全 第1巻 OPアンプの歴史と回路技術の基礎知識，CQ出版社．
(9) OPアンプ大全 第2巻 OPアンプによる信号処理の応用技術，CQ出版社．
(10) OPアンプ大全 第3巻 OPアンプによるフィルタ回路の設計，CQ出版社．
(11) OPアンプ大全 第4巻 OPアンプによる増幅回路の設計技法，CQ出版社．
(12) OPアンプ大全 第5巻 OPアンプの実装と周辺回路の実用技術，CQ出版社．
(13) 遠坂 俊昭；計測のためのアナログ回路設計，CQ出版社．
(14) 遠坂 俊昭；計測のためのフィルタ回路設計，CQ出版社．
(15) 三谷 政昭；アナログ・フィルタ 理論＆設計入門，CQ出版社．
(16) 堀 敏夫；アナログ・フィルタの回路設計法，総合電子出版社．
(17) M.E.VAN VALKENBURG；アナログフィルタの設計，産業報知センター．
(18) トランジスタ技術SPECIAL for フレッシャーズ No.103 徹底図解 トランジスタ活用 はじめの一歩，CQ出版社．
(19) 黒田 徹；実験で学ぶ トランジスタ・アンプの設計，CQ出版社．
(20) 鈴木 雅臣；定本 トランジスタ回路の設計，CQ出版社．
(21) 鈴木 雅臣；定本 続トランジスタ回路の設計，CQ出版社．
(22) 柴田 肇；トランジスタの料理法，CQ出版社．
(23) トランジスタ技術SPECIAL for フレッシャーズ No.104 徹底図解 OPアンプIC活用ノート，CQ出版社．
(24) 石井 聡；合点！電子回路超入門，CQ出版社．
(25) 稲葉 保；定本 発振回路の設計と応用，CQ出版社．
(26) 稲葉 保；パワーMOS FET活用の基礎と実際，CQ出版社．
(27) トランジスタ技術SPECIAL No.98 パワー・エレクトロニクス回路の設計，CQ出版社．
(28) 本田 潤；D級／ディジタル・アンプの設計と製作，CQ出版社．

著者略歴

鈴木 雅臣

　1956年東京都豊島区に生まれる．大学卒業後，半導体製造会社に就職し，LSIの製造工場で試験装置のメンテナンスを行う．その後ステレオ装置の製造販売会社へ転職し，現在に至る．アナログ回路，ディジタル回路，エンベデッド・マイコンのプログラミングなど何でもこなすよろず屋である．

● 著書
　定本トランジスタ回路の設計，CQ出版
　続定本トランジスタ回路の設計，CQ出版

● 資格
　技術士(電気電子)電子応用

● 好きなもの
　'70年代のロック・ミュージック，Fender Mustang

関連図書

http://www.cqpub.co.jp/

定本 OPアンプ回路の設計
再現性を重視した設計の基礎から応用まで

岡村廸夫 著
A5判 424頁
2,854円
JAN9784789830508

自然現象から得られる電気信号のほとんどはアナログですから，電子技術が進むほど高度なアナログ技術が求められます．

本書では，その基礎でもあるOPアンプの基礎的な技術を集め，具体的な各種の応用回路も含めて詳しく解説しました．

定本 トランジスタ回路の設計
増幅回路技術を実験を通してやさしく解析

鈴木雅臣 著
A5判 324頁
2,243円
JAN9784789830485

今，ハードウェア技術者に不足していること…それは自分の手で回路をじっくりと実験して考察する時間です．本書はそんな多忙な技術者，あるいは技術者をめざす人のためのわかりやすいトランジスタ回路の解説書です．

定本 続トランジスタ回路の設計
FET/パワーMOS/スイッチング回路を実験で解析

鈴木雅臣 著
A5判 360頁
2,752円
JAN9784789830478

増幅回路以外にも広く使われているトランジスタ．さらにパワーMOS FETの台頭により応用分野が広がってきたFET．FET増幅回路の基礎実験からはじまり，スイッチング回路から発振回路までを実験を含めてやさしく解説しています．

OPアンプの実践回路から微小信号の扱いまで
計測のためのアナログ回路設計

遠坂俊昭 著
A5判 176頁 2,100円
JAN9784789832847

計測回路技術は，エレクトロニクスの原点と言われています．本書ではアナログ回路の基本とも言える増幅回路を，高精度な信号計測という観点から具体的な設計・製作として取り上げて解説しています．また近年使用されるようになった回路シミュレータSPICEについての具体的な活用事例としても有効です．

各種フィルタの実践からロックイン・アンプまで
計測のためのフィルタ回路設計

遠坂俊昭 著
A5判 296頁 2,835円
JAN9784789832823

信号の中には残念ながら雑音成分が多かれ少なかれ含まれています．信号成分に影響を与えることなく，上手に信号にまざった雑音成分のみを取り除くことがフィルタの重要な役割です．本書では，さまざまなフィルタ回路技術について，実験を交えながらていねいに解説しています．また，微小信号処理のための究極のフィルタである「ロックイン・アンプ」についても詳しく解説しています．

トランジスタ技術SPECIAL No.88 ディスクリート半導体素子の基礎から応用のすべて
改訂新版 ダイオード/トランジスタ/FET活用入門
B5変型判 296頁 2,310円　　JAN9784789837491

トランジスタ技術SPECIAL アナログ基本デバイスの実践的な使い方を実験解説
OPアンプによる実用回路設計
馬場清太郎 著　B5変型判 320頁 2,940円　　JAN9784789837484

CQ出版社

定価は消費税5％を含んだ表示です

- ●**本書記載の社名,製品名について** ── 本書に記載されている社名および製品名は,一般に開発メーカーの登録商標または商標です.なお,本文中ではTM, ®, ©の各表示を明記していません.
- ●**本書掲載記事の利用についてのご注意** ── 本書掲載記事は著作権法により保護され,また産業財産権が確立されている場合があります.したがって,記事として掲載された技術情報をもとに製品化をするには,著作権者および産業財産権者の許可が必要です.また,掲載された技術情報を利用することにより発生した損害などに関して,CQ出版社および著作権者ならびに産業財産権者は責任を負いかねますのでご了承ください.
- ●**本書に関するご質問について** ── 文章,数式などの記述上の不明点についてのご質問は,必ず往復はがきか返信用封筒を同封した封書でお願いいたします.ご質問は著者に回送し直接回答していただきますので,多少時間がかかります.また,本書の記載範囲を越えるご質問には応じられませんので,ご了承ください.
- ●**本書の複製等について** ── 本書のコピー,スキャン,デジタル化等の無断複製は著作権法上での例外を除き禁じられています.本書を代行業者等の第三者に依頼してスキャンやデジタル化することは,たとえ個人や家庭内の利用でも認められておりません.

R〈日本複製権センター委託出版物〉
本書の全部または一部を無断で複写複製(コピー)することは,著作権法上での例外を除き,禁じられています.本書からの複製を希望される場合は,日本複製権センター(TEL:03-3401-2382)にご連絡ください.

回路の素101

2012年11月10日　初版発行
2014年 6月 1日　第3版発行

© 鈴木 雅臣　2012

著　者　鈴　木　雅　臣
発行人　寺　前　裕　司
発行所　ＣＱ出版株式会社
〒170-8461　東京都豊島区巣鴨1-14-2
電話　編集　03-5395-2123
　　　販売　03-5395-2141
振替　00100-7-10665

ISBN978-4-7898-4530-4
定価はカバーに表示してあります

無断転載を禁じます
Printed in Japan

編集担当　川村 祥子,内門 和良
DTP・印刷・製本　三晃印刷株式会社
乱丁,落丁本はお取り替えします